Christine Reinke-Kunze
Alfred Wegener

Alfred Wegener

Christine Reinke-Kunze

Alfred Wegener

Polarforscher und Entdecker der Kontinentaldrift

Birkhäuser Verlag
Basel · Boston · Berlin

Die Deutsche Bibliothek – CIP-Einheitsaufnahme

Reinke-Kunze, Christine:
Alfred Wegener : Polarforscher und Entdecker der
Kontinentaldrift / Christine Reinke-Kunze. – Basel ; Boston ;
Berlin : Birkhäuser, 1994
ISBN 3-7643-2946-7

Umschlaggestaltung: Matlik und Schelenz, Essenheim
Printed in Germany
ISBN 3-7643-2946-7

9 8 7 6 5 4 3 2 1

Inhaltsverzeichnis

Ein Wort zuvor

«Die Erde sieht aus wie ein blauer Edelstein auf schwarzem Samt»,[1] funkte Apollo-Astronaut Frank Borman im Dezember 1968 aus der Raumkapsel zu seinem Heimatplaneten hinab. Borman und seine Kollegen waren auf dem Weg zum Mond, und es war ihnen als ersten Menschen vergönnt, die Kugelgestalt der Erde mit eigenen Augen zu erfassen. Berichte, Schilderungen und vor allem die Fotos der Astronauten, die seit den sechziger Jahren immer wieder im Weltraum waren, haben das Bild der Erde, das Kartographen, Seefahrer, Entdeckungsreisende und schließlich Vermessungsingenieure in jahrhundertelanger Arbeit mühsam entworfen haben, bestätigt. Und auf den Fotografien war wie schon auf den Karten der Atlanten deutlich die so verblüffende Übereinstimmung der Küstenlinien mancher Kontinente zu sehen.

Zur selben Zeit, als Frank Borman Weihnachten 1968 auf dem Weg zum Mond war, war das Bohrschiff *Glomar Challenger* im Südatlantik unterwegs. Aufgabe dieses im August 1968 in Dienst gestellten amerikanischen Forschungsschiffes war es, konkrete Nachweise für ein neues geologisches Weltbild zu erbringen, das in den vorausgegangenen Jahrzehnten mehr und mehr Gestalt angenommen hatte. Wissenschaftler der verschiedenen Fachdisziplinen hatten mittlerweile so viele Hinweise zusammengetragen, daß sie ganz allmählich begannen, sich von der jahrhundertealten Vorstellung von der Erde als starrem Körper zu lösen und das neue Bild von einem dynamischen Planeten zu akzeptieren. Wesentlicher Bestandteil dieses neuen Weltbildes war die Annahme, daß der Meeresboden gegenüber den Kontinenten verhältnismäßig jung ist und daß er an bestimmten Stellen ständig neu gebildet wird. Eine Bohrung nach der anderen abteufend, tastete sich die *Glomar Challenger* im Dezember 1968 immer näher an den Mittelatlantischen Rücken heran, eine jener Zonen, von denen man nun annahm, daß hier der Meeresboden neu gebildet wird. Und mit jeder Bohrung wurde offensichtlicher, daß die Theorie der Erweiterung der Meeresböden, des Sea-floor spreading, sich bewahrheitete. Je näher das Schiff dem Mittelatlantischen Rücken kam, desto jünger wurde tatsächlich der Meeresboden, und das Alter der Bohrproben stimmte außerdem noch mit den aufgrund der neuen Hypothesen vorausberechneten Altersangaben überein. An Bord befand sich damals als junger Wissenschaftler, der gerade seine Tätigkeit an der Eidgenössischen Technischen Hochschule in Zürich aufgenommen hatte, der Geologe Kenneth Hsü. Er hatte sich ausführlich mit den neuen wissenschaftlichen Theorien auseinandergesetzt, hegte jedoch erhebliche Zweifel an den neuen Vorstellungen und war eigentlich nur an Bord, weil er für einen Kollegen eingesprungen war. Nun wurde er vor Ort mit den Forschungsergebnissen konfrontiert und hatte beträchtliche Schwierigkeiten sie zu akzeptieren. Nicht nur sein geologisches Weltbild, auch sein Wissenschaftsverständnis war aus den Fugen geraten: «Als die *Glomar Challenger* am Silvesterabend 1968 zum nächsten Bohrplatz fuhr, beschloß ich, mich aufs Ohr zu legen und eine Seelenprüfung vorzunehmen. ‹Was ist Wissenschaft?› fragte ich mich. ‹Wissenschaft ist ein menschliches Unterfangen, das Ordnung in ein Chaos bringen soll›.»[2] Voller Zweifel faßte er jedoch angesichts des bevorstehenden Jahreswechsels einen entscheidenden Vorsatz: «Ich wollte mich zwingen, eine positive Einstellung zu der neuen Theorie zu gewinnen und sie wenigstens an meinen eigenen geologischen Problemen auszuprobieren.»[3]

So wie Kenneth Hsü erging es in jener Zeit vielen Wissenschaftlern. Denn noch bis in die sechziger Jahre galt als gesicherte Annahme, daß die Erde ein starrer Körper sei, auf dem die Kontinente eine unverrückbare Position einnehmen und auch die Ozeane permanent sind.

Die neue Sicht, daß unser Planet ein dynamisches System ist, war streng genommen gar nicht so neu. Bereits ein halbes Jahrhundert zuvor war sie erstmals von dem deutschen Meteorologen Alfred Wegener formuliert worden, nur hat damals außerhalb der wissenschaftlichen Welt kaum jemand davon Notiz genommen. Als sie 50 Jahre später akzeptiert wurde, glich ihre Annahme einer Revolution und hat wie jede Revolution nichts unberührt gelassen; nur wenige unserer Ansichten von der Erde sind so geblieben, wie sie bis in die fünfziger Jahre bestanden, und wenngleich bis heute noch lange nicht alle beteiligten Prozesse von den Wissenschaftlern erklärt werden können, gehört das neue Verständnis der Erde zum Allgemeinwissen unserer Zeit: Die Erdkruste besteht aus einem gewaltigen Puzzle von Platten, wobei kontinentale auf ozeanischen Teilen aufliegen. Alte Kontinente zerbrechen und verschieben sich. Zwischen ihnen weiten sich neue Ozeane, Platten kollidieren miteinander, tauchen ab oder lassen Kontinente aufeinanderprallen.

Alfred Wegener – sein Name wird heute weltweit mit dem Vorgang der Kontinentalverschiebung in Verbindung gebracht und gelegentlich sogar synonym dafür gebraucht. Die Deutsche Bundespost und die Postverwaltung der ehemaligen DDR haben dieser Tatsache Rechnung getragen, als sie anläßlich der 100. Wiederkehr seines Geburtstages im Jahre 1980 Briefmarken mit den entsprechenden Motiven zu seinem Gedenken herausgaben. In Österreich hingegen, seiner zweiten Heimat, betonte eine Briefmarke die Verdienste Wegeners als Polarforscher. Dem Grönlandforscher Wegener zollte man in Deutschland Respekt, indem man das 1980 gegründete deutsche Polarforschungsinstitut in Bremerhaven nach ihm benannte.

Kontinentalverschiebung und Arktisforschung – das sind die beiden Pole, zwischen denen sich das wissenschaftlich facettenreiche Leben Wegeners bewegte. Facettenreich in Bezug auf die wissenschaftlichen Themen, die er bearbeitete: vom Meeresboden bis zu den Meteoriten, also der Materie aus dem interplanetaren Raum, spannte sich der Bogen der Disziplinen, denen seine Aufmerksamkeit galt. Dabei war er Naturwissenschaftler im besten Sinne des Wortes, von der Natur ließ er sich faszinieren, und nur selten griff er ein Thema allein aufgrund theoretischer Überlegungen auf. Die Beobachtung eines Phänomens stand bei ihm am Anfang jeder wissenschaftlichen Aufgabe, die er zu lösen sich anschickte und in die er «Ordnung» bringen wollte. Wladimir Köppen, der Altmeister der Meteorologie und sein Schwiegervater, charakterisierte diese Strategie später sogar als Fundament jeder wissenschaftlichen Arbeit: «Gute Ideen, Einfälle, Lichtblicke sind es, die die Wissenschaft vorwärts bringen, aber nur wenn sie danach in geduldiger, vor keiner Mühe zurückschreckender Arbeit auf ihre Konsequenzen geprüft und ausgebaut werden.»[4] Das Werkzeug, das Wegener nutzte, war ungewöhnlich einfach. Sein Studienkollege Walter Wundt hat es einmal beschrieben: «Alfred Wegener hatte für seine wissenschaftlichen Probleme nur ganz normale Voraussetzungen in Mathematik, Physik und den übrigen Naturwissenschaften zur Verfügung; er scheute sich damals wie auch später niemals, dies unbefangen als Tatsache festzustellen. Aber er hatte die Fähigkeit, diese Gaben zielbewußt einzusetzen.»[5]

Wissenschaftsgeschichtlich gesehen war Wegener Pionier auf vielerlei Gebieten. Daß er dabei in einer Zeit lebte, in der viele Naturwissenschaften nicht zuletzt gekoppelt durch technische Weiterentwicklungen einen mächtigen Aufschwung erlebten, war sein persönliches Glück, das er auch empfunden hat und dem er sich verpflichtet fühlte. Metereologie und Glaziologie waren, als er seine wissenschaftliche Laufbahn begann, zwei junge Disziplinen, deren Fortschritt er selbst erlebte und mitgestaltete: «Die Entwicklung der theoretischen Meteorologie gleicht weniger dem Wachstum eines Baumes, als eines Strauches, dessen einzelne Zweige, zu verschiedenen Zeiten entsprungen, jeweils eine Zeitlang die Führung hatten, bis sie von anderen überholt wurden, und dabei stark auseinanderstrebende Richtungen aufweisen.»[6]

So groß die Zustimmung seiner Kollegen zu Arbeiten auf diesem Gebiet war, so groß war ihre Ablehnung gegenüber seiner Hypothese von der Drift der Kontinente. Einmal abgesehen von den Auseinandersetzungen, die es um die Theorien von Galilei gab, in die jedoch nicht zuletzt auch macht- und kirchenpolitische Motive hineinspielten, ist nur selten in der Geschichte der Naturwissenschaften eine neue Idee auch von Wissenschaftlern selber so rigoros abgelehnt worden wie die der Kontinentaldrift.

Erst mehr als fünfzig Jahre, nachdem Wegener sie erstmals der Öffentlichkeit vorgestellt hatte, begannen Naturwissenschaftler das Wesen dieser Theorie allmählich zu akzeptieren und in nunmehr modifizierter und erweiterter Form mit ihr zu arbeiten.

Doch trotz der Ablehnung der Kontinentalverschiebungstheorie wurde die wissenschaftliche Leistung Alfred Wegeners auf anderen Gebieten von seinen Zeitgenossen außerordentlich geschätzt. Selbst die führenden Geowissenschaftler seiner Zeit, wie beispielsweise Albrecht Penck, die mit seiner Theorie in keiner Weise konform gingen, haben ihn bei seinen Polarforschungsprojekten entscheidend gefördert. Penck versuchte sogar, ihn für das Institut für Meereskunde in Berlin zu gewinnen, doch zu diesem Zeitpunkt war es zu spät, Wegener hatte in Graz mit seiner Familie eine Heimat gefunden, in der er sich wohl fühlte.

Es stellt sich die Frage nach dem Menschen Alfred Wegener: Was ist das für ein Mann, der geborgen in der bürgerlichen Welt eines Wissenschaftlers im ersten Drittel des 20. Jahrhunderts versucht, die Fachliteratur seiner Disziplinen zu erschließen, sie in Vorlesungen und Lehrbüchern an seine Studenten weitergibt, eigene wissenschaftliche Versuche im Labor seines Instituts ausführt, die Diskussionen um seine Arbeiten mit großer Gelassenheit aufnimmt und am Sonntag oder in den Ferien – wenngleich abseits der damals gerade aufblühenden Tourismusindustrie – die Umgebung seiner jeweiligen Wohnorte auf Familienausflügen erkundet, der aber aus dieser Welt immer wieder bewußt ausbricht und dessen große Aufmerksamkeit Grönland gilt, dieser gigantischen, damals nahezu unerforschten Eiswüste der Arktis, und der sich dort in Forschungsarbeiten stürzt, von vornherein wissend, daß sie mit den größten körperlichen Anstrengungen und Entbehrungen verbunden sind, die ein Mensch nur auf sich nehmen kann, und der selbst im Alter von fast 50 Jahren – ohne jede Notwendigkeit, nur aus wissenschaftlicher Neugierde – noch einmal bereit war, derartige Anstrengungen auf sich zu nehmen. «Sag Else, sie soll den Kopf nicht hängen lassen, ich bin nun einmal ein solcher Vagabund»,[7] bat Wegener seinen zukünftigen Schwiegervater Wladimir Köppen in einem Brief am 16. Februar 1912 vor seiner zweiten Grönlandreise und gab damit einen der wenigen Anhaltspunkte über sich selber. Alfred Wegener hat zwar ein umfangreiches wissenschaftliches Werk hinterlassen, Äußerungen über seine eigene Person, seine Gedanken und Gefühle sind selbst in den Tagebüchern, die er während seiner Grönlandexpeditionen geführt hat und die seine Frau Else 30 Jahre nach seinem Tod einer breiten Öffentlichkeit zugänglich gemacht hat, nur sporadisch vertreten. Dennoch soll mit dieser Biographie der Versuch unternommen werden, ein möglichst umfassendes Porträt dieses Wissenschaftlers zu zeichnen.

Alfred Wegener – der Vater der Kontinentalverschiebungstheorie und Pionier der modernen Polarforschung – das beides an sich sind Gründe genug, sich mit seinem Leben und Werk auseinanderzusetzen, aber damit wird man seinem umfassenden Wirken, das bis in die heutige Zeit reicht, nicht gerecht.

1964 klagte Carl Friedrich von Weizsäcker über die mangelnde Kooperation der verschiedenen Disziplinen: «Man leidet unter den Schranken, die zwischen den Fächern aufgerichtet sind. Eine spezialisierte Wissenschaft ist nicht imstande, uns ein Weltbild zu geben, das uns in der Verworrenheit unseres Daseins einen Halt böte. Daher sucht man nach Synthese, wünscht den großen Überblick.»[8]

Alfred Wegener hat den moderen Naturwissenschaften mit der Vorlage der letzten Auflage seiner Kontinentalverschiebungstheorie – wohl wissend, daß er nicht mehr daran weiter arbeiten wollte – ein Vermächtnis hinterlassen: «Nur durch Zusammenfassung aller Geowissenschaften dürfen wir hoffen, die ‹Wahrheit› zu ermitteln, das heißt, dasjenige Bild finden, das die Gesamtheit der bekannten Tatsachen in der besten Ordnung darstellt und deshalb den Anspruch auf größte Wahrscheinlichkeit hat.»[9]

Lehr- und Studienjahre (1880–1906)

Der gewaltige Gletscher Grönlands bewahrt das Geheimnis von Alfred Wegeners Grab. Auch sein Geburtshaus steht nicht mehr. Der repräsentative Barockbau des einstigen Gesandtschaftspalais, Friedrichsgracht 57, im Zentrum Berlins, in dem er das Licht der Welt erblickte, wurde im Zweiten Weltkrieg zerstört.

Alfred Wegener wuchs in einer Welt des Auf- und Umbruchs heran. Nur den sprichwörtlichen Steinwurf von der Berliner Wilhelmstraße entfernt, in deren Umgebung sich das Regierungszentrum des deutschen Reiches mit dem Auswärtigen Amt, dem Reichsamt des Innern und der Reichskanzlei etablierte, wurde er am 1. November 1880 in einer Stadt geboren, die sich bemühte ihre Position als Mittelpunkt eines jungen Staates zu festigen. 1871 war Berlin Reichshauptstadt geworden und suchte nun seinen Weg von der Residenz- zur Kaiserstadt. Doch Berlin wurde nicht nur Verwaltungszentrum, sondern entwickelte sich rasant zu einem bedeutenden Wirtschaftsstandort. Hatte mit der einsetzenden Industrialisierung bereits seit 1800 die Landflucht begonnen, zog die Metropole jetzt erst recht Menschen wie ein Magnet an. Sie kamen von überall her aus der Provinz, um sich hier niederzulassen. Die Redewendung «ein echter Berliner ist in Breslau geboren» stammt aus jenen Tagen. Außerdem kam der Stadt ihre zentrale geographische Lage zugute. Sie wurde zum nationalen und internationalen Knotenpunkt wichtiger Verkehrslinien in Mitteleuropa. Die ersten Großbetriebe entstanden, Maschinenbau und Elektroindustrie florierten, chemische Fabriken wurden gebaut, die «Schornsteine rauchten». Berlin wuchs damals ebenso schnell wie die pilzartig wuchernden Städte in Amerika. Im innerstädtischen Verkehr begann 1881 die Elektrifizierung der ersten Straßenbahn. 1902 baute Siemens die erste Hoch- und Untergrundbahn. 1883 gründete Emil Rathenau die Deutsche-Edison-Gesellschaft, die Elektroindustrie wurde Motor des wirtschaftlichen Aufschwungs. Jeder Dritte landesweit in diesem Zweig Beschäftigte arbeitete in Berlin. Der damals gerade einundzwanzigjährige französische Dichter Jules Laforgue staunte 1883: «Berlin hat eine Stadtbahn, einen Himmel mit einem Spinnengewebe aus Telephondrähten, ein ausgedehntes Netz elektrischer Beleuchtung.»[1] Noch war allerdings Gasbeleuchtung das Übliche, und Pferde zogen Omnibusse und Straßenbahnen. Doch es war unübersehbar: Berlin wuchs zu einer Millionenmetropole, einer Weltstadt heran. Berlin wurde zum Schmelztiegel der Nation, und der Handel profitierte von der Stadt. Wissenschaft und Forschung, beheimatet an der Friedrich-Wilhelms-Universität, der Universitätsklinik Charité und der Königlich Technischen

Hochschule, aus der später die Technische Universität hervorging, förderten diese Entwicklung.

Berlin wurde auch zum intellektuellen Brennpunkt: Hier herrschte die junge Literatur, der Naturalismus, die Arno Holz und Johannes Schlaf zusammen mit Gerhart Hauptmann im Zeichen von Zola, Ibsen und Dostojevskij begründet hatten. Eine neue Künstlergeneration rebellierte gegen den konservativen Staat und den Geschmack des Kaiserreiches und stieß auf den Widerstand der etablierten Gesellschaft und ihrer Obrigkeit. Die Aufführung der *Weber* von Gerhardt Hauptmann wurde 1892/93 zunächst einmal verhindert.

Berlin sicherte sich einen beachtlichen Platz als Kulturzentrum auch mit ihren schnell wachsenden Bauten auf der Museumsinsel, und gleichzeitig wurde es eine der wichtigsten Musikstädte der Welt.

Doch es gab auch eine Kehrseite: Die Gesellschaft veränderte sich, Geschäfte und Geschäftemacher beherrschten sie. Und für die unteren Schichten wurde die Situation überaus bedrückend. Sie äußerte sich in zunehmender Wohnungsnot, und die Charakterisierung Berlins als der «größten Mietskasernenstadt der Welt» machte die Runde. Diese gesichtslosen Wohnblöcke waren Ende des 19. Jahrhunderts als Ausgeburt der Bodenspekulation entstanden – mehrstöckig, verschachtelt, meistens häßlich, grau, mit engen, lichtlosen Hinterhöfen.[2]

In dieser Großstadt wurden Richard und Anna Wegener, die Eltern Alfred Wegeners, niemals heimisch. Der Vater stammte aus einer märkischen Pastorenfamilie, deren Ahnenreihe sich in Schlesien und der Mark Brandenburg bis in die Lutherzeit zurückverfolgen läßt. Unter den Vorfahren überwiegen die Theologen, daneben gab es auch Vertreter des Lehrberufes und Kaufleute, besondere Prominenz weist die Stammtafel der Wegeners nicht auf. Aus der Anonymität taucht lediglich der Bruder eines Urgroßvaters, Gabriel Wilhelm Wegener (1767–1837) heraus. Er erlangte als Jugendfreund des Naturforschers und späteren Weltreisenden Alexander von Humboldt (1769–1859) eine gewisse Bekanntheit. Beide hatten eine zeitlang miteinander korrespondiert.[3]

Alfred Wegeners Vater hatte 1868, gerade 25jährig, sein Theologiestudium abgeschlossen und eine Anstellung als Hilfsprediger angetreten. Er verdiente sein erstes Geld und heiratete seine Braut Anna Schwarz, die er als Student in Wittstock kennengelernt hatte. In seinen ersten Ehejahren nahm er seine Universitätsstudien wieder auf. Er konzentrierte sich jetzt auf alte Sprachen und promovierte schließlich in Berlin zum Doktor der Philosophie. 1873 übernahm er im Alter von 30 Jahren das Schindlersche Waisenhaus, eine private Stiftung, in der etwa 30 Jungen, Kinder von Beamten, Pastoren und Lehrern, versorgt wurden. Es war in der Friedrichsgracht 57 untergebracht, in jenem Hause, in dem Alfred

Lothar Wegener als fünftes und letztes Kind des Direktorenehepaares zur Welt kam. Die Zöglinge des Waisenhauses wurden zumeist auf das Gymnasium zum Grauen Kloster geschickt, eine bekannte Schule, an der Richard Wegener auch Lehrer war. Ihr prominentester Absolvent war 1832 Otto von Bismarck gewesen.[4] Um nicht den Anschein zu erwecken, die eigenen Kinder könnten bevorzugt behandelt werden, ließ der pflichtgetreue, preußisch denkende Vater seinen Sohn Alfred und dessen ältere Brüder Kurt und Willi auf dem Köllnischen Realgymnasium unterrichten.

Sowohl ihren eigenen Kindern als auch den ihnen anvertrauten Waisen versuchten Richard und Anna Wegener Geborgenheit zu geben. Sie lebten zurückgezogen und schufen den jungen Menschen ein behütetes Heim. Humanistische Bildungstradition, verbunden mit preußischer Pflichterfüllung und einem ausgeprägten Verantwortungsgefühl, bildeten die Maximen des Wegenerschen Hauses, die sie im Sinne der Familientradition aufrecht erhielten.

Der Großstadt Berlin entflohen die Wegeners mit ihren Söhnen und der Tochter Tony wie viele ihrer Zeitgenossen an Ferientagen sooft sie konnten. Die Mark Brandenburg mit ihren Seen und den Kiefernwäldern, das war die Landschaft, in der die Wegeners jahrhundertelang gelebt hatten und sich wohl fühlten. Im Norden, nahe der Grenze zu Mecklenburg, unweit Wittstock, einer der schönsten märkischen Städte und Residenz der Bischöfe von Havelberg, hatten sie ihre Wurzeln.

Es verwundert nicht, daß Richard Wegener zugriff, als sich 1886 die Möglichkeit bot, in Zechlinerhütte, einem kleinen Dorf, nicht einmal hundert Kilometer von Berlin entfernt, ein Haus zu erwerben. Gut 150 Jahre war in dem kleinen Ort eine Kristallglashütte in Betrieb gewesen, die nun stillgelegt worden war. Richard Wegener erstand das kleine Direktorenhaus als Wohngebäude für seine Familie. Dabei war die Wahl sicher nicht von ungefähr auf das Häuschen gefallen, handelte es sich doch um das Geburtshaus von Anna Wegener, Alfreds Mutter. Zu dem Haus gehörten ein Park und Wiesen. Fortan wurde «die Hütte», wie es im Familienkreis hieß, Zentrum des Wegenerschen Familienlebens. Hier verbrachte man nun die Ferien, und nach seiner Pensionierung im Jahre 1904 nahm Richard Wegener mit seiner Frau hier seinen Altersruhesitz.

Im See, der unmittelbar vor der Haustür lag, lernten die Kinder schwimmen, im Winter tobten sie auf Schlittschuhen über die blanke Eisfläche. Hier, unweit von Schloß Rheinsberg, das später Kurt Tucholsky als romantische Kulisse für eine kleine Erzählung diente, durchstreiften die beiden unzertrennlichen Brüder Alfred und Kurt gemeinsam die Umgebung. Es war eine Landschaft mit für die norddeutsche Tiefebene recht abwechslungsreichen Formen, in der Alfred Wegener viele Wochen seiner Kindheit und Jugend verbrachte und die sein Naturgefühl schon früh prägte; eine Landschaft, die vom Wechsel der sandigen Höhen mit feuchten Niederungen ihren Reiz bezieht. Die Eiszeit hat sie geprägt, deren abschmelzende Gletscher Moränen und Urstromtäler mit Flüssen, Sümpfen und Seenketten zurückließen. Seit Jahrhunderten zogen sich hier Getreidefelder dahin. Und inmitten der Ährenteppiche lagen dunkle Waldstücke wie Inseln im Feldermeer. Hier verlebten die Wegenerschen Geschwister sorglose Kindheitstage.

Nicht gar so problemlos war der Berliner Alltag: Alfred Wegener ging nicht gern zur Schule; nicht daß er ein schlechter Schüler war, im Gegenteil: er machte das Abitur 1899 mit Bravour als Klassenbester. Aber damals wurden in erster Linie die alten Sprachen, Geschichte und Religion gelehrt, und Alfreds Interesse galt nun einmal den modernen Naturwissenschaften, die damals auf dem Stundenplan kaum vertreten waren. Zwar hatten sie inzwischen beachtliche Fortschritte gemacht, doch als Bestandteil des Schulunterrichts hatten sie sich noch keinen angemessenen Stellenwert erworben, fehlte ihnen doch die Würde einer alten universitären Disziplin. Lediglich der Physiklehrer verstand das Interesse des Jungen zu begeistern, und viele Abende verbrachte Alfred mit ihm bei der Betrachtung des Sternenhimmels durch ein Fernrohr.

Mit der Wahl seiner Studienfächer wandte sich Alfred Wegener ebenso wie sein zwei Jahre älterer Bruder Kurt von der Familientradition ab; eine Enttäuschung vor allem für den Vater, denn zu gerne hätte es der Altphilologe gesehen, wenn seine Söhne ihm beruflich gefolgt wären und den Lehrberuf ergriffen hätten, zumal sein Sohn Willi, der noch am ehesten Interesse für die klassischen Sprachen gehegt hatte, im Alter von nur 18 Jahren an einer zu spät erkannten Blinddarmentzündung gestorben war.

Doch erstmals wandten sich mit Alfred und Kurt Mitglieder der Familie Wegener den Naturwissenschaften zu. Im Oktober 1899 immatrikulierte sich Alfred an der Friedrich-Wilhelms-Universität in Berlin, um sich dem «Studium der Mathematik und Naturwissenschaften, insbesondere der Astronomie zu widmen.»[5] Mit der Wahl des Faches Astronomie hatte er sich die älteste exakte Naturwissenschaft überhaupt ausgesucht, während er mit der Meteorologie ein außerordentlich junges Fach belegte, das gerade im Begriff war, sich den Raum der höheren Luftschichten zu erschließen. Alfred studierte während des ersten Semesters in Berlin und wohnte bei den Eltern.

Das zweite Semester absolvierte er an der Ruprecht-Karls-Universität in Heidelberg. Der strengen Aufsicht des Elternhauses entronnen, genoß er erstmals seine Freiheit in vollen Zügen, und trotz seiner Absicht, Astronom zu werden, hat er die Sternwarte auf dem Königstuhl wahrscheinlich nie besucht.

Dafür war er Mitglied einer farbentragenden Verbindung, einer jener damals zentralen Institutionen des studentischen Lebens, in der nicht wenige Studenten nach der strengen Reglementierung des Gymnasiums gemeinsam die studentische Freiheit genossen, aber auch sozialen Halt und Freundschaft fanden.

Ein unrühmliches Dokument aus diesen Heidelberger Monaten ist eine Strafverfügung wegen «Unfug und ruhestörendem Lärm», da er «mit umgehängtem weißen Tuch durch die Hauptstraße nach dem Marktplatz zog und dabei durch überlautes Schreien ungebührlicherweise ruhestörenden Lärm erregte.»[6] Die Geldstrafe von 5 Mark trug er mit Fassung, aber vermutlich war ihm die Angelegenheit eine Lehre. Jedenfalls war er fortan pflichtbewußter Student und setzte seine Ausbildung zunächst in Berlin fort.

Nur ein weiteres Semester verbrachte Wegener noch außerhalb Berlins: Im Sommersemester 1901 war er ebenso wie sein Bruder Kurt in Innsbruck. Hier unternahmen beide in ihrer Freizeit in den Alpen gemeinsam zahlreiche Klettertouren und lange Hochgebirgswanderungen, die sie bis nach Südtirol führten. Alfred Wegener nutzte die Gelegenheit, sich intensiv mit der alpinen Botanik und Geologie zu beschäftigen. «Während seiner Innsbrucker Zeit konnte er beim Bergsteigen seiner lebenslangen Neigung freien Raum geben, auch seine körperlichen Kräfte für ein schwieriges Ziel einzusetzen.»[7]

Nach Berlin zurückgekehrt, suchten die Brüder den sportlichen Ausgleich zum Hörsaal auf Segeltouren in der Umgebung. Das Segeln nahmen sie später in den gemeinsamen Hamburger Jahren auf der Elbe wieder auf.[8]

Waren Heidelberg und Innsbruck eher kurze Episoden im Studium Wegeners gewesen, so hat das Studium in Berlin auf seinen Werdegang nachhaltigen Einfluß gehabt. Es war damals eine aufstrebende, aktive Universität, von der der dänische Literaturwissenschaftler Georg Brandes berichtete: «In der Wissenschaft pulsiert das Leben. In keiner europäischen Stadt wird kühner, vorurteilsfreier, umfassender gedacht als in Berlin von den hellsten und sachkundigsten Köpfen. Ein guter Maßstab ist das offizielle Leben. An der Berliner Universität werden Vorlesungen gehalten, die an der Sorbonne oder am Collège de France undenkbar wären; von London wollen wir gar nicht erst reden.»[9]

Dampfmaschine und Elektrizität, Röntgenstrahlen und Sprechmaschine, synthetische Farbstoffe und die ersten Flugapparate, eine Fülle neuer Entdeckungen in Medizin und Technik bewegten die Gemüter dieser Jahre.

An der Universität lehrten, vor allem in den Naturwissenschaften, Wissenschaftler von Weltruf. Sie zogen eine wachsende Zahl von Studenten an: 1877 waren es 2000, die sich an der Universität Unter den Linden immatrikulierten, bis 1896 wuchs ihre Zahl auf 5000. Im gleichen Zeitraum verdoppelte sich die Zahl der Lehrkräfte. Neue Institute und Seminare entstanden und entwickelten sich, die Wissenschaften erlebten in Berlin einen glanzvollen Aufstieg. Max Planck, bei dem Wegener *Allgemeine Mechanik* hörte, urteilte über diese Zeit: «Das waren die Jahre, in denen ich wohl die stärkste Erweiterung meiner ganzen wissenschaftlichen Denkweise erfuhr. Denn nun kam ich zum ersten Mal in nähere Berührung mit den Männern, welche damals die Führung in der wissenschaftlichen Forschung der Welt innehatten.»[10]

Außer mit Astronomie beschäftigte sich Wegener auch schon während seiner Studienzeit mit Geologie und Meteorologie. Sogar während seines Militärdienstes, den er 1901/1902 bei der 4. Kompanie des Königin-Elisabeth-Garde-Grenadier-Regiments No. 3 zu Westend, also unweit von Berlin, leistete, setzte er sein Studium fort.

In den letzten Semestern war er Assistent an der Berliner Volkssternwarte *Urania*. Sie war von seinem Lehrer Wilhelm Foerster gegründet worden, einem sehr engagierten Astronomen, der sich 1855 in Berlin habilitiert und anschließend Vorlesungen über die Geschichte der Astronomie gehalten hatte. Fast fünfzig Jahre lang war er an der Berliner Sternwarte tätig, zunächst als Assistent und später schließlich als ihr Direktor. Sein Interesse galt unter anderem dem Studium der Meteoriten und Kometen.

Doch Foerster war auch auf anderen Gebieten sehr aktiv. Er war nicht nur Professor an der Universität, sondern eine zeitlang sogar ihr Rektor. Ferner war er Direktor der Kommission für das Maß- und Gewichtswesen des Norddeutschen Bundes und behielt diese Position auch nach der Reichsgründung 1871 weiter inne. Er hatte Einfluß genommen auf die Gründung des astrophysikalischen Observatoriums in Potsdam, der Sternwarte in Straßburg sowie der Physikalisch-Technischen Reichsanstalt. Und schließlich fiel auch die Einrichtung der von der Sternwarte kontrollierten Berliner Normaluhren in die Ära Wilhelm Foersters. Allgemein galt, «daß die Zeit Foersters durch den Zug zur Präzision gekennzeichnet war. Man bemühte sich um exakte Messungen, und die Verbesserung der Technik schuf die Voraussetzung dafür.»[11] Das wachsende Interesse, das die Bevölkerung im letzten Drittel des 19. Jahrhunderts den Arbeiten der Berliner Sternwarte entgegenbrachte, hatte Foerster auf die Idee gebracht, eine Volkssternwarte einzurichten, eine Beobachtungsstation für eine breite Öffentlichkeit, ausgerüstet mit einem guten Fernrohr, aber auch mit der Möglichkeit für populäre Vorträge und mit Arbeitsgelegenheiten für interessierte Laien. In dem damals recht bekannten Astronomen Dr. Wilhelm Meyer hatte Foerster den geeigneten Leiter für seine

1888 gegründete *Urania* gefunden.[12] Mit ihren zahlreichen Attraktionen entwickelte sie sich innerhalb kürzester Zeit zu einer Volksakademie der Naturwissenschaften, die fast 200000 Besucher pro Jahr aufwies. Der Name *Urania* wurde zum Synonym für populäre Wissensvermittlung.[13]

Wilhelm Foerster war mit Julius Bauschinger zusammen Referent der Dissertation Wegeners, deren Themenstellung vermutlich auf sie zurückgeht. Wegener promovierte am 24. November 1904 mit der Abhandlung *Die Alfonsinischen Tafeln für den Gebrauch des modernen Rechners*. Seine Arbeit wurde mit dem Prädikat «sagacitatis et industriae specimen laudabile» belegt. Das Tabellenwerk war im Auftrag des kastilischen Königs Alfons X. im 13. Jahrhundert von christlichen und jüdischen Gelehrten erarbeitet worden. Es diente Seefahrern und Astronomen zur Berechnung der Auf- und Untergangszeiten von Gestirnen, Sonnen- und Mondfinsternissen oder Planetenstellungen. Es fußte auf dem geozentrischen Weltbild des Ptolemäus und dem julianischen Kalender. So wie einst Johannes Kepler aufgrund seiner auf dem kopernikanischen Weltsystem basierenden Erkenntnisse die Beobachtungsergebnisse seines Lehrers Tycho Brahe (1546–1601) umgerechnet und in den 1627 publizierten *Rudolfinischen Tafeln* festgehalten hatte, so rechnete Wegener nun die alten Daten unter Aufgabe des umständlichen Sexagesimalsystems für den neuzeitlichen Gebrauch um und bereinigte die Druckfehler. Die Beschäftigung mit den *Alfonsinischen Tafeln* bedeutete für Wegener den Einstieg in die wissenschaftliche Arbeit und inspirierte ihn wenig später, sich astronomiehistorischen Themen zuzuwenden. Dabei kam ihm sicherlich die vom Vater geförderte Beherrschung des Griechischen zugute: Im Jahre 1905 erschien sein Aufsatz *Über die Entwicklung der kosmischen Vorstellungen in der Philosophie*, in dem er den Zeitraum von der griechischen Antike bis zur Gegenwart abhandelte. Außerdem setzte er sich ein weiteres Mal intensiv mit König Alfons dem Weisen und der wissenschaftlichen Tätigkeit an dessen Hof auseinander. Zeitlebens beschäftigten Wegener spezielle Fragen der Astronomie, und er verfaßte auch weitere Aufsätze aus ihrem Bereich, aber letztlich forderte ihn dieses Gebiet nicht heraus: «In der Astronomie ist alles im wesentlichen schon bearbeitet, nur speziell mathematische Begabung und besondere Einrichtungen auf Sternwarten können zu neuen Erkenntnissen führen, zudem bietet die Astronomie keine Gelegenheit zu körperlicher Betätigung.»[14]

Die Verbindung von wissenschaftlicher Forschung und körperlichem Einsatz war es, die Wegener immer wieder suchte und die sein Leben prägte. Gerade die Meteorologie reizte ihn in dieser Hinsicht mehr als die Astronomie.

Da er unmittelbar nach dem Studienabschluß zunächst keine geeignete Stellung fand, war er für kurze Zeit an der Berliner *Urania* tätig, während sein Bruder Kurt, der ebenfalls in Berlin promoviert hatte, bereits 1904 in dem neu eingerichteten Aeronautischen Observatorium in Lindenberg, südöstlich von Berlin, technischer Assistent geworden war.[15] Kurt holte seinen Bruder schließlich nach Lindenberg, «wodurch Alfred Wegener endgültig, wenn auch nicht ausschließlich, für die Meteorologie gewonnen war.»[16]

Schon während des Studiums hatte er regelmäßig die Kolloquien Wilhelm von Bezolds, des Direktors des Preußischen Meteorologischen Instituts, besucht und von ihm sicherlich entscheidende Anregungen erfahren. Es ist daher nicht verwunderlich, daß Wegener die ihm gebotene Chance einer Anstellung am Aeronautischen Observatorium in Lindenberg ohne zu zögern annahm. Den jungen Forscher lockte das wissenschaftliche Neuland, einerseits aus berufsbedingter Neugier heraus, andererseits auch mit dem Ziel, Erkenntnisse für die in den Kinderschuhen steckende Luftfahrt zu gewinnen. Ihn reizte «das Studium der Physik der Wolken und die Erforschung der höheren Luftschichten mit Drachen und Fesselballons», schrieb seine Frau später, «vor allem aber die Freiballonfahrten, die zum Programm des Instituts gehörten.»[17] Denn Lindenberg war neben Trappes bei Paris seit 1900 eines jener bekannten Zentren, in denen das neue Teilgebiet der Meteorologie, die Aerologie, d.h. die Physik der hohen oder wie man damals sagte, der «freien» Atmosphäre untersucht wurde. Am 1. Januar 1905 wurde Alfred Wegener in Lindenberg technischer Assistent.

Die beiden Brüder Wegener waren zu einem Zeitpunkt an das Aeronautische Observatorium gekommen, als dessen Direktor Richard Assmann, ein außerordentlich engagierter Meteorologe, der für diese Wissenschaft eigens seinen Arztberuf aufgegeben hatte, begann, die Technik meteorologischer Drachen- und Fesselballonaufstiege zu verfeinern und auszubauen.

Die zahlreichen ungelösten Fragen, die sich bei der Untersuchung der Atmosphäre ergaben, versuchte man auf drei verschiedene Wege zu bearbeiten: mit bemannten Ballonfahrten, mit unbemannten Ballon- und mit Drachenaufstiegen.

Der erste Einsatz von Ballonen und Drachen im Dienst der Wissenschaft war bereits im 18. Jahrhundert erfolgt. Beim ersten Drachenaufstieg 1749 in Europa hängte Alexander Wilson in der Nähe von Glasgow Thermometer an Gespanne aus Papierdrachen. Mit Hilfe von Brennschnüren wurden sie nach erfolgter Temperaturmessung vom Drachenseil gelöst und schwebten an Papierfallschirmen hängend zu Boden. In Nordamerika experimentierte Benjamin Franklin 1751 in Philadelphia mit einem «elektrischen Drachen», mit dem er das «luftelektrische» Feld bei Gewittern bestimmen wollte.[18]

Die 1783 von den Gebrüdern Montgolfier eingeleitete bemannte Ballonfahrt eröffnete der Erforschung der «freien» Atmosphäre zusätzliche Möglichkeiten, auch wenn noch gut hundert Jahre vergehen mußten, bevor sie ihren Durchbruch fand. Bereits die ersten Ballonfahrer hatten die Bedeutung von «Pilotballonen» erkannt und sie vor dem Aufstieg eingesetzt, um die Windrichtung zu bestimmen. Doch erst in den 80er Jahren des 19. Jahrhunderts begann die Untersuchung der Atmosphäre in einem weiter gesteckten Rahmen. Von der Beantwortung der Frage «Welche Faktoren bestimmen Temperatur und Luftfeuchtigkeit, Windrichtung und Windgeschwindigkeit?» versprach man sich jetzt sogar großen Nutzen für die Menschheit. Und Wissenschaftler setzten verstärkt Drachen und Ballone ein, mit deren Hilfe sie mechanisch angetriebene Geräte zur Messung und Aufzeichnung von Lufttemperatur, Luftdruck und Luftfeuchtigkeit in verschiedene Höhen brachten. Die Daten wurden auf Registrierstreifen aufgezeichnet. Doch trotz sich ständig verfeinernder Meßtechniken blieb Richard Assmann in Berlin damals bei seiner Überzeugung: «Bauet brauchbare Instrumente, und führt, bis wir solche haben, lieber *eine* ‹bemannte› Fahrt als drei Aufstiege mit dem ‹Ballon-sonde› aus.»[19]

Damit kam er einem Trend der Zeit entgegen, denn bemannte Ballonfahrten erlebten im letzten Viertel des 19. Jahrhunderts eine Renaissance. Den Menschen der damaligen Zeit standen die großen Erfolge, welche die Ballonfahrt beim Transport von Personen und Post aus dem belagerten Paris in den Jahren 1870 und 1871 errungen hatte, noch deutlich vor Augen. Als erste hatten sich die Militärs von diesem Beispiel inspirieren lassen, und nahezu alle Großmächte des ausgehenden 19. Jahrhunderts stellten *Luftschiffertruppen* auf. Doch die Idee von der Eroberung der dritten Dimension griff auch auf andere Bereiche über, und die von Generalfeldmarschall Graf von Moltke 1881 geäußerte Überzeugung spiegelt durchaus den Zeitgeist wider: «Die Lösung des Problems der freien Luftschiffahrt wird heute als etwas Unmögliches nicht mehr angesehen, sie erscheint nur als eine Frage der Zeit und nahe gerückt, sobald es gelungen sein wird, einen brauchbaren Motor zu schaffen.»[20]

In Deutschland hatte sich Berlin zu einem Zentrum der Ballonfahrt entwickelt. Hier war am 8. September 1879 der Deutsche Verein zur Förderung der Luftschiffahrt zu Berlin ins Leben gerufen worden. Zwar war das erste Programm des jungen Vereins im Wesentlichen auf die *Lenkbarmachung* von Luftschiffen gerichtet – Wissenschaft wurde zu diesem Zeitpunkt nicht nennenswert ins Auge gefaßt –, dennoch leiteten die Initiativen des Vereins den Beginn der wissenschaftlichen Ballonfahrt ein, nachdem es zunächst dem Gerichtschemiker Dr. Jeserich Mitte der achtziger Jahre gelungen war, eine Reihe von Ballonfahrten auf eigene

Kosten zu unternehmen und dabei elektrische, meteorologische und luftanalytische Untersuchungen durchzuführen.

1892 stellte Kaiser Wilhelm II. dem Verein 50000 Mark für wissenschaftliche Fahrten zur Verfügung. Von dem Geld wurde der Ballon *Humboldt* angeschafft, und bei seinem ersten Aufstieg am 1. März 1893 waren die Kaiserlichen Majestäten zugegen. Zudem hatte Richard Assmann mit dem Aspirationsthermometer ein einwandfreies Instrument zur Temperaturbestimmung geschaffen, und die Sauerstoffgeräte für die Ballonpiloten waren weiter entwickelt und getestet worden. Die Wissenschaftler schätzten damals die höchste vom Menschen erreichbare Höhe auf 12500 m. Der Wiener Physiologe von Schrötter empfahl bereits, eine hermetisch abgeschlossene Gondel nach Art der Taucherkugel zu verwenden.

Zahlreiche spektakuläre Fahrten folgten. Bei einer Alleinfahrt auf 9155 m – der größten im 19. Jahrhundert erreichten Höhe – maß der Physiker Arthur Berson am 4. Dezember 1894 mit –47° C die tiefste Temperatur. Den Abschluß fanden diese Experimente mit der am 31. Juli 1901 vom Schießplatz Tegel aus unternommenen Höhenfahrt der Berliner Professoren Berson und Süring. Sie erreichten mit dem Ballon *Preußen* im offenen Korb die Höhe von 10500 m. Reinhard Sürings Fahrtbericht zufolge konnten die Beobachtungsreihen nur unter schwierigsten körperlichen Anstrengungen durchgeführt werden. «Berson hatte noch eine Höhe von 10500 m abgelesen, der Ventilzug verbrauchte den Rest seiner Kräfte, dann fiel er in eine lange, schwere Ohnmacht.»[21] Dennoch endete die Fahrt ohne weitere Komplikationen in Briesen, einem kleinen Ort in der Nähe von Cottbus. Süring schloß seine Ausführungen: «Durch diese wissenschaftlichen Hochfahrten ist die Atmosphäre bis zu 10000 Meter recht eingehend erforscht worden. Eine der Hauptaufgaben unserer Hochfahrten war, die Richtigkeit der Daten von unbemannten Registrierballonen bestätigt zu wissen.»[22]

Die weitere Erforschung der Atmosphäre führte zum Nachweis der oberen Inversion in der Tropopause, der Trennschicht zwischen Troposphäre und der darüberliegenden unteren Stratosphäre, d.h. jener Schicht der Atmosphäre, in der sich die Temperaturabnahme mit zunehmender Höhe in einen Temperaturanstieg umkehrt. Sie wurde 1902 von Richard Assmann und dem in Trappes arbeitenden Léon Philippe Teisserenc de Bort (1855–1913) fast gleichzeitig in wissenschaftlichen Arbeiten beschrieben.

Die aerologischen Forschungen des Observatoriums in Lindenberg und ihre Methoden wurden für Wegeners weitere Arbeiten wegweisend. Hier erlernte er die Techniken des Einsatzes von Drachen und Registrierballonen und machte zusammen mit seinem Bruder Kurt im Berliner

Verein für Luftschiffahrt, der übrigens mittlerweile fast 900 Mitglieder zählte, seine Ausbildung zum Ballonfahrer.

Seine erste Fahrt machte Wegener mit dem Rekordhalter Berson. Sie stiegen am 11. Mai 1905 in Reinickendorf bei Berlin auf, um luftelektrische Messungen vorzunehmen und meteorologische Beobachtungen zu machen. Es war die erste Fahrt, auf der außerdem auch astronomische Positionsbestimmungen vom Ballon aus vorgenommen wurden. Die Fahrt endete nach gut zehn Stunden in der Nähe von Gleiwitz.[23]

Nur knapp drei Wochen später startete Wegener mit Dr. Gerdien, einem Privatdozenten und ebenfalls Mitglied im Berliner Verein, zu seiner zweiten Fahrt. Auch diese rund siebenstündige Fahrt, bei der sie bis auf 6046 m aufstiegen und eine Temperatur von –23,82° C feststellten, war wissenschaftlich motiviert. Weiterer Anlaß war die Beobachtung einer partiellen Sonnenfinsternis. «In 1300–1400 Metern schwammen wir zwischen zwei Wolkenschichten, sahen aber wiederholt die Sonne, so daß ich um 12 Uhr eine Sonnenhöhe messen und wir die zunehmende Verfinsterung beobachten konnten. Sie machte sich sowohl für das persönliche Empfinden wie auch für den Ballon geltend, da die Verminderung der Strahlung sehr bemerklich war … Unter fortgesetztem Ballastgeben hoben wir uns höher und höher über das jetzt fast ganz geschlossene Wolkenmeer hinaus. Wir sahen aus der Masse mehrere Böenwolken herausragen und sich merkwürdig dunkel von dem sonst so glänzenden Bild abheben. Ab und zu hörten wir Donner aus ihnen herauftönen … Wir konnten uns jetzt, wo der Ballon ruhig über den Wolken schwamm, mit großer Ruhe unseren Instrumenten widmen. Nur von Zeit zu Zeit sahen wir über den Korbrand hinab und betrachteten das Wolkenmeer, das einen herrlichen Anblick bot. Besonders fesselte uns ein Wolkenberg, der wie eine Felseninsel aufragte, rings umgeben von kleineren Ballungen.»[24] Die Fahrt endete auf einem Acker in der Nähe der kleinen Ortschaft Nowe Miasto.[25] Es herrschte bei der Landung ein so starker Bodenwind, daß der Weidenkorb mit den Passagieren außerordentlich hart aufsetzte: «Nach äußerst heftigem Aufprall überschlug sich der Korb, beim erneuten Anrucken des Ballons gewahrte ich, daß mein Gefährte nicht mehr im Korbe war. Nur noch wenige Sekunden dauerte die Schleiffahrt, dann hörte ich ein lautes Klatschen und Prasseln – der Ballon war in zwei nebeneinander auf freiem Felde stehenden Bäumen festgeraten.»[26] Soweit der Bericht des Piloten Gerdien. Wegener hatte im wahrsten Sinne des Wortes alle Hände mit sich selbst zu tun: «Ich dachte nur daran, mich festzuhalten, sah einen Augenblick alles drunter und drüber gehen und merkte dann, daß ich über die Erde geschleift wurde, wobei ich einen starken Druck auf meinen Körper fühlte.»[27]

Im folgenden Frühjahr erregte Wegener als Ballonpilot in einer breiten Öffentlichkeit Aufsehen. Zusammen mit seinem Bruder Kurt unternahm er eine wissenschaftliche Fahrt für das Aerologische Observatorium in Lindenberg, die die beiden Brüder vom 5. bis 7. April 1906 in ihrem 1200 m^3 großen Ballon *Ziegler* ohne Zwischenlandung von Berlin nach Jütland und wieder zurück bis in die Gegend von Aschaffenburg brachte. Zwar war es für Alfred Wegener erst die dritte und für seinen Bruder die fünfte Ballonfahrt, doch gelang es ihnen aufgrund ihrer meteorologischen Kenntnisse, den Ballon 17 Stunden länger in der Luft zu halten als der berühmte Luftschiffer Graf de la Vaux, dessen 35stündigen Rekord sie brachen.

Die Fahrt war nicht von vornherein als Dauerfahrt geplant, daher war das Pilotenteam nur unzureichend ausgerüstet. Es fehlte an Proviant – der pro Mann lediglich aus einem Pfund Schokolade, zwei Koteletts, einer Flasche Selters und einer Apfelsine bestand – und angemessener Kleidung. Bei –16° C froren sie erbärmlich und konnten vor Schüttelfrost nicht schlafen.

Dennoch wollten sie am dritten Tag ihrer Fahrt noch einmal auf 5000 m Höhe gehen. Aber völlig entkräftet, waren sie nicht einmal mehr in der Lage, den Ballastsack anzuheben. Nachdem sie dann noch drei Stunden bei –16° C in 3700 m Höhe ausgehalten hatten, zogen sie die Reißleine und bereiteten die Landung vor. «Hunger und Kälte waren auf die Dauer doch stärker gewesen als unser Wille»,[28] schloß Kurt Wegener seinen Bericht. Insgesamt waren sie 52 Stunden und 22 Minuten in der Luft gewesen und hatten eine Strecke von 520 km zurückgelegt. Ihren Rekord brach Hugo Kaulen erst 1913 mit dem Ballon *Duisburg*, mit dem er in 87 Stunden von Bitterfeld bis nach Perm in Rußland fuhr.

Alfred Wegener hatte im Berliner Verein seine praktische und theoretische Ausbildung zum Freiballonführer absolviert. Den Luftschifferschein erhielt er jedoch erst vier Jahre später, im Jahre 1911 in Marburg, offenbar nachdem er die vorgeschriebene Fahrtenzahl nachweisen konnte. Denn zuvor erfüllte sich ein sehnlicher Wunsch des jungen Wissenschaftlers: Alfred Wegener ging als Meteorologe nach Grönland.

Aufbruch nach Grönland (1906/08)

«Ich glaube, daß der Entschluß, mich an dieser Expedition zu beteiligen, entscheidend für mein ganzes Leben sein wird»,[1] notierte Wegener während der einsamen, dunklen Polarnacht des grönländischen Winters am 17. Februar 1907. Die tatsächliche Tragweite dieser Erkenntnis konnte er damals jedoch kaum erahnen.

Wegener wuchs in einer Zeit auf, als die Polarforschung an Bedeutung gewann, und sicherlich hatte er in seiner Jugend die Ereignisse und Erfolge der verschiedenen Polarexpeditionen registriert. 1888 hatte Fridtjof Nansen mit seiner spektakulären Durchquerung des grönländischen Inlandeises Aufsehen erregt. Und noch war kein Jahrzehnt vergangen, daß der Norweger zwar nicht den Nordpol erreicht, aber seine kühne Driftfahrt mit der *Fram* im Nordpolarmeer zu einem glücklichen Abschluß gebracht und gleichzeitig grundlegende neue Erkenntnisse über Geographie und Ozeanographie des arktischen Meeres gewonnen hatte.

Zur gleichen Zeit war es Georg Neumayer, dem Direktor der Deutschen Seewarte in Hamburg, gelungen, sich mit seiner Forderung, verstärkt Südpolarforschung zu betreiben, europaweit Gehör zu verschaffen. Zu Beginn des 20. Jahrhunderts war international das Interesse an der Erkundung der antarktischen Eisregionen erwacht. Gleich drei Expeditionen brachen kurz nach der Jahrhundertwende auf: der Engländer Robert Falcon Scott, der Schwede Otto Nordenskjöld und der Deutsche Erich von Drygalski. Hinter allen diesen Unternehmungen stand auch der Wunsch der diese Expeditionen finanzierenden Mäzene oder Staaten, letztlich den Wettlauf zu den Polen für sich zu entscheiden. «Ein letztes Rätsel hat ihre Scham noch vor dem Menschenblick bis in unser Jahrhundert verborgen», skizzierte Stefan Zweig in den *Sternstunden der Menschheit* die damalige Situation, «zwei winzige Stellen ihres zerfleischten und geschundenen Körpers gerettet vor der Gier ihrer Geschöpfe. Südpol und Nordpol, das Rückgrat ihres Leibes, diese beiden fast wesenlosen, unsinnlichen Punkte, sie hat die Erde sich rein gehütet und unentweiht. Barren von Eis hat sie vor dieses letzte Geheimnis geschoben, einen ewigen Winter als Wächter den Gierigen entgegengestellt.»[2]

Die zahlreichen Expeditionen müssen einen großen Eindruck auf Alfred Wegener gemacht haben, selbst wenn seine Eltern und Geschwister davon nur wenig bemerkten. Bereits als junger Student im ersten Semester träumte er von Arbeiten und Aufgaben, die er selber in Grönland durchführen wollte. Sein Freund und Studienkollege Walter Wundt[3] erinnerte sich später: «Wie heute ist mir der Abend gegenwärtig, wo er mir auf meiner Bude in Charlottenburg seine Grönlandpläne auseinandersetzte. Er zeigte mir im Atlas die Route Nansens, die von der Südspitze des Landes ein Dreieck abschneidet; dann die Randwanderung Pearys an der Nordküste. Schließlich wies er mit dem Finger auf die Mitte: ‹Da müssen wir durch›. Dieses wir war wörtlich gemeint. Denn obwohl damals keinerlei Aussicht für die Ausführung des Planes bestand, suchte er nach einem künftigen Weggenossen.»[4] Sein Schüler und Mitarbeiter Johannes Georgi berichtet in seinen Erinnerungen an Wegener, daß dieser «durch tagelange Schlittschuhfahrten durch den winterlich vereisten Spreewald seine Ausdauer zu erproben und zu steigern bemüht war, im Hinblick auf spätere Arktispläne».[5] Und als Wegener im Winter 1903/04 Wundt auf dem Brokken besuchte, wo dieser als meteorologischer Beobachter Dienst tat, erlernte Alfred Wegener als einer der ersten in Deutschland das Skilaufen.[6]

Der Traum, an einer wissenschaftlichen Forschungsreise in den hohen Norden teilnehmen zu können, erfüllte sich für Alfred Wegener früh. Durch einen Zufall erfuhr er von den Plänen des dänischen Schriftstellers Ludvig Mylius-Erichsen, erneut in die Arktis aufzubrechen. Mylius-Erichsen hatte bereits 1902 bis 1904 erfolgreich die sogenannte *Dänische Literarische Expedition* geleitet, bei der es in erster Linie um das Studium der Lebensgewohnheiten und der Dialekte der Inuit an der nördlichen Westküste Grönlands gegangen war. Wegener bewarb sich kurzerhand bei dem Dänen, der ihn in die Reihen seiner Expeditionsmitglieder aufnahm.

Die wissenschaftlichen Ambitionen Wegeners lagen dabei auf meteorologischem Gebiet. Er wollte seine in Lindenberg erworbenen Kenntnisse und Techniken in der Erforschung der Atmosphäre mit Drachen und Ballonen in Grönland einsetzen.

In dem damals noch relativ kleinen Kreis von Fachleuten war Wegener trotz seiner Jugend zu diesem Zeitpunkt kein völlig Unbekannter mehr. Mit einigen Aufsätzen über seine Experimente und Arbeiten in Lindenberg, insbesondere über die Erforschung der höheren Luftschichten, hatte er auf sich aufmerksam gemacht. Das kam ihm nun bei der Beschaffung der notwendigen Instrumente für sein Forschungsprogramm durchaus zugute.

Nicht sonderlich erfreut zeigte sich allerdings seine Familie über die Reisepläne. Vor allem sein Vater war nicht gerade beglückt zu hören, daß sein Sohn für ein derartiges Unternehmen die gesicherte Anstellung am Observatorium in Lindenberg aufgeben wollte.

Zustimmung kam jedoch von anderer Seite, von Seiten der Wissenschaft: Am 28. März 1906 hatte sich Wegener mit einem kurzen Schreiben an Professor Wladimir Köppen, den Leiter der Drachenstation in Groß Borstel[7] bei Hamburg, gewandt, den er um die Unterstützung und Leihgabe von Meßinstrumenten bat. Köppen war damals ein bekannter und auch recht einflußreicher Meteorologe. Er hatte nicht nur die von ihm geleitete Drachenstation gegründet und aufgebaut und 1876 die erste Wettervorhersage herausgebracht, sondern die Aerologie als neuen Zweig der Meteorologie mitentwickelt und ihr den Namen gegeben.[8] Der Brief, den Wegener nun an ihn richtete, bedeutete nicht nur den ersten Kontakt zwischen dem bekannten Klimaforscher Köppen und dem jungen Wegener, sondern war zugleich Beginn einer lebenslangen Freundschaft.

Hauptaufgabe der Expedition von Mylius-Erichsen war die Erkundung und Kartierung des bis dahin letzten unbekannten Abschnitts der ostgrönländischen Küste, von etwa 75° nördlicher Breite bis zum nördlichsten Punkt der Insel auf 83°30' N. Packeis hatte früheren Expeditionen den Zugang zu dieser im hohen Norden der grönländischen Küste gelegenen Region bisher stets verwehrt. Von Süden her war zwar der Leiter der Zweiten Deutschen Nordpolarexpedition, Kapitän Karl Koldewey, 1870 auf einer Schlittenreise, die er während der Überwinterung seines Schiffes *Germania* vorgenommen hatte, zu einem nördlich von Kap Bismarck (76°50' N) gelegenen Punkt gelangt. Aber dort hatten ihn heftige Schneestürme und Proviantmangel zur Umkehr gezwungen. Außerdem hatte hier der Herzog von Orléans mit seinem Schiff *Belgica* unter Adrien de Gerlache 1905 ein kurze Fahrt an der Küste entlang unternommen, aber das Land nicht betreten. Von Norden her hatte der Amerikaner Edward Peary drei Vorstöße entlang der Küste unternommen. 1892 und 1895 war er von Westen her zur Independence Bay vorgestoßen, und 1902 schließlich versuchte er über das Meereis an der Nordküste bis in das später nach ihm benannte Peary Land südlich vom Kap Bridgman (83° N) vorzustoßen, wo er auf 82°58' N eine Warte errichtete, eine jener künstlichen Steinansammlungen, die Menschen in der Arktis als Landmarke, Wegweiser oder Nachrichtendepot zusammenlegten. «Zwischen Koldeweys Steinhaufen und Pearys Warten lag lockend das ungelöste Rätsel: eine nichtssagende punktierte Linie auf der Landkarte»,[9] heißt es im Vorwort zum 1910 erschienenen Bericht von Achton Friis, der eine breite Öffentlichkeit mit den Ereignissen dieses Polarunternehmens bekannt machte.

Neben geographischen und kartographischen Aufgaben gehörten vor allem meteorologische, hydrologische, geologische, biologische sowie ethnographische Untersuchungen zum Expeditionsprogramm Mylius-Erichsens. Die Expedition wurde von privater und staatlicher Seite getragen. Dänemark war daran interessiert, die Kolonie Grönland künftig wirtschaftlich zu erschließen.

Zusammen mit den übrigen 27 Expeditionsmitgliedern schiffte Wegener sich am 24. Juni 1906 in Kopenhagen auf dem Dampfer *Danmark* ein. Zahlreiche Zuschauer, unter ihnen seine Eltern, verfolgten das Ablegen des Schiffes, das der Expedition ihren Namen gab, von der Langelinie.

Wegener, der zunächst mit Verständigungsschwierigkeiten kämpfte – er verfügte über keinerlei dänische Sprachkenntnisse –, teilte auf dem Schiff die Kajüte mit dem Premierleutnant Peter Johan Koch. Dieser war Kartograph der Expedition, sprach gut deutsch und sollte nicht nur auf der bevorstehenden Reise viel mit Wegener zusammen arbeiten.

Achton Friis, einer der beiden Maler der Expedition, zeichnete Wegener und lieferte auch die erste Beschreibung, die es über ihn gibt: «Ein schweigsamer Mann mit dem liebenswürdigsten Lächeln auf dem Antlitz kommt mehrmals am Tage aufs Oberdeck hinauf und liest sonderbare Instrumente ab, die in einem Schrank dicht bei der Leiter zum Deck stehen. Es ist Dr. Wegener aus Berlin, unser Meteorologe. Wenn man auf dem Oberdeck steht und ihn die Leiter heraufkommen sieht, erblickt man zuerst über der Luke einen Hut – wohl das Eigentümlichste, was man sich denken kann. Ich weiß selbst nicht, was das Wunderlichste daran ist, seine Form oder seine grüne Farbe ... Wenn man das Gesicht sieht, das dem Hut folgt, dann will man nicht glauben, daß Dr. Wegener ein Mann ist, der unten im Laderaum Sprengstoff genug liegen hat, um 50 Walfängerboote unseres Typs im Laufe weniger Sekunden zum Meeresboden hinab zu senden. Ich denke an seine hundert großen Eisenbehälter mit komprimiertem Wasserstoff, der zur Füllung seiner Ballons dienen soll, wenn wir einmal an Land gekommen sind.»[10]

Wegener kam gut mit den übrigen Expeditionsteilnehmern und der Schiffsbesatzung aus. Nicht zuletzt bildeten seine meteorologischen Meßgeräte eine Kommunikationsbasis: «Das Hygrometer wird auf jeder Wache mit großer Genugtuung von den Seeleuten abgelesen. Im Schiffsjournal findet sich nämlich eine Rubrik für Feuchtigkeit, und sie sind stolz wie die Spanier, daß sie nun diese Rubrik ausfüllen können. Auch der Barograph wird eifrig benutzt. Ihm verdanke ich zum Teil meine Stellung unter den Seeleuten. Er wird täglich zirka fünfmal konsultiert, und meine Kabine, wo er hängt, ist so eine Art Allerheiligstes.»[11]

Das Erreichen des Expeditionsgebietes in Grönland wurde für Wegener, für den es ja die erste Reise in den hohen Norden war, zu einem besonderen Erlebnis. Er war fasziniert von der Welt der Eisberge mit ihren phantasievollen Formen und Farben und vom hoch aufragenden Küstengebirge, das das grönländische Eis wie eine Schüssel bewahrt und es nur in den zerklüfteten Fjorden in langen weißen Gletschern ins Meer lecken läßt. «Unsere Fahrt durch den der Küste vorgelagerten Eisstrom war schwierig, aber glücklich. Alle, die die dortigen Eisverhältnisse kannten, waren darin einig, daß das Treibeis ungewöhnlich mächtig war. Um so größer war unsere Freude, als es nicht nur gelang, die Küste zu erreichen, sondern auch an dem für unsere Zwecke praktischsten Punkt, Kap Bismarck, einen guten Winterhafen zu finden. Es war am 15. August 1906, als wir langsam und vorsichtig, von Zeit zu Zeit in dem unbekannten Fahrwasser lotend, in die kleine Bucht hineindampften, die zwei Jahre hindurch unseren Aufenthalt bilden sollte, und die wir später ‹Danmarkshavn› tauften.»[12] Hier, im Gebiet der Dovebucht, wurde das Basislager der Expedition errichtet. Das Überwinterungshaus wurde aus vorgefertigten Teilen zusammengebaut und eine meteorologische Station eingerichtet. Während zweier Überwinterungen wohnten hier Wegener, Koch, der Botaniker Dr. Andreas Lundager und der zweite Maler der Expedition Aage Berthelson. Die übrigen hatten sich auf dem Schiff eingerichtet. Über Telefon waren die beiden Gruppen miteinander verbunden.

Von diesem Standquartier aus, von den Teilnehmern nur kurz *die Villa* genannt, wurden Expeditionen an der Küste entlang und auf das Inlandeis unternommen. Wegener nahm an insgesamt drei großen Schlittenreisen teil.

Die erste führte ihn im November und Dezember 1906 zur Sabine-Insel. Das Ziel dieser Fahrt war es, Post und einen Expeditionsbericht in einem vorher festgelegten Depot auf der Shannon-Insel zu hinterlegen, was allerdings mißlang. Es war die erste von Europäern durchgeführte Schlittenreise während der Polarnacht, und sie war vor allem beeindrukkend, wie Friis berichtete, «wegen der Schnelligkeit, mit der sie vorgenommen wurde.»[13] Die Schlittenhunde erreichten die bemerkenswerte Durchschnittsgeschwindigkeit von 63 km pro Tag. Die Fahrt gehörte, wie Wegener später schrieb, «zu dem Phantastischsten, was es auf Erden geben kann».[14] Es war für ihn «äußerst interessant, ganz allein in dieser Nacht zu fahren, wo man kaum einige 100 Meter weit sehen konnte. Lautlos gleitet der Schlitten über diese ebene Schnee- und Eiswüste dahin. Meist hatte ich den Eindruck, als führe ich über ein endloses Nichts hinweg. Ich mußte auf die eifrig arbeitenden 16 Hundehinterbeine sehen, um mich zu überzeugen, daß wir noch mit der gewohnten Geschwindigkeit dahinglitten.»[15]

Am 22. November 1906 erreichten Wegener, Koch und der Steuermann Gustav Thostrup den Germaniahafen, jene geschützte Bucht, die Kapitän Karl Koldewey nach seinem Schiff benannte hatte, mit dem er hier überwintert hatte. Unmittelbar neben der Ruine des Observatoriums, das 1869 von den Mitgliedern der Zweiten Deutschen Nordpolarexpedition errichtet worden war, schlugen sie ihr Zelt auf. «Der Gedanke», berichtete Wegener, «daß hier ein Häuflein Deutscher – freilich vor nunmehr schon länger als 30 Jahren – gelebt und gelitten hatte, erzeugte eine Art Heimatgefühl, trotz der 20° Kälte und trotz der gespensterhaften, grotesken Beleuchtung, mit der der fahle Mondschein das fremdartige Landschaftsbild übergoß.»[16] Acht Tage blieben Koch, Wegener und Thostrup hier. Koch nahm geographische Längenmessungen vor, und Wegener machte erdmagnetische Messungen, die er mit denjenigen von Koldewey aus dem

Winter 1869/70 vergleichen wollte.[17] Auf dieser Schlittenreise spürte Wegener erstmals die Einsamkeit der Arktis: «Ich hatte hier zum ersten Male das Gefühl der trostlosen Verlassenheit, das wohl so manches Mal die Menschen in Polargebieten überfallen und ihre Arbeit lahmgelegt hat»,[18] ein Gefühl, mit dem er sich insbesondere während des nun beginnenden Winters noch öfter auseinandersetzen mußte. Er empfand die Polarnacht, die er erstmals erlebte, als den härtesten Teil der Überwinterung:[19] «Wer dies nicht erlebt hat, der ahnt nicht, welch mächtige Anregung der ständige Wechsel von Tag und Nacht, von Lichtfülle und Dunkelheit, unserem Organismus gewährt. Manche Polarforscher sprechen geradezu von einem Energielapsus in der Winternacht als von einem Krankheitssymptom.»[20] Außerordentlich aufmerksam studierte Wegener seine eigenen Reaktionen wie die seiner Expeditionskollegen auf die ständige Dunkelheit: «In der letzten Zeit hatte ich vielfach Gelegenheit, Beobachtungen über den durch die andauernde Nacht hervorgerufenen Energielapsus, sowohl bei mir selbst als bei anderen, anzustellen. Es ist eine merkwürdige Sache damit. Es dreht sich um einen Punkt: man entbehrt Eindrücke. Welche Befreiung empfindet man, wenn man einmal zur Mittagszeit die Berge der nächsten Umgebung, wenn auch nur in Umrissen, erkennt, welche Unternehmenslust schöpft man aus einem einzigen solchen Augenblick ... Es ist merkwürdig, bis zu welchem Grade das Verlangen nach äußeren Eindrücken geht. Mit dem allergrößten Interesse sieht man Photos durch, die man selbst angefertigt hat, man blättert rastlos in allen möglichen Büchern. Man liebt die elende Petroleumlampe, die über dem Tisch hängt, und haßt alle Arbeit draußen in der Dunkelheit.»[21] Über die psychische Belastung in der jenseits der Polarkreise ein halbes Jahr dauernden Polarnacht haben fast alle Forschungsexpeditionen geklagt; Berichte darüber ziehen sich wie ein roter Faden durch die Aufzeichnungen von Arktis- (und Antarktis-) reisenden. «In einem Polarlager», schrieb der Flieger Richard Byrd, «können kleine Dinge sogar beherrschte Menschen an den Rand des Wahnsinns treiben. Ich bin stundenlang mit einem Mann auf und ab gegangen, der drauf und dran war, einen Mord oder Selbstmord zu begehen, weil er sich einbildete, von einem anderen Mann – seinem guten Freund – verfolgt zu werden.»[22] Aus einer amerikanischen Forschungsstation in der Antarktis gibt es folgenden Bericht: «Im Winter 1966 warf bei einem Kartenspiel einer der Spieler die Karten hin, sagte: ‹Ich habe die Nase voll›, und verschwand in der Winternacht. Man hat ihn nie wieder gesehen.»[23] Und auch heute, wo Expeditionen über moderne Kommunikationsmittel und zahlreiche technische Hilfsmittel verfügen, ist die Einsamkeit des Polarwinters ein besonderes Problem geblieben, davon zeugen gelegentlich außerordentlich hohe private Telefonrechungen auch in der deutschen Antarktisstation. Eine wesentliche Gegenmaßnahme, um depressiven

Stimmungen vorzubeugen, sah Wegener in Arbeit und Ablenkung: «Hauptsächlich ist die Beschäftigung im Winter nötig. Eine Expedition, die auf mehrere Jahre hinausgeht, sollte einen kleinen Projektionsapparat mithaben, und die wissenschaftlichen Teilnehmer sollten zu einer Reihe von Vorträgen mit Lichtbildern verpflichtet werden. Dies könnte sich doch ohne große Schwierigkeiten durchführen lassen. Außerdem Unterrichtskurse und dergleichen, worauf man sich bereits zu Hause vorbereiten kann.»[24] Er selber vermißte in erster Linie in dieser Winterzeit seine Bücher, wobei er hauptsächlich an Darwin, Haeckel, Bösche, Meyer (seine populäre Astronomie), Diesterweg und einiges von Foerster dachte.[25]

Doch trotz dieser Probleme ahnte Wegener bereits zu Beginn der Polarnacht, «daß mich diese Empfindungen schwerlich abhalten werden, wieder hinauszugehen».[26] Er schrieb in dieser Zeit auch jene Zeilen, die wohl zu seinen am häufigsten zitierten Äußerungen gehören: «Hier draußen gibt es Arbeit, die des Mannes wert ist, hier gewinnt das Leben Inhalt. Mögen Schwächlinge daheim bleiben und alle Theorien der Welt auswendig lernen, hier draußen Auge in Auge der Natur gegenüberstehen und seinen Scharfsinn an ihren Rätseln erproben, das gibt dem Leben einen ganz ungeahnten Inhalt.»[27] Der Schönheit der arktischen Landschaft und ihrer großartigen Natur gab er in seinen stets sorgsam geführten Tagebüchern viel Raum: «Heute habe ich bei totenstiller Luft lange Zeit draußen gestanden und die Stille der Polarnacht genossen. Wie sie kalt und schweigend daliegen, diese harten, von gewaltigen Naturkräften einst polierten Felsenhügel! Nichts regt sich, selbst das Meer liegt in eisiger Starre, überglitzert vom Mondschein, der mit Mühe durch einen Schleier von Eiskristallen dringt. – Nur eine Naturkraft ist hier wirksam, sie arbeitet still, unaufhörlich, die Kälte. Ihr Ziel ist die Versteinerung der gesamten Natur. Langsam, aber unaufhaltsam wachsen die Eiskristalle, und der rinnende Tropfen erstarrt.»[28] Trotz zeitweilig niedergedrückter Stimmung, die in den Wintermonaten bei der Expedition herrschte, versuchte Wegener die Aufgaben, die er sich gestellt hatte, bestmöglich zu bewältigen, und er fand schließlich: «Die arktisch-technische Erfahrung, die ich hier sammle, ist allein soviel wert, daß sich zwei Jahre lohnen.»[29]

Sein meteorologisches Arbeitsprogramm konnte er erfolgreich durchführen, seine aerologischen Experimente stellten eine Neuheit dar. Niemals zuvor waren im polaren Klima der Arktis Drachen- und Fesselballonaufstiege vorgenommen worden. «Diese Forschungsmethode wurde hier zum ersten Mal bei einer Polarexpedition angewendet. Im ganzen glückten uns 99 Drachen- und 26 Fesselballonaufstiege, welche bis zu 3100 beziehungsweise 2400 m über der Station führten ... Es zeigte sich unter anderem, daß die Luft bis zur Höhe von 300 m stets, im Sommer wie im Winter, nach oben wärmer wird, und die normale Abnahme der Temperatur erst oberhalb dieser Höhe beginnt. Die Schwierigkeiten, welche bei diesen Aufstiegen namentlich zur Zeit der Schneestürme und in der Winternacht auftraten, überstiegen oft die Grenze der Leistungsfähigkeit der Teilnehmer, wovon die im Beobachtungsjournal notierten mißglückten Versuche oder Havarien eine beredte Sprache sprechen.»[30]

Als besonders problematisch erwiesen sich die aus gefirnistem Baumwollstoff gefertigten Hüllen der Ballone. Bei Temperaturen unter –15° C wurde das Gewebe durch Gefrieren brüchig, so daß Wegener sie schließlich nur noch im Sommer einsetzte. Auch das Wiedereinholen war ein anstrengender und aufwendiger Vorgang. Dazu benutzte er eine Drachenwinde, die meistens mühsam im Handbetrieb bedient wurde. Nur bei zehn Aufstiegen wurde das – ansonsten unsinnige – mitgeführte Automobil als Windenmotor eingesetzt.[31] Die Drachen- und Ballonaufstiege sollten für ein gutes Vierteljahrhundert die einzigen bleiben, die in der Arktis durchgeführt worden sind. Wegener selbst hat die mit den Sondenaufstiegen verbundene Arbeit später zu einer der härtesten gezählt, die während der Expedition durchgeführt wurden. Er hatte die deprimierenden Augenblicke erlebt, wenn nach einem geglückten Aufstieg beim Einholen des Drachens festgestellt wurde, daß das Uhrwerk der Registriertrommeln, auf denen sich die Papierstreifen zur Aufzeichnung der Meßwerte befanden, stehengeblieben und keine Aufzeichnungen vorhanden waren. Er hatte die Enttäuschung gespürt, wenn Treibschnee die Registrierungen bis zur Unleserlichkeit verwischt hatte. Auch Achton Friis zollte seinen meteorologischen Arbeiten Respekt: «Mit Wegeners Arbeit geht es, soweit sie an seine Ballons und Drachen geknüpft ist, auf und ab. Diese merkwürdigen Wesen schweben früh und spät über uns, und wir haben uns allmählich an sie gewöhnt, wie an etwas, das beinahe die Landschaft hier um uns herum charakterisiert. Welche Geduld dazu gehört, diese Unternehmungen bei so ungünstigen Witterungsverhältnissen wie hier und fast zu allen Jahreszeiten fortzusetzen, davon kann man sich nur eine Vorstellung machen, wenn man Wegeners Observationsjournale durchblättert, in denen er auch alle Havarien aufgeführt hat. Aber Finsternis, Frost und Sturm haben weder ihn noch seine Assistenten, Weinschenck und Koebfeld, entmutigen können.»[32]

Wegeners meteorologische Tagebücher, die ein Marburger Antiquar übrigens erst 1988 durch einen Zufall wieder zu Tage förderte, verraten aber noch ein weiteres Interesse des jungen Wissenschaftlers: Detailliert hat er Polarlichter, Luftspiegelungen, weiße Regenbogen bei Nebel oder Halo-Erscheinungen mit Sonnenringen und Nebensonnen beschrieben.[33] Und einer besonders intensiven und auffälligen Halo-Erscheinung vom 6. Januar 1908 widmete er bei der Auswertung der Beobachtungsergebnisse sogar ein ganzes Kapitel. Insbesondere die Optik der

Atmosphäre spielte später in seiner Vorlesungstätigkeit als Hochschullehrer und in seinen Publikationen immer wieder eine wichtige Rolle.

Wegener wurde von den Expeditionsmitgliedern nicht nur wegen seiner ruhigen, zurückhaltenden Art geschätzt, sondern auch wegen der Geduld, die er bei seinen Arbeiten an den Tag legte. «Nur einmal habe ich Wegener etwas aufgeben sehen», berichtete Expeditionschronist Friis, «das geschah eines Tages, als er versuchte, den ‹Misanthropen› zu necken. Da stieß er auf Eigenschaften bei dem Hunde, die diesen zum überlegenen machten.

Misanthropos saß eines Nachmittags vor der Villa, schlummerte halbwegs und träumte von den frohen Tagen, als es hier Walroßfleisch in Fülle gab und man den ganzen Tag über mit gespanntem Bauch ging. Jetzt war alles anders geworden; jetzt wurde man nie satt; denn Jagd gab es hier nicht, und das Ganze war belämmert! Man erlebte weiter nichts, als daß man Tag und Nacht hindurch schlief und dann vielleicht ab und zu durch einen Ruf und ein Geschrei von Schiffsseite her aufgescheucht wurde … Trotz dieser ärgerlichen Gedanken zeigte der Misanthrop einen Ausdruck vollendeter Selbstbeherrschung und Gemütsruhe und sah völlig apathisch aus, als Wegener an ihm vorbeikam und ihm ins Gesicht sah. Und diesen Gesichtsausdruck zu verändern, das war die Aufgabe, die Wegener sich stellte.

Er brauchte alle erdenklichen Künste, um den Misanthropen in Affekt zu setzen, aber vergebens. Er zog ihn an der Schnauze: das Tier öffnete nicht einmal die Augen. Er schlug ganz plötzlich das eine Vorderbein unter ihm weg: der Hund setzte sich ruhig wieder hin. Er tutete ihm ins Ohr: nein – das Tier beachtete ihn nicht einmal. Es blieb sitzen, die Augen halbgeschlossen und im Gesicht diesen seltsamen Ausdruck, den Hunde haben, wenn sie sitzend mit dem Oberkörper hin und her schwanken und nahe daran sind, einzuschlafen.

Schließlich fand der Mensch eine Feder, die er einige Zoll weit in das eine Nasenloch des Tieres hineinsteckte. Der Misanthrop saß ganz still und ließ es kitzeln; nach Verlauf von einigen Minuten zeigte sich Wasser in seinem einen Auge, in dem, das der Feder am nächsten war.

War das eine Träne des Mitleids? Nein! Als noch eine Minute verstrichen war, *gähnte* der Misanthrop …

Da konnte Wegener nicht mehr, er gab die Sache als hoffnungslos auf.

Von dem Hunde konnten wir wahrhaftig viel für die Zeit der Finsternis lernen.»[34]

Allerdings konnten die menschlichen Expeditionsmitglieder diesen Gleichmut nicht immer bewahren. Und selbst Wegener, der stets bemüht war, beherrscht und rational zu handeln, mußte an sich selbst immer wieder unkontrollierte Gefühlsreaktionen beobachten: «Die letzten Tage waren schlimm. Stimmungen! Diesmal hatten mich zwei verschiedene Gründe heruntergebracht: hauptsächlich das Mißgeschick mit der Uhr (die Unruhe ist gebrochen) und meine Ungeschicklichkeit, mich nicht gleich freiwillig zur Nachtwache zu melden, sondern zu warten, bis Mylius-Erichsen mich fragte, ob ich regelmäßig daran teilnehmen wolle. So habe ich in den letzten Tagen einen gehörigen moralischen Katzenjammer gehabt.»[35] Besänftigend wirkte dann allerdings die Beobachtung, daß es den übrigen Expeditionsmitgliedern ähnlich erging: «Bertelsen litt gestern abend und heute an einer ähnlichen Depression wie ich neulich. Es scheint also bis zu einem gewissen Grad eine Wirkung der einsetzenden Winternacht zu sein. Ein Mißgeschick gibt den Anlaß, und dann bekommt man einen moralischen Katzenjammer. Auch bei Koch hat ein Streit mit Mylius eine kleine Depression hinterlassen. Und wenn man auch in seinem Verkehr mit anderen nichts davon merkt, so kann man doch aus tausend Kleinigkeiten sehen, wie er Mühe hat, seine Energie aufrechtzuerhalten.»[36]

Wann immer sich Wegener in späteren Jahren mit seinen Expeditionskollegen wiedertraf, waren es herzliche Begegnungen. Das darf nicht darüber hinwegtäuschen, daß während der Expedition nicht alles reibungslos verlaufen ist. Wegeners Tagebuch zeugt von einer Reihe von Problemen.

Zwar erleichterte es ihm nicht zuletzt seine preußische Erziehung, sich widerstandslos in die Gruppe einzufügen und sich der Expeditionsleitung unterzuordnen, zumal er auch zu den jüngsten im Team gehörte, aber dennoch lehnte sich der ehrgeizige, voll Tatendrang steckende, junge Polarforscher zumindest innerlich gelegentlich gegen seinen Expeditionsleiter auf. Enttäuschungen oder Unmut vertraute er allerdings höchstens seinem Tagebuch an: «Ich habe Mylius-Erichsen mein Programm für 1907 eingereicht. Leider werde ich bei der Frühjahrsschlittenreise nur eine untergeordnete Rolle spielen können, da keine guten Hunde für mich da sind. Ich muß wahrscheinlich mit den jungen Hunden fahren, die noch nicht ziehen können. Aber es ist ja immerhin interessant, wenn ich eine selbständige kartographische Aufgabe zugewiesen erhalte.»[37]

Mit dem herannahenden Frühjahr brach am 28. März 1907 eine Karawane, bestehend aus zehn Mann, jeder mit seinem Schlitten und insgesamt 85 Hunden, nach Norden auf, um die Hauptaufgabe der Expedition zu lösen. Zwei Schlittengruppen zu jeweils drei Teilnehmern sollten die Küste im Norden bis zum Peary Land kartographisch aufnehmen. Zwei weitere Schlittengruppen mit jeweils zwei Teilnehmern sollten neben Vermessungsarbeiten Depots für die beiden Dreiergruppen anlegen. Das Team Wegener und Thostrup bildete eine solche Zweiergruppe. Wie geplant drangen die beiden bis 80°42' N vor und kehrten dann um. Es wurde eine schwierige Rückfahrt, die sie beide immer wieder an den Rand der Erschöpfung brachte. Dennoch führten sie die vorgesehenen kartographischen Aufnahmen durch und sammelten eine große Zahl von Fossilien.

«Ich habe wirklich Respekt vor den Hundeschlitten bekommen»,[38] notierte Wegener, der auf seiner ersten Schlittenreise zur Sabine-Insel die Leistungsfähigkeit eines Hundegespanns gespürt hatte und dem dabei klar geworden war, daß von ihnen der Erfolg einer ganzen Expedition abhängen kann. Wie weit dieser Respekt wirklich ging, zeigte er jetzt auf dieser zweiten Fahrt. Wie auch Thostrup hatte er mit den Mitgliedern der Dreiergruppe noch unterwegs die Hunde ausgetauscht, so daß die beiden Hauptgruppen die stärkeren, leistungsfähigeren Tiere hatten. «Ich hatte einen großen Kummer», erzählte Wegener nach seiner Rückkehr dem Chronisten der Gesamtexpedition, Achton Friis, «der alte Ajorkok starb auf dem Wege von Lamberts Land hierher. Ich hatte ihn bei Hagen gegen einen besseren Hund eingetauscht, als wir uns trennten. Er war mager, taub und blind, und ihm fehlten alle Zähne, als ich ihn bekam. Und nun konnte er die forcierte Heimreise durch die Sunde südlich vom Mallemukfelsen nicht vertragen. Eines Tages brach er zusammen. Wir machten seinetwegen Halt und schlugen das Zelt auf. Aber es war nichts mehr zu machen, es war zu spät. Am nächsten Tag versuchte er vergebens, dem Schlitten zu folgen, indem er in der Spur nachlief. Er suchte die ganze Zeit über zu seinem alten Platz im Gespann zu kommen, aber er konnte es nie soweit bringen. Dann legte ich ihn auf den Schlitten; aber dort fühlte er sich nicht wohl, er wollte immer hinunter und zu den anderen hin. Und am dritten Tage starb er neben mir auf dem Schlitten. Wie viele Meilen hat dieser Hund sich nicht im Dienste des Menschen abgearbeitet? ... Wir senkten ihn dicht bei dem nördlichen Depot, wo er starb, in eine Spalte des Meereises hinab.»[39]

Am 30. Mai 1907 trafen Thostrup und Wegener schließlich wieder in Danmarkshavn ein. Die Fahrten der übrigen Gruppen verliefen allerdings nicht so glücklich: Mylius-Erichsen und Koch hatten sich mit ihren jeweiligen Teams programmgemäß auf 82° N getrennt. Koch drang mit seinen beiden Begleitern bis Kap Bridgman auf 83°30' N vor, während Mylius-Erichsen zusammen mit Oberstleutnant Hagen und dem Inuit Jörgen Brölund den Danmarkfjord untersuchte. Koch erreichte tatsächlich das Kap Bridgman. Damit war das wesentliche Expeditionsziel erreicht. Auf der Rückreise traf Koch noch einmal zufällig mit Mylius-Erichsen zusammen und fuhr anschließend zum Standquartier zurück. Mylius-Erichsen aber ließ sich verleiten, noch einen Vorstoß nach Westen zu machen. Das aufbrechende Fjordeis schnitt ihm jedoch schließlich den Rückweg ab und zwang die kleine Gruppe zur Übersommerung. Im Herbst versperrte ihnen offenes Wasser an dem schroff ins Meer abfallenden

Mallemukfelsen die Weiterfahrt, so daß sie sich einen beschwerlichen und gefährlichen Weg über den Gletscher suchen mußten. Auch eine zu dieser Zeit ausgerüstete Hilfsexpedition mußte nach nahezu übermenschlichen Anstrengungen unverrichteter Dinge umkehren. Der zweite Polarwinter stand mit seinen Entbehrungen bevor. Die Männer im Basislager waren in großer Sorge um den Expeditionsleiter, und mit hektischer Betriebsamkeit versuchten sie, der um sich greifenden Depression Herr zu werden. Da das Futter knapp wurde, mußte ein großer Teil der Hunde erschossen werden; nur zwei Gespanne ließ man am Leben. Mit ihnen unternahm Koch im Frühjahr in Begleitung eines Inuit eine erneute Schlittenreise, die Aufklärung über das Schicksal Mylius-Erichsens und seiner beiden Begleiter brachte. Er kam mit der traurigen Nachricht zurück, daß er die Leiche von Jörgen Brölund und sein Tagebuch gefunden hatte, anhand dessen sie das Schicksal auch der beiden übrigen Vermißten klären konnten: Sie waren vor Hunger und Entkräftung an einer Stelle umgekommen, die Wegener mit Thostrup noch auf seiner Schlittenreise passiert hatte.[40]

Den zweiten arktischen Winter überstand Wegener trotz der Ungewißheit über das Schicksal von Mylius-Erichsen besser als die erste Überwinterung: «Es ist doch sehr auffallend, daß der psychische Eindruck dieser zweiten Winternacht, wenigstens bei mir, sehr viel schwächer ist ... Ich bin mehr zufrieden.»[41] Er begann neue Pläne zu schmieden, er träumte von einer eigenen Expedition und – von der Antarktis: «Ich freue mich oft auf eine künftige deutsche Expedition; es muß eine Freude sein, dort zu arbeiten ... Für die Leitung einer Expedition bin ich noch zu jung, aber vielleicht könnte ich mit Drygalski nach dem Südpolargebiet gehen und dort Schlittenreisen machen ... Es ist merkwürdig, wie sehr mich der Gedanke an eine Südpolarexpedition gefangen nimmt. Mein Plan ist gut und wahrscheinlich durchführbar. Ich habe ihn oft mit Koch besprochen und bei ihm Zustimmung gefunden. Sollte es denn für Deutsche wirklich unmöglich sein, eine erfolgreiche Polarexpedition durchzuführen?»[42]

Wegener muß sich mit der deutschen Südpolarexpedition unter Erich von Drygalski, der 1901–1903 auf dem Forschungsschiff *Gauss* im Südpolarmeer verbrachte, recht eingehend auseinandergesetzt haben. Das zeigt eine Eintragung in seinem Tagebuch, in der er die Südpolarexpedition mit der Mylius-Erichsens vergleicht: «Namentlich imponiert mir die außerordentliche Beweglichkeit der Expedition, die im schärfsten Gegensatz zur deutschen Südpolarexpedition steht, wo alles beim Schiff blieb.»[43] Eine Expedition, die sich ausschließlich auf einen Ort mit seiner näheren Umgebung konzentriert, war für ihn undenkbar, und bei dieser Überzeugung blieb er auch, als er später selbst Forschungsfahrten in die Arktis organisierte. Die Teilnahme an der dänischen Expedition war für ihn ein Baustein auf dem Weg dorthin: «Ich hoffe jedenfalls, hier so viel Selbständigkeit zu erlernen, daß ich bei einer deutschen Expedition eine solche Rolle wie Koch spielen kann.»[44]

Johan Peter Koch war für Wegener während der Monate in Grönland nicht nur ein guter Freund geworden, sondern auch ein Vorbild: «Wo es eine Arbeit durchzuführen gilt, kann er rücksichtslos sein, aber auch das bewundere ich. Ich glaube, ich kann viel von ihm lernen, in jedem Fall aber ist mir das Zusammenleben mit ihm einfach nützlich, da seine gewaltige Energie auch mich anspornt und immer aufs neue zur Arbeit bringt. Man ist in ständiger Versuchung, mit seiner Energie zusammenzuklappen und tatenlos herumzusitzen.»[45]

Tatsächlich schuf die Teilnahme an der Danmark-Expedition die Grundlagen für Wegeners eigene arktische Unternehmungen. Hier sammelte er die ersten praktischen Erfahrungen und lernte von den polarerfahrenen Dänen.

Vor allem aber erfuhr er die wesentlichen Rahmenbedingungen einer jeden Polarexpedition: «Für mich ist diese Expedition sicherlich äußerst wertvoll. Ich habe zwar schon früher über eine gewisse Art von Energie einigermaßen verfügt, ich möchte es hier des Gegensatzes halber moralische Energie nennen, hier lerne ich praktische Energie, Energie der Tätigkeit. Alle diese Dinge, die einem so unbedeutend erscheinen, also zum Beispiel das tägliche Waschen, das Beseitigen irgendeines störenden Elements, egal, was es sei – alle diese Kleinigkeiten, die das tägliche Leben zusammensetzen, sie sind es, bei denen man praktische Energie lernen kann.»[46]

Er erfuhr, wie sehr eine Polarexpedition auf sich allein gestellt ist und daß auch jeder innerhalb der Gruppe so weit wie möglich autark sein muß, selbst wenn es um Kleinigkeiten geht: «Es ist schrecklich peinlich für mich, daß ich nicht selbst eine gute Uhr besitze, sondern sie jedesmal leihen muß. Das ist ein Fehler, daß ich mich hierin nicht selbständig gemacht habe, sondern auf andere angewiesen bin.»[47]

Er lernte auch die Distanz zum normalen Alltag in der Heimat kennen, die sich bei jeder Expedition einstellt. Er spürte, wie allmählich jedes Zeitgefühl verloren ging. «13. September: Ist heute nicht Papas Geburtstag? Ich weiß es wirklich nicht mehr ganz bestimmt. Da sitzen sie wohl zu Hause, haben Besuch.»[48]

Im März und April 1908 leitete Wegener zum ersten Male eine Schlittenexpedition auf das Inlandeis; zusammen mit seinen Begleitern betrat er als erster Mensch das Königin-Louise-Land, das ein Ziel seiner nächsten Grönland-Unternehmung werden sollte.

Von den Expeditionsmitgliedern war 62 km von der Hauptstation entfernt eine kleine meteorologische Station, *Pustervig*, eingerichtet worden. Sie lag im Innern des Morkefjords, der von Norden her in die

Dovebucht mündet, und war nur noch 25 km vom Inlandeis entfernt, sie sollte meteorologischen Untersuchungen in unmittelbarer Nähe des Inlandeises dienen. Tatsächlich ergaben die Beobachtungen, daß das hier herrschende Klima bereits erstaunliche Unterschiede gegenüber dem in der Umgebung der Hauptstation am Danmarkshavn an der Küste zeigte. Mehr als ein halbes Jahr wurde diese kleine Dependence von Peter Freuchen betreut. Freuchen, damals noch Medizinstudent, kehrte später als Polarforscher vor allem mit Knud Rasmussen noch oft in die Arktis zurück, veröffentlichte darüber zahlreiche Bücher und Berichte und machte sich als Polarschriftsteller einen Namen. In *Pustervig* hatte er die Aufgabe übernommen, die regelmäßigen meteorologischen Messungen zu machen. Im Mai 1908 wurde er von Wegener abgelöst, der etwa drei Wochen allein in seinem «Pustervigexil» verbrachte. «An das Alleinsein habe ich mich jetzt ganz gewöhnt und finde nichts Unangenehmes mehr darin.»[49]

Er nutzte die Gelegenheit zu einer Reihe von Bergtouren, verbrachte aber auch viel Zeit im Stationshaus, das eigentlich nur eine kleine Erdhöhle mit einer Grundfläche von knapp 6 m^2 war, in der man gerade eben aufrecht stehen konnte: «Ich rauche, höre auf das behagliche Fauchen der kleinen Spirituslampe, die mein Ofen ist, und die Phantasie läuft von einem Ende der Welt zum anderen, vom Südpol mit seinem unerforschten Kontinent nach Zechlinerhütte, wo jetzt der Flieder blüht, nach Berlin zu den Eltern, nach Lindenberg.»[50]

Ihm Rahmen der Entdeckungsgeschichte der Arktis hat die Danmark-Expedition den Abschluß der geographischen Erforschung der Küsten Grönlands gebracht. Ihre wissenschaftlichen Ergebnisse wurden wie die aller dänischen Polarexpeditionen in der dänischen Abhandlungsreihe *Meddelelser om Grønland* veröffentlicht. Alfred Wegener schrieb darin zusammen mit dem Marburger Lehrer Walther Brand[51] eincn Beitrag über die meteorologischen Beobachtungen der Expedition.

Alfred Wegener bot die Danmark-Expedition Mylius-Erichsens die ganze Bandbreite an Polarerfahrung, die man erwerben konnte. Der hohe Norden hatte ihn sogar mit dem Tod im Eis konfrontiert, doch Wegener kehrte ungebrochen nach Deutschland zurück und war fasziniert von dem Gedanken, den gigantischen Gletscher Grönlands nicht nur vom Rand aus zu sehen, sondern zu überqueren.[52] Und als die *Danmark* im Juli 1908 auf Heimatkurs ging und die grönländische Küste langsam hinter dem Horizont verschwand, stand für den gerade 28jährigen fest, daß er zurückkehren werde. Die Voraussetzungen waren gegeben. Er war vertraut mit den Problemen und der Logistik einer Polarexpedition. Er hatte Daten gesammelt, deren Auswertung eine weitere Sprosse auf der Leiter seiner wissenschaftlichen Laufbahn bilden sollten, und er hatte Freundschaft mit Johan

Peter Koch, seinem künftigen Expeditionskameraden, geschlossen. Vor allem aber war seine Zuneigung zur Arktis besiegelt: «Alexander von Humboldt hat irgendwo in seinen Werken geäußert, es sei so wenig Interessantes in den Polargebieten zu finden, daß sich Expeditionen dorthin nicht lohnten. Hätte er wie wir unter dem flimmernden Polarlicht gestanden mit dem niederschmetternden Gefühl der Ohnmacht gegenüber dieser nicht etwa neu entdeckten, nein seit Menschengedenken bekannten Naturerscheinung, er hätte nie und nimmer so gesprochen! Dort oben über uns entrollte sich die strahlende Draperie in geheimnisvollen Bewegungen; eine gewaltige Lichtsymphonie spielte in tiefstem, feierlichstem Schweigen über unseren Häuptern, wie um unserer Wissenschaft zu spotten: Kommt doch her und untersucht mich! Sagt mir, was ich bin!»[53]

Privatdozent in Marburg (1908–1912)

«Unangenehm werden mir wohl in Zukunft Gesellschaften und ähnliches zu Hause sein. Es muß furchtbar sein, so als Polarbär mit einem Ring in der Nase präsentiert zu werden», hatte Wegener gegen Ende der Danmark-Expedition seinem Tagebuch anvertraut und sich vorgenommen, sich «alle öffentlichen Vorträge sowie Zeitungsberichte soweit als möglich vom Halse zu halten».[1]

Meistens gelang es ihm tatsächlich, öffentlichen Stellungnahmen zu entgehen. Dem Kreis seiner Fachkollegen allerdings konnte und wollte er sich nicht verschließen. Im September 1908 berichtete er auf der Versammlung der Deutschen Meteorologischen Gesellschaft in Hamburg über seine Drachen- und Ballonaufstiege in Nordostgrönland. Sein Vortrag war zugleich Ausdruck des Dankes an die Drachenstation in Groß Borstel, die ihm einen Teil der aerologischen Ausrüstung für die Expedition zur Verfügung gestellt hatte. Wissenschaftliche Tagungen dieser Zeit hatten allerdings noch nicht den Charakter von Großveranstaltungen, zu denen sich selbst Spezialkongresse heute entwickelt haben. Es war ein überschaubarer Kreis von Fachleuten, der sich zum Gedankenaustausch zusammenfand und schließlich zum Tagungsabschluß die Köppensche Drachenstation besichtigte, deren Besuch mit einem geradezu familiären Beisammensein im Hause Köppen ausklang. Tochter Else Köppen erinnerte sich: «Wegen Platzmangels war in zwei Zimmern gedeckt, und nach dem Essen stellte sich mein Vater in die breite Schiebetür und sang alte Meteorologenlieder.»[2] Hier kam es zur ersten persönlichen Begegnung zwischen Alfred Wegener und Wladimir Köppen. Es trafen zwei Männer zusammen, die nicht nur auf dem gleichen Wissenschaftsgebiet arbeiteten, sondern die sich auch persönlich verstanden, beobachtete August Schmauß, der spätere Direktor der Landeswetterwarte München: «Ich fand zwei Männer, die von ihrem wissenschaftlichen Streben ganz erfüllt waren und in angeregtester Diskussion Probleme der Aerologie und der Weltklimatologie erörterten. Es kam Wegener darauf an, seine Anschauungen dem eindrucksvollsten Kritiker vortragen zu dürfen; aber auch Köppen, der reife und anerkannte Forscher, war sichtlich durchdrungen, zu lernen und aufzunehmen, was der jüngere Kollege zu sagen hatte.»[3]

Dabei war Wegener seinem älteren Kollegen nicht nur sympathisch, Köppen erkannte das vielseitige Talent seines Gesprächspartners: «Wir brauchen in der Meteorologie jetzt solche Köpfe, die von der Physik herkommen, denn jetzt handelt es sich darum, die Vorgänge in der Atmosphäre, die wir durch die Drachen- und Ballonaufstiege kennengelernt haben, physikalisch zu erfassen und zu erklären.»[4]

Nach Rückkehr von seinem Grönlandaufenthalt bemühte sich Wegener darum, wieder im Wissenschaftsbereich tätig werden zu können, den er ja zugunsten der Polarexpedition zunächst aufgegeben hatte. Er suchte dazu eine kleine, überschaubare Universität, in der allerdings die Meteorologie vertreten sein sollte. Seine Wahl fiel auf Marburg. Hier in der kleinen hessischen Universitätsstadt arbeitete er an den Ergebnissen seiner Messungen in Grönland und führte seinen während der Expedition gereiften Entschluß aus, das umfangreiche Datenmaterial seiner Habilitationsschrift zugrunde zu legen.

Bereits ein knappes halbes Jahr nach Beendigung der Danmark-Expedition schloß er sein Vorhaben ab und habilitierte sich in Marburg für Astronomie und Meteorologie, zwei Fächer, deren Zusammenstellung auf den ersten Blick ungewöhnlich erscheint und die möglicherweise damit zu erklären ist, daß zur damaligen Zeit in Deutschland die Meteorologie noch nicht als genügend akkreditierte Wissenschaft galt, um eine Habilitation ausschließlich auf sie zu stützen.[5] 1909 wurde Wegener Privatdozent für Meteorologie, praktische Astronomie und kosmische Physik. Diese Fächerkombination bestimmte den Schwerpunkt der Vorlesungen und Übungen, die er in Marburg anbot. Zu ihnen gehörte die *Physik der Atmosphäre* ebenso wie *Optische Erscheinungen der Atmosphäre* und *Allgemeine Astronomie*. Außerdem bot er eine Vorlesung mit Übungen an: *Astronomisch-geographische Ortsbestimmungen für Forschungsreisende*.»[6]

Alfred Wegener hatte jetzt zwar eine feste Anstellung, jedoch bot sie ihm keine wirtschaftlich ausreichende Basis. Für seine Vorlesungen erhielt er etwa 50 Mark im Semester, darüber hinaus hatte ihm die Universität ein Stipendium von 1 500 Mark pro Jahr zuerkannt.

Dennoch begann für ihn in der folgenden Zeit ein Abschnitt großer wissenschaftlicher Produktivität. In den folgenden dreieinhalb Jahren bis zur nächsten Grönlandreise, die sich nach einem Besuch seines Expeditionskollegen Johan Peter Koch im Frühjahr 1911 bald konkret abzeichnete, erschienen neben den wissenschaftlichen Resultaten seiner vorausgegangenen Expedition mehr als 40 Abhandlungen sowie ein Lehrbuch. «Man kann ruhig sagen, alles, was Wegener später geschaffen hat und viele seiner originellen Ideen haben ihren Ursprung dieser Zeit zu verdanken.»[7]

Wegener forschte und lehrte in Marburg am Physikalischen Institut. Direktor war Franz Richarz, ein vielseitiger Wissenschaftler, zu dessen herausragenden Leistungen die genaue Bestimmung der Graviationskonstante gehört, die er in den Kasematten von Spandau ermittelt hatte. Richarz gehörte zu den wesentlichen Förderern der wissenschaftlichen Tätigkeit Wegeners.

Wegener galt als schweigsam, zurückhaltend, ja sogar wortkarg. Aber er hatte die Fähigkeit, selbst komplizierte Zusammenhänge mit nahezu spielerischer Leichtigkeit zu vermitteln: «Seine Vorlesung über ‹Thermodynamik der Atmosphäre› war ausgezeichnet durch die Schlichtheit seines Vortrages, die ganz im Gegensatz stand zur Aktualität des Themas; zahlreiche Beispiele waren seinen grönländischen Beobachtungen entnommen, und wurde hier doch zum ersten Male der Versuch gemacht, die seit einem Dutzend Jahren gewonnenen Meßwerte aus der freien Atmosphäre unter einheitlichen physikalischen Gesichtspunkten zur Deutung der mannigfachen Erscheinungen, wie etwa Schichtungen (waren doch erst acht Jahre verstrichen seit der Entdeckung der Stratosphäre) oder der verschiedenartigen Wolkenbildungen heranzuziehen. Wem es in jenen Jahren vergönnt war, manche weltberühmten Gelehrten in ihren Vorlesungen und Übungen kennen zu lernen, mußte feststellen, daß die Vorlesung des Dr. Wegener keinerlei professionalen Charakter trug. Im Gegenteil: der Dozent stellte sich ganz auf das Niveau seiner Hörer ein und entwickelte mit ihnen zusammen seine Gedanken.»[8]

Zwar wurden seine Lehrveranstaltungen von nur wenigen Hörern belegt, aber das lag eher an der sehr speziellen Thematik als am mangelnden Lehrgeschick Wegeners. Johannes Georgi, ein späterer Mitarbeiter und Teilnehmer der letzten beiden Grönlandexpeditionen Wegeners, hörte bei ihm in Marburg Vorlesungen über Meteorologie und nahm auch an seinen praktischen Lehrveranstaltungen teil. Rückblickend erinnerte er sich an seinen Lehrer: «Hierher im 5. Semester zum Abschluß meines Physikstudiums gekommen, fand ich am schwarzen Brett des Physikalischen Instituts Ostern 1910 einen Anschlag in klarer sympathischer Schrift, wonach der Privatdozent Dr. Wegener unter anderem meteorologische Übungen zu veranstalten beabsichtigte. Oben auf der kleinen Sternwarte des alten Instituts trafen die drei oder vier Teilnehmer einen mittelgroßen, kräftig-frischen jungen Mann als ihren Dozenten, der rasch ihre Herzen gewann durch die bestimmte, aber doch bescheiden-zurückhaltende Art, wie er mit ihnen sogleich in medias res trat. Nur hier und da spürten wir ‹ex ungue leonem›, wenn er kritisch auf besondere Vorsichtsmaßnahmen hinwies, deren es unter extremen klimatischen Verhältnissen bedürfe, und die man in den gebräuchlichen Anleitungen nicht findet.»[9]

Wegener verstand es dabei vor allem, seine Studenten für ein Thema zu begeistern, wie sein späterer Grazer Professorenkollege Hans Benndorf feststellte. «Ich glaube, für Wegener wären sie durchs Feuer gegangen», schrieb er bewundernd und suchte nach Gründen in der Persönlichkeit Wegeners: «Er erwarb sein Wissen hauptsächlich durch Intuition, niemals oder nur ganz selten durch Ableitung von einer Formel oder einem Gesetz. Wenn Fragen der Physik behandelt wurden, also eines

Gebietes, das außerhalb seines eigenen lag, war ich häufig überrascht von der Sicherheit seines Urteils. Mit welcher Leichtigkeit er sich in den kompliziertesten Arbeiten zurecht fand, mit welch einem Gespür für die wichtigen Punkte! Oft sagte er nach einer längeren Zeit des Nachdenkens: ‹Ich glaube, so oder so verhält es sich› und in den meisten Fällen hatte er recht, wie wir nach mehreren Tagen genauer Analysen feststellten. Wegener besaß ein beinahe untrügliches Gefühl für das Wirkliche.»[10]

Zwar haben für Wegener eigene Forschungsarbeiten stets im Vordergrund gestanden, aber die Bedeutung der Lehre, der Weitergabe des Wissens, hat er nie unterschätzt; er nahm sogar die Herausforderung an, ein Lehrbuch zu schreiben, das 1910 unter dem Titel *Thermodynamik der Atmosphäre* erschien. Wissensspeichern diesen Typs maß er besondere Bedeutung zu, «denn sie vermitteln einen Überblick über das bisher Erreichte und organisieren dadurch die künftige Forschung.»[11] Zeitlebens hegte er den – zu seinem Leidwesen nie realisierten – Plan, ein umfassendes Standardwerk über seine Fachrichtung veröffentlichen zu können. Er war der Meinung: «Es kann deshalb in keinem Fach zuviel Lehrbücher geben.»[12]

Wegener galt als «Augenmensch».[13] Die visuelle Wahrnehmung war für ihn außerordentlich wichtig, und akribisch hat er die Beobachtungen seiner Grönlandaufenthalte in Tagebüchern mit Zeichnungen illustriert. Eine große Rolle spielte für ihn auch die Fotografie. Zwar hatten auf der Danmark-Expedition die Kollegen über Wegeners fotografische Ambitionen gescherzt, aber seinen Schülern versuchte er seine Informationen auch bildhaft zu vermitteln: «Zum Schluß der Vorlesung pflegte er eine Anzahl von Grönland-Fotos auszupacken, die auf den jeweiligen Gegenstand Bezug hatten, meist besondere Wolkenformen, Luftspiegelungen in bodennahen Schichten, luftoptische Erscheinungen durch Spiegelung und Brechung in Eiskristallen oder Aufnahmen von der Bildung und Wandlung des Seenebels, Bilder, die wir zum großen Teil damals als erste zu Gesicht bekamen. Diese Bilder wurden als Beispiele für das soeben Vorgetragene diskutiert; und es war für uns Studenten auch ein Novum, daß sogar ältere Respektspersonen, wie die Assistenten des Physikalischen Instituts – von denen insbesondere Prof. K. Stuchtey mehrere Freiballon-Meßfahrten mit Wegener zusammen ausführte und ihm auch später ein treuer Helfer blieb – es nicht unter ihrer Würde erachteten, als Hörer des jungen Privatdozenten an diesen Erlebnissen teilzunehmen.»[14] In einer Zeit, in der die Aufnahmen der Südpolarexpeditionen Scotts und Amundsens dazu dienten, die Helden und Verlierer des Wettlaufs zum Südpol in der Öffentlichkeit gegeneinander auszuspielen, verwendete Wegener die Fotografie ausschließlich als Werkzeug der Wissenschaft: «Ich habe auf Kochs Expedition fast nichts anderes getan als fotografiert: Wolken, Eis,

Mikro-Aufnahmen, Nordlicht, Luftspiegelungen, Lumiere-Farben, Neutrale Punkte, immer mit anderen Apparaten und Platten; schon auf der Danmark-Expedition hatte ich neben der gewöhnlichen Fotografie die ‹Mietheschen Dreifarbenaufnahmen›, die wegen der technischen Schwierigkeiten allerdings nur wenige Male in Vorträgen gezeigt werden konnten.»[15] Und er steuerte nicht nur zu Expeditionsberichten Aufnahmen bei, sondern illustrierte auch seine wissenschaftlichen Publikationen teilweise mit eigenen Fotos.

«Die Meteorologie, einschließlich meteorologische Optik und Drachenaufstiege, ist doch das Gebiet, wo ich am besten und auch mit der größten Freudigkeit arbeite»,[16] hatte Wegener am 1. Februar 1907 während der Danmark-Expedition in sein Tagebuch geschrieben, und auch die von Professor Benndorf 1931 zusammengestellte Liste seiner 170 Werke spiegelt diese Vorliebe wieder. Mehr als ein Drittel seiner Publikationen behandelt meteorologische Probleme; sie nehmen unter seinen vielfältigen Forschungsarbeiten, die aus den Gebieten Geophysik, Geodäsie, Geologie, Paläontologie sowie Paläoklimatologie stammen, zahlenmäßig die erste Stelle ein. Grundsätzlich galt Wegeners wissenschaftliche Aufmerksamkeit während seiner Polarexpeditionen vorrangig meteorologischen Erscheinungen. So versteht es sich fast von selbst, daß natürlich die Bearbeitung seines in Grönland gesammelten meteorologischen Materials in Marburg an erster Stelle stand.

Seiner eigenen Grönlandexpedition gab er 1929 das interne Motto «Wissenschaft gegen das eisige Schneefegen». Er hatte dabei ein arktisches Wetterphänomen vor Augen, das ihn besonders während seinens ersten Aufenthaltes fasziniert und als wissenschaftliches Forschungsobjekt beschäftigte hatte und mit dessen Untersuchung er damals wissenschaftliches Neuland betrat. Detailliert beschrieb er die Verwirbelungen in der bodennahen Luft, die bis zur Verminderung der Sicht führen können. Er hatte Messungen der Treibschneemenge angestellt und bestimmte mit einem horizontal in den Wind gehaltenen Regenmesser die Schneedichte, d.h. die Schneemenge pro Volumeneinheit der Luft. Ebenso fotografierte er die Treibschneekristalle und betonte, daß die Form dieser Kristalle weniger durch mechanisches Abschleifen als durch Verdunstungseffekte zustande kommen müßte. Aus Wegeners zweckentfremdetem Regenmesser haben nachfolgende Polarexpeditionen neue Geräte entwickelt, und bis heute sind noch längst nicht alle Fragen geklärt, die mit dem polaren Schneetreiben zusammenhängen.[17]

Zahlreiche Ergebnisse der Danmark-Expedition flossen auch in die *Thermodynamik der Atmosphäre* ein. In diesem Buch werden die Eigenschaften der höheren Luftschichten beschrieben, die man damals lediglich aus in gerade einem Dutzend Jahren zusammengetragenen Meßwerten und

Beobachtungen von Naturphänomenen, wie leuchtende Nachtwolken oder Rauchsäulenstudien bei Vulkanausbrüchen, kannte. Wegener versuchte diese unterschiedlichen Erscheinungen «unter einheitlichen physikalischen Gesichtspunkten einer Deutung zuzuführen».[18]

Mit der auf einer Lehrveranstaltung basierenden *Thermodynamik* wollte Wegener sich einen größeren Adressatenkreis erschließen und hoffte, «daß der meteorologische Fachmann darin Anregung für seine Forschungen, der Physiker eine willkommene Zusammenfassung eines mächtig aufstrebenden jungen Forschungszweiges, der Luftschiffer Belehrung über sein Element und der gebildete Laie eine zwar nicht populäre, aber doch leicht verständliche Darstellung des modernsten Zweiges der Meteorologie finden möge.»[19]

Vor der Übergabe des Manuskriptes an den Leipziger Verlag Barth wandte sich Wegener an Wladimir Köppen mit der Bitte, die Arbeit noch einmal kritisch durchzusehen.[20] Der «Altmeister der Meteorologie» lud ihn daraufhin in sein Haus nach Groß Borstel, heute ein Stadtteil von Hamburg, ein. «Abends saßen die Herren noch spät an der Arbeit, Wegener erklärend und seinen Standpunkt verteidigend, mein Vater Literatur herbeiziehend und neue Gesichtspunkte in die Diskussion werfend. Ich saß daneben, mit einem Vortrag für die Schule beschäftigt, wobei ich aber mit halbem Ohr zuhörte und das Gesicht mir gegenüber betrachtete»,[21] berichtete Else Köppen. Nur wenige Monate später, Pfingsten 1912, verlobte sie sich mit Alfred Wegener.

Die Diskussion über das Lehrbuch war der Beginn der wissenschaftlichen Zusammenarbeit zwischen Wegener und Köppen: «Daß eine gemeinsame Arbeit für mich mindestens ebenso anregend würde wie für Dich, brauche ich Dir wohl nicht zu sagen», schrieb er ihm einmal, «Du hast den Punkt, in dem wir uns ergänzen, ja mit großer Deutlichkeit hervorgehoben. Erinnerst Du Dich noch an die stümperhafte erste Fassung der Thermodynamik?»[22]

Wladimir Köppen war von dem Lehrbuch beeindruckt, seiner Meinung nach zeichnete es sich durch zwei Eigenschaften aus: «Erstens den durch die neuentstandene Aerologie und vor allem aufgrund der aus eigenen wissenschaftlichen Ballonfahrten Wegeners gewonnene Standpunkt aus der freien Atmosphäre, der uns älteren Meteorologen fehlte, und zweitens seine besondere Begabung, schwierige Fragen ohne Verzicht auf Exaktheit in einfacher Klarheit, mit einem Minimum an Mathematik darzustellen.»[23] Unverhohlen bekannte Wegener stets, daß er keine besondere Begabung für die Mathematik habe. Gegenüber mathematischen Abhandlungen, die er nicht verstand, zeigte er offen seine Abneigung. Es war ihm in seinen eigenen Publikationen wichtig, zwar «nicht populär, aber doch verständlich zu schreiben».[24] Diesen Standpunkt machte er einmal in einem Schreiben an Köppen sehr deutlich: «Eine mathematische Beweisführung ist, bei Licht betrachtet, nur organisierter gewöhnlicher Menschenverstand, und es ist gut, wenn die Männer der Wissenschaft ihr Werk nicht immer durch den Schleier der Fachsprache nur wenigen zeigen, sondern von Zeit zu Zeit einem größeren Publikum den Gedankengang enthüllen, der hinter ihren mathematischen Formeln verborgen liegt. (Aus Darwin, Ebbe und Flut). Ich selber stehe auf dem krassen und wohl übertriebenen Standpunkt, daß solche mathematischen Erörterungen, die ich nicht verstehe (oder eigentlich, bei denen ich den Gedankengang nicht mehr durchschimmern sehe, denn oft kann man dem Gedankengang folgen, ohne die Formeln nachzurechnen), verkehrt oder unsinnig sind. Man muß nur nicht immer denken, daß man selbst die Schuld trägt, wenn man Gedrucktes oder Geschriebenes nicht versteht. ‹Wo Begriffe fehlen, da stellt ein Wort zur rechten Zeit sich ein›, und wo die Logik versagt, kann man die Zeilen meist noch mit Formeln füllen.»[25] – Sicherlich haben Studenten der damaligen Zeit auch aus diesem Grund gern mit Wegeners Lehrbuch gearbeitet.

Die *Thermodynamik* enthält bereits eigene Theorien Wegeners, die den Aufbau der Atmosphäre betreffen: «Ich nehme jetzt bei zirka 225 Kilometer Höhe eine neue Schichtgrenze an, die obere Grenze der Wasserstoffsphäre. Diese Höhe entspricht der Grenze des letzten bläulichen Dämmerungsschimmers, oberhalb derselben sind die Polarlichter monochromatisch, unterhalb derselben leuchten die Sternschnuppen auf, geben dabei das Wasserstoffspektrum und beladen sich mit Einschlüssen dieses Gases.»[26]

Seine Grundannahme war dabei, daß die Atmosphäre aus drei Schichten besteht: einer *Stickstoffsphäre*, die von der Erdoberfläche bis in etwa 70 km Höhe reicht, einer *Wasserstoffsphäre* darüber und einer «einstweilen noch hypothetische Sphäre eines unbekannten, außerordentlich leichten Gases», für das er den Namen *Geocoronium* vorschlug, oberhalb von 200 km bis ca. 500 km Höhe.[27] Wegeners Modell ist prinzipiell richtig; allerdings weiß man heute, daß der Aufbau und die Eigenschaften der Schichten und ihre Mächtigkeit nicht seinen Vorstellungen entsprechen. Seine Hypothese von der Existenz des *Geocoroniums* – im Anklang an die Korona der Sonne – hat sich nicht bestätigt.

Wissenschaftliches Neuland betrat Wegener auch, indem er den Begriff der Turbulenz in die Meteorologie einführte,[28] mit dem er den Zustand in einer strömenden Flüssigkeit oder einem Gas beschrieb, bei dem die *Stromfäden* nicht mehr oder weniger gerade Linien, sondern verschlungene Kurven bilden. In Bezug auf die Zirkulation in der Atmosphäre schrieb Wegener 1912: «Die Troposhäre ist die Zone turbulenter, die Stratosphäre gradliniger Bewegung.»[29]

Die Wirbelbildung, die ähnlich wie im Meer, also in einem flüssigen Medium, auch in der Atmosphäre zu beobachten ist, faszinierte Wegener geradezu. Er befaßte sich intensiv mit diesem Phänomen und beschrieb die verschiedenen Formen atmosphärischer Wirbel mit kleinem oder mittlerem Durchmesser, wie sie zum Beispiel in Gewitterböen (Wirbel mit horizontaler Achse) und in Tromben (Wirbel mit vertikaler Achse) auftreten, die als Kleintromben (Sand- und Staubwirbel, Wind- und Wasserhosen) oder als Großtromben (in Nordamerika Tornado genannt) zu beobachten sind.[30] In seinem Lehrbuch setzte er sich allerdings mit der Dynamik und dem Energiehaushalt dieser atmosphärischen Wirbel nur in begrenztem Umfang auseinander. Aber 1917 veröffentlichte er zu dieser Thematik eine Monographie unter dem Titel *Wind- und Wasserhosen in Europa*, die er «dem Forscher und Menschen» Wladimir Köppen zu seinem 70. Geburtstag am 25. September 1916 widmete. Es handelt sich um eine umfassende Darstellung von bereits in der Literatur beschriebenen Wirbelstürmen. Aus den Beschreibungen von 259 in Europa beobachtenen Wind- und Wasserhosen (Tromben) zog Wegener sehr ausführliche Schlußfolgerungen über Entstehung und Dynamik dieser Naturerscheinungen. Einige seiner Theorien waren Meilensteine auf dem Weg zu einem vertieften Verständnis dieser Naturphänomene, wie zum Beispiel die Umbildung der Enden eines horizontalen Wirbels zur Trombe, die Rotation und der Weg von Tromben und ihr Aufbau aus Kern und Mantel.

Aus Wegeners Marburger Zeit stammt auch eine weitere Hypothese. Im Jahre 1911 stellte er die Behauptung auf, daß fast jede Form von Regen als Eis beginne. Zu dieser Annahme hatten ihn zwei Beobachtungen geführt: Wasser kann unter 0° C abkühlen, ohne zu gefrieren; zweitens zieht Eis Wasserdampf an. Diese Anziehungskraft beruhe darauf, daß der Dampfdruck in der Umgebung von Eis niedriger sei als in der Umgebung von Wasser. Befinden sich Eiskristalle und Wassertröpfchen in der unmittelbaren Nähe einer Feuchtluftmasse, verdunsten die schneller bewegten, flüssigen Wassermoleküle aus den Tröpfchen und strömen in den Bereich mit dem niedrigeren Dampfdruck, d.h. zum Eis. Diese beiden Beobachtungen verknüpfte Wegener zu einer Theorie der Wolkenphysik. Wolken, die in große Höhen aufstiegen, erklärte er, enthielten häufig sowohl Eiskristalle als auch unterkühlte Wassertröpfchen. In einem solchen Gemisch wüchsen zwangsläufig die Eiskristalle auf Kosten der Wassertröpfchen, bis die Kristalle schwer genug seien, um in wärmere Schichten abzusinken, wo sie möglicherweise schmelzen und zu Regen würden.

Wegeners Theorie war zunächst nur eine interessante Annahme. An diese Theorie und ein Gespräch, das er in Hamburg mit Wegener darüber geführt hatte, erinnerte sich 1922 der Meteorologe Tor Bergeron während eines Urlaubs in den norwegischen Wäldern, als er beobachtete, daß der Nebel dort sein Verhalten mit der Temparatur veränderte. Bei Temperaturen über dem Gefrierpunkt bedeckte der Nebel den Boden, bei tieferen Temperaturen von einigen Graden unter Null blieben über dem Boden ein bis zwei Meter nebelfrei. Er kam zu dem Schluß, daß der Eisüberzug auf den Bäumen die Nebeltröpfchen angezogen und absorbiert habe.

Neben Lehre und Forschung fand Wegener in Marburg Zeit, sich wieder dem Freiballonfahren zu widmen und die Aktivitäten aus seiner Berliner Zeit aufleben zu lassen. Auch in der breiten Öffentlichkeit war das Interesse an der sich rasant entwickelnden jungen Luftfahrt anhaltend groß. So wurde die Internationale Luftschiffahrt-Austellung (ILA) in Frankfurt 1909 beispielsweise von drei Millionen Menschen besucht.

In Universitätskreisen war man an der Ballonfahrt nicht mehr nur als Methode zur Gewinnung meteorologischer Daten interessiert, es gab jetzt auch Wissenschaftler, die beispielsweise den Ballonkorb als Freiluftlabor nutzen wollten, um etwa medizinische Probleme wie das Verhalten des menschlichen Organismus in großen Höhen zu untersuchen. Derartige Pläne wurden allerdings nicht realisiert.

Mit einem Aufruf in der Oberhessischen Zeitung wurde die Gründung des *Kurhessischen Vereins für Luftschiffahrt* vorbereitet. Den Aufruf hatten Bankiers und Buchhändler, Offiziere und Hochschullehrer, Rechtsanwälte und Ärzte, der Marburger Oberbürgermeister und auch der Privatdozent Wegener unterzeichnet. Die Gründungsversammlung, zu der etwa 30 Personen erschienen, fand am 11. Oktober 1909 statt. Präsident wurde der Geheime Rat Richarz, Alfred Wegener übernahm das Amt des Fahrtenausschußvorsitzenden. Die Versammlungen des Vereins fanden künftig zumeist im Direktorenzimmer oder im Hörsaal des Physikalischen Instituts statt. Die engen Beziehungen zwischen Verein und Universität zeigten sich aber weniger durch die räumliche Verbundenheit als vielmehr durch die zahlreichen wissenschaftlichen Vorträge, die anläßlich der Versammlungen gehalten wurden, so zum Beispiel über die Bedeutung der Luftbildfotografie für den Städtebau und das Vermessungswesen, über Spitzbergen- und Grönland-Expeditionen, aber auch über meteorologische Spezialthemen, wie Untersuchungen zur Wolkenbildung und Gewitterentstehung, wobei zahlreiche Fotos und Beobachtungen, die bei Ballonfahrten gemacht worden waren, Gegenstand der Diskussion waren.[31]

Bereits im Januar 1910 erwarb der Verein, der nach wenigen Wochen fast 150 Mitglieder zählte, für 5000 Mark einen 1260 m^3 fassenden Freiballon. Er wurde am 8. Mai 1910 an der Füllstelle am Gaswerk auf den Namen *Marburg* getauft und absolvierte anschließend unter Leitung Alfred Wegeners bei strömendem Regen seine erste Fahrt.

Wegener war außerdem Mitglied des Berliner und des Frankfurter Vereins für Luftschiffahrt, des am 28. Dezember 1902 gegründeten Deutschen Luftschifferverbandes und seit April 1906 der in Paris ansässigen Fédération Aéronautique Internationale. Bis zum Frühjahr 1912 absolvierte er 19 Freiballonfahrten, davon 14 als Ballonführer.[32]

Mit Unterstützung von Professor Richarz konstruierte er 1910 gemeinsam mit dem Physiker Karl Stuchtey ein Albedometer, das er für wissenschaftliche Untersuchungen bei Ballonfahrten einsetzte. Es erlaubte durch den Vergleich der von der Wolkenoberfläche reflektierten Strahlung mit der von einer Gipsplatte reflektierten Strahlung die Bestimmung der Albedo, d.h. des Verhältnisses der reflektierten zur auftreffenden Energie. Wegener führte bei Ballonfahrten auch weiterhin Untersuchungen der Atmosphäre durch, wenngleich er «neben der Führung und Verantwortung im ruhigen Dahingleiten oft stundenlange Ausspannung hatte».[33]

Auch seine Verlobte Else Köppen lud er schließlich zu einer Ballonfahrt ein. An der Fahrt, auf der sein Bruder Kurt verantwortlicher Pilot war, nahm außerdem noch seine Schwester Tony teil. Letztere berichtete über die Fahrt:

«Zuerst nach dem Aufstieg hatten wir ganz wolkenlosen Himmel, und im Dunst lag die Erde. Wir fuhren mit ziemlicher Geschwindigkeit (die man aber oben überhaupt nicht merkt) über die Porta Westfalica immer in ca. 2000 m Höhe. Kurz nach Minden fingen die Moore an, die gewöhnlich nicht mehr überflogen werden. Aber 2 Führer an Bord, noch 13 Sack Ballast, lauter leichte und nicht ungewandte Leute, wurde beschlossen, weiter zu fahren, da wir genau den Kurs auf Emden hatten. Inzwischen hatte sich der Himmel bewölkt, aus kleinen unscheinbaren Klößen erwuchs ein Meer von wild übereinanderstürzenden Wolkenwogen. Die gewaltigen Köpfe schlohweiß, unter sich den schwarzen Schatten, stürzten sie sich auf uns, ein unvergeßlich großartiges Bild. Der einzige Moment, wo mir Grausen kam! Trotzdem es ja ganz ungefährlich ist, denn sie tun einem ja nichts, diese Riesen. Aber wie das aussieht, dieses wild schäumende Meer mit überkämmenden Wellen! Wir haben Ballast [abgeworfen] und erhoben uns über unsere Bedränger und hatten nun das Bild, auf den weißen Kumulusköpfen den Ballonschatten zu sehen, umgeben von der leuchtenden Aureole. Wir stiegen und stiegen, denn wir durften den Ballon ja nicht durch Abkühlung in den Wolken zum Sinken bringen, weil unter uns brennende Moore mit unter Wasser stehenden Mooren wechselten.»[34]

Mit dieser Ballonfahrt über die norddeutsche Tiefebene ging ein Zeitabschnitt zu Ende, der wohl zu den kreativsten Phasen in Wegeners Leben gehörte und in dem neben seiner Habilitation und einem grundlegenden Lehrbuch fast nebenbei auch noch die Theorie entstanden war, mit der er sich allerdings erst viel später anerkanntermaßen in das Geschichtsbuch der modernen Naturwissenschaften eintrug: die Hypothese von der Drift der Kontinente.

Die familiäre Fahrt mit dem Göttinger Ballon *Segler* war Wegeners letzte Ballonreise[35] vor seiner zweiten Grönlandexpedition. Unmittelbar anschließend fuhr er mit seiner Braut nach Kopenhagen. Für ihn begann die Expedition, und für Else Köppen schloß sich ein Aufenthalt in Bergen an, wo sie im Hause des norwegischen Meteorologen Bjerknes die Zeit bis zur Rückkehr ihres Verlobten verbringen sollte. Sie erteilte Bjerknes' Kindern als Hauslehrerin Deutschunterricht, da Bjerknes einen Ruf nach Leipzig angenommen hatte und auch die Familie auf den Auslandsaufenthalt vorbereiten wollte. Else Köppen studierte bei dieser Gelegenheit die skandinavischen Sprachen. Nicht sonderlich erfreut über die neuerlichen Polaraktivitäten seines künftigen Schwiegersohnes zeigte sich Wladimir Köppen, der die erste Grönlandexpedition Wegeners so vorbehaltlos befürwortet und unterstützt hatte. Doch nachdem er dessen theoretische Arbeiten kennen und schätzen gelernt hatte, hegte er andere Pläne für ihn, berichtet Else Köppen: «Er wollte diesen physikalisch geschulten Kopf ganz der Meteorologie erhalten. Aber Wegener war zäh, und auch unsere Verlobung änderte nichts an seinen Plänen.»[36] Die Parallele zu dem norwegischen Polarforscher Fridtjof Nansen, den seine zukünftige Frau ebenfalls von Polarexpeditionen nicht abhalten konnte und wollte, drängt sich auf. «Erst muß ich noch zum Nordpol», soll Nansen Eva Sars vor der Hochzeit erklärt haben. «An Heirat konnten wir noch nicht denken. Vorher wollte Alfred noch einmal nach Grönland», erinnerte sich Else Wegener.

Die Entstehung der Kontinente und Ozeane

«Immer war bei Wegener zuerst die Idee, die neue Auffassung, die neue Hypothese da. Erst wenn sich in seinem Gehirn die neue Auffassung geformt und ihn in ihren Bann gezwungen hatte, warf er sich mit Macht auf die Beobachtungstatsachen, um an ihnen die Richtigkeit der neuen Erklärung zu erweisen, dann freilich jede Einzelheit meisterhaft nutzend.»[1]

Wohl nirgends läßt sich dieser Arbeitsstil Wegeners besser nachvollziehen als an der Entwicklung seiner Formulierung der Theorie von der Drift der Kontinente, die er ein halbes Jahr, bevor er zu seiner zweiten Grönlandexpedition aufbrach, der Öffentlichkeit vorstellte.

Heute läßt sich nicht mehr endgültig klären, wann sich Wegener erstmals mit diesem Gedanken auseinander gesetzt hat. Nach Berichten seines Berliner Studienfreundes Walter Wundt war dieser bereits 1903 von Wegener auf die Kongruenz der Küstenlinien von Afrika und Südamerika aufmerksam gemacht worden. Allerdings verfolgte Wegener damals das Problem nicht weiter.

«Mein Zimmernachbar Dr. Take hat zu Weihnachten den großen Handatlas von Andree bekommen. Wir haben stundenlang die prachtvollen Karten bewundert. Dabei ist mir der Gedanke gekommen. Sehen Sie sich doch bitte mal die Weltkarte an: Paßt nicht die Ostküste Südamerikas genau an die Westküste Afrikas, als ob sie früher zusammengehangen hätten. Noch besser stimmt es, wenn man die Tiefenkarte des Atlantischen Ozeans ansieht und nicht die jetzigen Kontinentalränder, sondern die Ränder des Absturzes in die Tiefsee vergleicht. Dem Gedanken muß ich nachgehen.»[2] Dazu bedurfte es allerdings noch eines weiteren Anstoßes, und wiederum spielte der Zufall eine große Rolle: «Im Herbst 1911 wurde ich mit den mir bis dahin unbekannten paläontologischen Ergebnissen über die frühere Landverbindung zwischen Brasilien und Afrika durch ein Sammelreferat bekannt, das mir durch Zufall in die Hände fiel.»[3] Erst jetzt fand die alte Idee Wegeners unversehens neue Nahrung. Die Hinweise, die er in dem Aufsatz entdeckte, faszinierten ihn: Beschreibungen identischer Fossilien von pflanzlichen und tierischen Organismen, die den Ozean nicht überquert haben konnten, aber auf beiden Seiten des Atlantiks gefunden worden waren. Die Darstellung beeindruckte ihn so, daß er in der Literatur nach weiteren Hinweisen suchte, um anschließend seine zufällige Beobachtung und die zahlreichen Argumente, die er zusammengetragen hatte, zu einer umfassenden Theorie auszuarbeiten.

Den Kern seiner Idee formulierte Wegener in einem Brief an Wladimir Köppen vom 6. November 1911: «Ich glaube doch, Du hältst meinen Urkontinent für phantastischer als er ist ... Wenn ich auch nur durch die übereinstimmenden Küstenkonturen darauf gekommen bin, so muß die Beweisführung natürlich von den Beobachtungsergebnissen der Geologie ausgehen. Hier werden wir gezwungen, eine Landverbindung zum Beispiel zwischen Südamerika und Afrika anzunehmen, welche zu einer bestimmten Zeit abbrach. Den Vorgang kann man sich auf zweierlei Weise vorstellen: 1.) Durch Versinken eines verbindenden Kontinents ‹Archhelenis› oder 2.) durch das Auseinanderziehen von einer großen Bruchspalte. Bisher hat man, von der unveränderlichen Lage jedes Landes ausgehend, immer nur 1.) berücksichtigt und 2.) ignoriert. Dabei widerstreitet 1.) aber der modernen Lehre von der Isostasie und überhaupt unseren physikalischen Vorstellungen. Ein Kontinent kann nicht versinken, denn er ist leichter als das, worauf er schwimmt ... Warum sollen wir zögern, die alte Anschauung über Bord zu werfen?»[4] Bereits zu diesem Zeitpunkt war sich Wegener seiner These sicher. Allein mit seiner Prognose, daß sie in kürzester Zeit Anerkennung finden würde, irrte er: «Ich glaube nicht, daß die alten Anschauungen noch zehn Jahre zu leben haben.»[5]

Aber gerade diese «alten Anschauungen» hatten kurz zuvor durch den österreichischen Geologen Eduard Suess in dessen vierbändigem Werk *Das Antlitz der Erde*, das zwischen 1885 und 1909 erschienen war, einen neuen Aufschwung erlebt. Suess war unerbittlicher Anhänger und Verfechter der Kontraktionstheorie, die das damalige Denken der Geowissenschaftler beherrschte. Sie war 1852 auf der Basis einer Idee von Descartes von dem französischen Geologen Elie de Beaumont formuliert worden und wurde bald von anderen Naturforschern übernommen und ergänzt. Diese Theorie ging von der Vorstellung aus, daß die Erde bei ihrer Entstehung ein glutflüssiger Himmelskörper gewesen sei, der im Laufe der Erdgeschichte allmählich abgekühlt und dabei geschrumpft sei. Diese Vorstellung konnte ihren Erfolg – sie wurde zur vorherrschenden Theorie jenes Zeitalters – nicht zuletzt darauf gründen, daß sie eine scheinbar einleuchtende Erklärung für die Bildung von Gebirgszügen gab. Die Anhänger dieser Theorie hatten sogar berechnet, daß mit der Abkühlung der Erde eine Abnahme des Erdumfanges von mehreren hundert Kilometern einhergegangen war. Beim komplizierten Abkühlungsprozeß waren die gewaltigen Gebirgszüge der Erde wie etwa die Appalachen, die Rocky Mountains und die Anden entstanden – gleich Runzeln in der Schale eines austrocknenden Apfels, wie Albert Heim 1878 schrieb, der sich insbesondere mit den Alpen beschäftigt hatte. «Der Zusammenbruch des Erdballes ist es, dem wir beiwohnen», war schließlich der von Suess formulierte zentrale Satz dieses «fixistischen» Weltbildes, dem die Vorstellung von ortsfesten, also nicht verschiebbaren Landmassen zugrunde lag. Bei den

«Fixisten» ließen sich alle tektonischen Bewegungen ausschließlich aus dem Kontraktionsprozeß der Erde ableiten. Horizontale Verschiebungen, wie Wegener sie postulierte, waren in dieser Vorstellung vom Planeten Erde undenkbar. Wegeners Theorie bot allerdings erste Deutungsmöglichkeiten für die umfangreichen und teilweise überraschenden Entdeckungen, die die Untersuchungen der Biologen des 19. Jahrhunderts erbracht hatten, die ausgelöst worden waren durch die Arbeiten des britischen Biologen Charles Darwin. Darwin hatte 1831–36 an einer fünfjährigen Fahrt des Vermessungsschiffes *Beagle* teilnehmend auf den verschiedenen Kontinenten fossile Knochen, Pflanzen und Tiere gesammelt und auf den Beobachtungen dieser Reise aufbauend seine Evolutionstheorie formuliert, die das Leben auf der Erde auf einen Ursprung zurückführte. Weitere Untersuchungen zur weltweiten Verbreitung von Flora und Fauna hatten ergeben, daß beispielsweise identische Arten von Reptilien, von denen keine in der Lage war, einen Ozean zu überqueren, sowohl in Afrika als auch in Südamerika vorkamen. Zur Erklärung von Übereinstimmungen in der Entwicklung des Lebens in verschiedenen Gebieten der Erde hatten die «Fixisten» die Annahme entwickelt, daß die Kontinente in der Erdgeschichte durch Landbrücken miteinander verbunden gewesen seien, die später im Meer versunken waren.

Wladimir Köppen warnte den Meteorologen Wegener vor der Beschäftigung mit derartigen Problemen, mit denen er sich seiner Meinung nach auf «Nebengebiete» begab. Der lebenserfahrene damals 66jährige Köppen erkannte früh den Zwiespalt, unter dem Wegener tatsächlich später zu leiden haben sollte: «Die Bearbeitung von Wissensgebieten, die zwischen den traditionell abgegrenzten Wissenschaften liegen, setzt einen notwendig dem aus, daß man von einem Teil, wenn nicht gar von allen Beteiligten als Außenseiter mit Mißtrauen aufgenommen wird. An der Frage der Kontinentalverschiebung sind Geodäten, Geophysiker, Geologen, Paläontologen, Tier- und Pflanzengeographen, Paläoklimatologen und Geographen interessiert, und nur durch die Berücksichtigung aller dieser Wissenschaften kann sie, soweit es Menschen möglich ist, entschieden werden.»[6]

Doch Wegener ließ sich nicht beirren. Am 6. Januar 1912 hielt er vor einer Versammlung der gerade zwei Jahre zuvor gegründeten Geologischen Vereinigung in Frankfurt einen Vortrag mit dem Titel *Die Herausbildung der Großformen der Erdrinde (Kontinente und Ozeane) auf geophysikalischer Grundlage* und stellte seine Theorie damit der Öffentlichkeit vor. Nur vier Tage später sprach er vor der Gesellschaft zur Beförderung der gesamten Naturwissenschaften in Marburg über *Horizontalverschiebungen der Kontinente*. In beiden Vorträgen widersprach Wegener entschieden dem vorherrschenden «fixistischen» Weltbild und zeigte auf, daß die Kontinente einst eine zusammenhängende Landmasse gebildet haben mußten, in der Folgezeit auseinandergebrochen und dann zu ihren gegenwärtigen Positionen getrieben seien. Nur eine Woche später war der Vortrag zu einem 50seitigen Manuskript ausgearbeitet, das unter dem Titel *Die Entstehung der Kontinente* 1912 in der Geologischen Rundschau veröffentlicht wurde, übrigens Wegeners einzige Publikation in einer geologischen Zeitschrift.[7] Seinen zweiten Beitrag zu dem Thema sandte er am 24. Februar 1912 an die renommierte Zeitschrift Petermanns Geographische Mitteilungen in Gotha.

Die Erkenntnis von der offensichtlichen Kongruenz der Küsten beiderseits des Südatlantiks war nicht neu, schon in früheren Jahrhunderten war darüber spekuliert worden. Nachdem nämlich im 16. und 17. Jahrhundert durch die Reisen der Entdecker Karten der Küsten fast aller Erdteile entstanden waren, fiel jedem aufmerksamen Betrachter das Aneinanderpassen von Küstenlinien auf. So wies 1620 der englische Staatsmann und Philosoph Francis Bacon in seinem *Novum Organum* auf die korrespondierenden Formen Afrikas und Südamerikas hin, und 1666 veröffentlichte der französische Mönch François Placet in Paris das Buch *La Corruption du grand et petit Monde*, in dem er als gläubiger Katholik des 17. Jahrhunderts die Sintflut als Ursache der Trennung Europas von Nordamerika (!) ansah.[8] Fest verwurzelt im christlichen Glauben war auch der deutsche Theologe Christoph Lilienthal, der 1756 sich auf die Bibel stützend erklärte, daß die Erdkruste während der Sintflut auseinandergerissen sei, und als Beweis die zusammenpassenden Konturen Afrikas und Südamerikas anführte. Johann Reinhold Forster, der den Weltumsegeler James Cook auf dessen zweiter Reise 1772–75 begleitete, wunderte sich über die Ähnlichkeit der atlantischen Küstenlinien Afrikas und Südamerikas, und auch der französische Naturforscher Leclerc de Buffon dachte 1778 über die «parallelen» Küsten beiderseits des Atlantiks nach. Zu den vielzitierten Vorläufern der Theorie von der Drift der Kontinente gehört Alexander von Humboldt, der in seinem *Kosmos* schrieb: «Man kann diese (amerikanischen) Gebirgsketten jenseits des Ozeans im alten Kontinent nach Osten hin verfolgen, und man erkennt, daß unter der gleichen Breite die alten Gebirge in den Gebieten von Pernambuco, von Minas, Bahia und Rio de Janeiro denen am Kongo entsprechen; ebenso wie die ungeheure Ebene des Amazonenstromes gegenüber den Ebenen Nieder-Guineas, die Kordillere der Katarakte gegenüber von Ober-Guinea liegt, ferner die Steppen am Mississippi, die beim Einbruch des Golfs von Mexiko von den Fluten verschlungen wurden, gegenüber der Wüste Sahara. Dieser Gedanke erscheint weniger gewagt, wenn man die alte und die neue Welt als gewaltsam durch das Wasser getrennt ansieht. Die Küstenformen, die zurücktretenden und vorspringenden Winkel von Amerika, Afrika und

Europa deuten diese Katastrophe an; was wir den Atlantischen Ozean nennen, ist nur ein durch Wassergewalt gegrabenes Tal … Der so geschaffene Kanal hat bei Brasilien und bei Grönland die geringste Breite, aber die Tier- und Pflanzengeographie deuten darauf hin, daß er sich schon zu einer Zeit bildete, wo es auf der Erde keine oder nur wenige Keime organischen Lebens gab. Es wäre für die Geologie sehr bedeutungsvoll, wenn eine auf Regierungskosten unternommene Expedition Richtung, Neigung und Übereinstimmung der Erdschichten an den Vorsprüngen und Buchten der amerikanischen und afrikanischen Küste untersuchte. Man würde hier dieselbe Übereinstimmung entdecken wie im Sund, im Kanal, an der Straße von Gibraltar und im Hellespont.»[9]

Näher kam dem heutigen Weltbild der Geologie hingegen der ansonsten nicht weiter bekannte Naturforscher Antonio Snider-Pellegrini in Paris, der 1858 das Buch *La Création et ses mysteres dévilés* (Die Schöpfung und ihre Geheimnisse) herausgab, in dem er darstellte, daß Vulkanausbrüche während der Sintflut die Kontinente gespalten hätten. Um die Ähnlichkeit der amerikanischen und der europäischen Karbonflora zu erklären, fügte er der Publikation eine Landkarte bei, auf der beide Teile Amerikas, Afrika, Europa und sogar Australien wie die Teile eines Puzzles zusammengefügt waren. Es ist die erste bekannte Darstellung dieser Art.[10]

Eine geradezu phantastisch anmutende Version zur Entstehung der Ozeane, die sich jedoch bis in die fünfziger Jahre des 20. Jahrhunderts gehalten hat, entwickelte der Engländer George Darwin, Sohn des berühmten Naturforschers und Lehrers der Evolutionstheorie Charles Darwin. Er vermutete, daß die Masse des Mondes in der frühen Geschichte durch eine damals noch schneller als heute rotierende Erde aus ihr herausgeschleudert worden sei. In dem gewaltigen Loch, das er hinterlassen habe, sei der Pazifik entstanden. Da jedoch die rotierende Erde ihre Masse wieder neu habe auswuchten müssen, seien Nord- und Südamerika von Europa und Asien losgerissen worden, nach Westen getrieben, und so sei schließlich der Atlantik entstanden.

Nur kurze Zeit bevor Wegener seine Theorie formulierte, beschäftigten sich unabhängig voneinander drei Amerikaner ebenfalls mit der Kongruenz der Kontinente: W. H. Pickering, H. B. Baker und F. B. Taylor. Dabei kam die Darstellung Taylors der Wegenerschen am nächsten. In seiner Abhandlung, die er am 29. Dezember 1908 der Geological Society of America vorlegte, stellte er die Behauptung auf, daß die Kontinente nicht abgesunken, sondern durch langsame horizontale Verlagerung zu ihren gegenwärtigen Positionen auf der Erdoberfläche gelangt seien.

Die Arbeiten dieser Vorgänger waren Wegener zunächst nicht bekannt. «Für die vorliegende Arbeit konnten sie … keine Anregung geben, da ich sie erst zu spät kennen lernte.»[11]

Neu bei Wegener war die systematische und konsequente Ausarbeitung der Vorstellung, daß heute getrennte Kontinente früher einmal zusammenhingen, und die Absicherung seiner Theorie mit Ergebnissen aus verschiedensten Wissensgebieten. Wegeners Stärke – und die seiner Theorie – lag in seinem wissenschaftlichen Weitblick: «Im folgenden soll ein erster roher Versuch gemacht werden, die Großformen unserer Erdoberfläche, d.h. die Kontinentaltafeln und die ozeanischen Becken, durch ein einziges umfassendes Prinzip genetisch zu deuten, nämlich durch das Prinzip der Beweglichkeit der Kontinentalschollen.»[12] Mit diesen Worten begann er seinen Beitrag in Petermanns Geographischen Mitteilungen und verwarf noch im selben einleitenden Absatz die herrschenden geologischen Vorstellungen: «Überall wo wir bisher alte Landverbindungen in die Tiefen des Weltmeeres versinken ließen, wollen wir jetzt ein Abspalten und Abtreiben der Kontinentalschollen annehmen.»[13]

Zur Begründung zog er eine Reihe damals relativ neuer und noch unverarbeiteter Erkenntnisse heran. 1896 hatte der Franzose Antoine Henri Becquerel die natürliche Radioaktivität entdeckt, die eine, wenngleich schwache, so doch nicht zu vernachlässigende Rolle im Wärmehaushalt der Erde spielt: «Überschlägt man nämlich», argumentierte Wegener, «die Wärmeeinnahme und -ausgabe der Erde unter Berücksichtigung dieser neuen Energiequelle, so findet man, daß schon mäßige Vorräte an solchen radioaktiven Stoffen im Erdinnern genügen, um den Wärmehaushalt zu balancieren.»[14] Damit waren die Grundannahmen der Kontraktionstheorie erschüttert. Ferner zog Wegener in der Begründung seiner Ablehnung der traditionellen geowissenschaftlichen Vorstellungen das um die Wende zum 20. Jahrhundert entwickelte Konzept der Isostasie heran.

Im 19. Jahrhundert war die Annahme entwickelt worden, daß die Kontinente aus leichterem Material (**Sial**, benannt nach den besonders häufigen Elementen Silizium und Aluminium, mit einer Dichte von 2,7 g/cm^3) bestehen als die Ozeanböden und der unter den Kontinenten liegende Bereich (**Sima**, was auf Silizium und Magnesium hindeuten soll, mit einer Dichte von 3,3 g/cm^3). Aus der Tatsache, daß die Schwerkraft überall auf der Erdoberfläche, auf Kontinenten wie auf den Ozeanen, annähernd denselben Wert besitze, gehe hervor, daß die Kontinente auf dem dichteren Material des Erdmantels in einem isostatischen Gleichgewicht schwimmen. Wenn die leichteren Krustenteile der verschwundenen Landbrücken aus irgendeinem Grund in den dichteren Meeresboden hineingedrückt worden wären, hätten sie wieder auftauchen müssen, ähnlich wie ein unter Wasser gedrückter Schwimmkörper durch den Auftrieb wieder an die Oberfläche kommt. So erlaubte bespielsweise die Beobachtung, daß sich die Festlandsgebiete Skandinaviens und Kanadas ständig heben, seit der mehrere tausend Meter dicke Eispanzer der letzten Eiszeit abgeschmolzen ist, den Schluß, daß das Gewicht des Eises den Kontinent in die unter ihm liegenden Sima-Schicht gedrückt hatte.

Die Theorie der Isostasie lieferte Wegener einerseits das Argument, mit dem er das Versinken von Landbrücken ablehnen konnte, andererseits diente sie ihm als wesentliche Stütze seiner Hypothese; denn er betrachtete die Kontinente als Schollen, die wie Eisberge im Wasser auf der schwereren ozeanischen Kruste schwimmen[15] und die sich nicht nur vertikal – wie ihn das Beispiel Skandinaviens lehrte – sondern vor allem horizontal bewegen. Als Wissenschaftler war er allerdings umsichtig genug, seine neuen Vorstellungen behutsam einzuführen und sie zunächst einmal zur wissenschaftlichen Diskussion zu stellen: «Trotz dieser breiten Grundlage bezeichne ich das neue Prinzip als Arbeitshypothese und möchte es als solche behandelt sehen, wenigstens bis es gelungen sein wird, das Andauern dieser Horizontalverschiebungen in der Gegenwart mit einer jeden Zweifel ausschließenden Exaktheit auf dem Wege astronomischer Ortsbestimmungen nachzuweisen.»[16]

Beweise für die Gültigkeit seiner Theorie suchte er in den Beobachtungsergebnissen verschiedener wissenschaftlicher Disziplinen, insbesondere der Geologie, Paläontologie, Biologie und Paläoklimatologie.

Er führte Ähnlichkeiten von Gesteinsformationen in Indien, Madagaskar und Ostafrika an. Ebenso schien ihm ein ostwestlich verlaufender Gebirgszug in Südafrika zu einem ähnlich aufgebauten Gebirge südlich von Buenos Aires in Argentinien zusammenzupassen. Eine weite Hochebene in Brasilien schien von einer Hochebene an der afrikanischen Elfenbeinküste gewaltsam losgerissen zu sein. Präkambrische Gesteine auf den Hebriden und im nördlichen Schottland entsprachen denen in Labrador auf der amerikanischen Seite des Atlantiks. Etwas jüngere Schichten in Norwegen und Schottland setzten sich offenbar in den kanadischen Appalachen in Neu-Braunschweig und Nova Scotia fort. Wegener verglich diese geologischen Übereinstimmungen einmal mit den beiden Teilen eines zerrissenen Zeitungsblattes, dessen Zeilen wieder lesbar werden, wenn man sie aneinanderfügt: «Es ist so, als wenn wir die Stücke einer zerrissenen Zeitung nach ihren Konturen zusamensetzen und dann die Probe machen, ob die Druckzeilen glatt hinüberlaufen. Tun sie dieses, so bleibt offenbar nichts weiter übrig, als anzunehmen, daß die Stücke einst wirklich in dieser Weise zusammenhingen. Wenn nur eine einzige Zeile eine solche Kontrolle ermöglichte, so hätten wir schon eine hohe Wahrscheinlichkeit für die Richtigkeit der Zusammensetzung. Haben wir aber *n* Zeilen, so potenziert sich diese Wahrscheinlichlichkeit.»[17]

Weitere Spuren lieferte ihm die Paläontologie. Den deutlichsten Hinweis brachten Fossilien primitiver Farne der Gattung *Glossopteris*

(Zungenfarn). Sie wurden zusammen mit anderen für ihren Lebensraum typischen Pflanzen und Tieren sowohl in Afrika wie in Brasilien gefunden. Die Gebiete, wo vor 250 Millionen Jahren *Glossopteris* wuchs, schienen geradezu wie die Stücke eines Puzzle-Spiels aneinanderzupassen. Dazu kamen gewisse fossile Regenwürmer, die sich an der Ostküste Amerikas, in Europa und Asien fanden, aber nicht an der amerikanischen Westküste. Auch eine fossile Schnecke, *Helix pomata*, kam im Osten Amerikas und in Europa, aber nicht im Westen Amerikas vor. Alle diese Besonderheiten ließen sich erklären, wenn man annahm, daß die Erdteile einst eine große Einheit gebildet hatten, die Wegener *Pangäa* nannte. Das Wort ist aus dem Griechischen abgeleitet und läßt sich als «alles Land« übersetzen. Wegener berechnete, daß dieser Urkontinent vor etwa 300 Millionen Jahren existiert haben mußte. Vor etwa 200 Millionen Jahren sei dann diese Landmasse in einen nördlichen und einen südlichen Teil zerbrochen.

Als Meteorologe lag ihm die Klimatologie und die Geschichte des Klimas der Erde besonders nahe. Vor allem auch mit Unterstützung durch Wladimir Köppen ging er der Suche nach Hinweisen auf urzeitliche Klimaänderungen nach. So untersuchte er die geographische Verteilung von Gletscherablagerungen sowie die Verbreitung von Salz und Kohle im Karbon, also Zeugnisse für ein polares, arides und tropisches Klima. Um ihre Verbreitung erklären zu können, mußte er allerdings eine Wanderung der Pole zulassen, d.h. der Südpol muß während des Karbons östlich der Südspitze Afrikas gelegen haben. Zu seinen wichtigsten Indizien gehörten im Rahmen seiner Beweiskette Argumente, die die Paläoklimatologie lieferte. In der Antarktis hatte man Kohlelager entdeckt, Zeugen eines fast tropischen Klimas, da die Pflanzen, aus denen sie entstanden sind, Wärme brauchen. Er wies darauf hin, daß Korallentierchen, die auf warmes Wasser angewiesen sind, früher an der jetzt so kühlen Küste Oregons gelebt haben. Die Inselgruppe Spitzbergen hat heute polares Klima; im Tertiär wuchsen dort Bäume, die heute in Mitteleuropa gedeihen, im Jura sogar tropische Pflanzen. Im selben Zeitraum war die Sahara, heute eine der heißesten Gegenden, teilweise mit Gletschern bedeckt. Die einzige Möglichkeit diese Klimaänderungen zu erklären war nach Wegeners Ansicht die Verschiebung der Kontinente. In seinem Arbeitszimmer stand lange Zeit griffbereit «der große Globus und wurde allmählich immer bunter durch das Aufkleben kleiner farbiger Papierstückchen zur Kennzeichnung des Pols in den verschiedenen Erdzeitaltern. Die ersten Kritiken hatten gezeigt, wie wichtig die Benutzung des Globus war, wollte man Irrtümer vermeiden, denn manche Kritiker hatten sich um 90 Grad geirrt, weil sie nur Merkatorkarten benutzt hatten, auf denen die Polgebiete gegenüber den Äquatorgegenden viel zu umfangreich erscheinen.»[18]

Als exaktesten Nachweis für die Richtigkeit seiner Theorie sah Wegener direkte Messungen der Drift: «Es ist ein großer Vorzug, den die Verschiebungstheorie vor allen anderen Theorien mit ähnlich weitreichenden Aufgaben voraus hat, daß sie sich durch exakte astronomische Ortsbestimmungen prüfen läßt. Wenn die Kontinentalverschiebungen so lange Zeiträume hindurch tätig waren, so ist es auch wahrscheinlich, daß sie auch heute noch fortdauern, und es ist nur die Frage, ob die Bewegungen schnell genug sind, um sich unseren astronomischen Messungen innerhalb nicht allzulanger Zeiträume zu verraten.»[19]

Tatsächlich gab es damals Messungen, die als Driftgeschwindigkeit Grönlands in der Zeit von 1823 bis 1870 pro Jahr 9 m und für die Zeit von 1870 bis 1907 sogar 32 m pro Jahr angaben. Doch diese Daten erwiesen sich bereits zu Wegeners Zeiten als falsch und setzten das Renommee seiner Theorie herab. Dazu ist aus heutiger Sicht zu sagen, daß Wegener mit seiner Forderung eines unmittelbaren Nachweises natürlich recht hatte, fatal war lediglich, daß es damals meßtechnisch keine Möglichkeit gab, diesen Beweis tatsächlich zu liefern. Neuere Untersuchungen der letzten Jahre haben ergeben, daß die Meßergebnisse, auf die Wegener sich stützte, um den Faktor 1000 zu groß waren. Einen wirklich präzisen Aufschluß erhofft sich die Wissenschaft heute aus den Arbeiten der modernen Satellitengeodäsie, von der sie sich konkrete Ergebnisse zu Ende des Jahrtausends verspricht.

Eine zusätzliche experimentelle Bestätigung erhoffte sich Wegener Mitte der zwanziger Jahre von der Atlantischen Expedition des Forschungsschiffes *Meteor*. Die *Meteor* überquerte von 1924 bis 1927 insgesamt 14 Mal den Atlantik, um dabei mit dem 1914 entwickelten Echolot die Topographie des Meeresbodens aufzunehmen. Im Rahmen dieser Forschungsfahrt sollte in Südgeorgien eine astronomische Ortsbestimmung vorgenommen werden. Die Messung sollte an derselben Stelle erfolgen wie diejenige der deutschen Wissenschaftlergruppe während des Internationalen Polarjahres 1882/83. Durch den Vergleich der beiden Messungen sollte eine mögliche Koordinatenänderung festgestellt werden, doch das Meßprogramm konnte aufgrund von schlechtem Wetter nicht durchgeführt werden.

Lotungen, die in den zwanziger Jahren nicht nur von der *Meteor*, sondern auch von Kabellegern durchgeführt wurden, brachten neuen Aufschluß über die Tiefenlinien des Atlantiks und genauere Informationen über den Mittelatlantischen Rücken, der als eine Struktur erkennbar wurde, die genau senkrecht zu den angeblich versunkenen Landbrücken verlief und ein weiteres Argument für Wegeners Argumentation bildete.[20]

All diese Argumente für den Nachweis von der Drift der Kontinente zusammengetragen zu haben, darin lag ein Verdienst Alfred Wegeners.

Schwierigkeiten bereitete es ihm allerdings, die Kräfte zu benennen, die die Kontinente bewegen. Er verwies auf zwei Urheber der Bewegung: Zum einen auf die erstmals 1913 von dem ungarischen Wissenschaftler Roland von Eötvös genannte Polflucht, die bei einer rotierenden Kugel die Kontinente äquatorwärts verschiebe, und zweitens auf die Anziehungskraft von Sonne und Mond. Wegener selbst erkannte, daß diese Kräfte allein nicht ausreichen konnten und erklärte 1915: «Die Frage nach der Ursache der Verschiebungen halte ich auch jetzt noch für verfrüht.»[21] In der letzten Auflage seines Buches heißt es zu dem Aspekt: «Für die Verschiebungstheorie ist der Newton noch nicht gekommen. Man braucht wohl nicht zu besorgen, daß er ganz ausbleiben werde; denn die Theorie ist noch jung und wird heute noch vielfach angezweifelt, und man kann schließlich dem Theoretiker nicht verübeln, wenn er zögert, Zeit und Mühe an die Aufklärung eines Gesetzes zu wenden, über dessen Richtigkeit noch keine Einigkeit herrscht.»[22]

Köppen, der Wegener zunächst gewarnt hatte, sich auf «Nebengebiete» zu begeben, wurde schließlich einer seiner engsten Verbündeten und intensivster Gesprächspartner. Else Wegener erinnerte sich: «Die Diskussion über Ursachen und Wirkungen der Verschiebungen wurde sehr lebhaft. Um jederzeit diesen Gedanken nachgehen zu können, trug mein Vater damals immer einen kleinen Globus in der Rocktasche.»[23] Im Rückblick auf alle diejenigen, die sich zuvor mit der so ins Auge fallenden Übereinstimmung der Küstenlinien der Kontinente befaßt hatten, war er überzeugt, «jetzt hatte diesen Eindruck ein kenntnisreicher Geophysiker, ein genialer Mensch und ein Mann von zäher Energie, der keine Mühe scheute, die Frage zu verfolgen und sich die nötigen Kenntnisse aus den übrigen Wissenschaften zu verschaffen, die mitzureden hatten».[24]

1915 schließlich hatte Wegener aus den unterschiedlichsten Wissenschaftsdisziplinen so viel Material zusammengetragen, daß er seine Theorie überarbeitet unter dem Titel *Die Entstehung der Kontinente und Ozeane* publizierte. Sein Bruder Kurt erläuterte später einmal, daß es ihm in dem Buch auch um die «Wiederherstellung der Verbindung zwischen der Geophysik einerseits und der Geographie und der Geologie andererseits» ging, einer Beziehung, «die durch die spezialistische Entwicklung dieser Wissenschaftszweige vollständig abgerissen war».[25] Doch 1915 herrschte Krieg in Europa, der Band hatte nur eine geringe Auflage. Er war streng genommen mit seinen 94 Seiten eher ein starkes Heft. Es erschien in der Sammlung Vieweg, die, wie der Untertitel erläuterte, *Tagesfragen aus den Gebieten der Naturwissenschaften und der Technik* behandelte. Wegeners Titel erhielt die Nr. 23. Nur zwei Jahre später erschien übrigens in dieser Reihe als Nr. 38 das sehr populär werdende Heft von Albert Einstein *Über die spezielle und allgemeine Relativitätstheorie, gemein-*

verständlich. Wegeners künftige Bearbeitungen der Kontinentaldrift (1920, 1922 und 1929) erscheinen zwar im gleichen Verlag, nunmehr allerdings in der Reihe Die Wissenschaft, in der *Einzeldarstellungen aus der Naturwissenschaft und Technik* herausgegeben wurden.[26]

Immer wieder ist in den letzten Jahren die Frage gestellt worden, warum eigentlich das Geheimnis des kontinentalen Puzzles, das jedem Laien beim Betrachten einer Landkarte ins Auge fällt, nicht schon früher gelöst wurde.

Es mag widersinnig erscheinen, aber der Erfolg Wegeners – die Formulierung seiner Theorie – und sein Mißerfolg – die Ablehnung in der Fachwelt – hatten einen gemeinsamen Ursprung; Wegener war *kein* Geologe, war *kein* Fachmann.

Da er kein geologisches Studium absolviert hatte, machte er sich die gängigen wissenschaftlichen Prämissen dieser Fachrichtung nicht zu eigen, die eben damals der fixistischen Vorstellung der Erde verhaftet waren, und er konnte unbefangen an das Thema herangehen,[27] er konnte unvoreingenommen forschen. «Sein Ausgangspunkt war vorteilhaft, weil er kein Interesse an der Bewahrung der akademischen Lehrmeinung hatte»,[28] schrieb der britische Geologe Anthony Hallam 1973. Andererseits lag gerade ein Hauptgrund für die Ablehnung seiner Theorie durch viele Erdwissenschaftler schon darin, daß sie Wegener als Außenseiter klassifizierten.[29] Als Meteorologe war er in ihren Augen für derartige Fragen inkompetent, und daher genügten bereits geringfügige Fehler oder Unstimmigkeiten Wegeners bei seinen Hinweisen auf erdgeschichtliche und paläontologische Ereignisse, um ihn kategorisch abzulehnen.

Die Diskussion von Wegeners Theorie hatte in Deutschland nur langsam eingesetzt, schließlich war das Buch im Ersten Weltkrieg erschienen. Eine der frühen Reaktionen noch auf die beiden Fachaufsätze kam 1914 von Karl Andrée, der zwar der Modellvorstellung zustimmte, daß das Sial im Sima treibe, doch die Erklärung für die Antriebskraft bemängelte.

1915 erschien im Jenaer Fischer Verlag das Buch *Grundlagen und Methoden der Paläogeographie* von Edgar Dacqué, das detailliert Wegeners Theorie referierte und sie als das würdigte, was sie letzlich sein wollte: «als genialer Versuch, die Entstehung der Großstrukturen der Erdkruste zu erklären». Diese Darstellung eines der führenden Paläographen war allerdings eine «einsame» Stimme in jenen Tagen.[30]

Der Geologe Carl Diener hingegen bezeichnete 1915 Wegeners Vorstellungen «lediglich als Gedankenspielerei, die sich um Möglichkeiten herumrankt».[31] Sein Kollege Hermann von Ihering nannte Wegeners Theorie später sogar «Phantasiegebilde des Geophysikers ... welche wie eine Seifenblase vergehen».[32] und der österreichische Geologe Fritz Kerner-Marilaun blieb im gleichen Bild und sprach von «Fieberphantasien der von Krustendrehkrankheit und Polschubseuche schwer Befallenen».[33] Max Semper, Großneffe des Baumeisters Gottfried Semper, schreckte 1917 nicht davor zurück zu behaupten, «daß der Versuch, die Tatsächlichkeit der Kontinentalverschiebung» zu belegen, «mit unzureichenden Mitteln unternommen und völlig mißglückt ist» und empfahl Wegener, «doch künftig die Geologie nicht weiter zu beehren, sondern Fachgebiete aufzusuchen, die bisher noch vergaßen, über ihr Tor zu schreiben: O heiliger Sankt Florian, verschon dies Haus, zünd andre an!»[34] Gerade die Ablehnung durch Semper hat Wegener «sehr amüsiert»,[35] zumal er auch mit dessen grundsätzlicher Einstellung gegenüber der Forschung nicht konform ging. Semper war der Meinung: «Wenn im Rahmen der bisherigen Kenntnisse für sie kein besserer Ersatz zu schaffen ist, so müssen die Probleme eben als unlösbar stehenbleiben.»[36] Dennoch reagierten nicht alle Gegener der Theorie so schroff, und in dem Geologen Hans Cloos beispielsweise, der sich zwar mit seinen Ideen nicht anfreunden konnte, fand er einen Kollegen, der ihn sogar tatkräftig unterstützte: «Er verschaffte Alfred die für seine Arbeit notwendige geologische Literatur, die diesem naturgemäß fremd war.»[37]

Nach dem Ersten Weltkrieg setzte die Diskussion über Wegeners Theorie verstärkt ein. Einen Höhepunkt erlebte sie 1921, als im Februar gleich zwei Tagungen zum Thema Kontinentaldrift in Berlin stattfanden. Am 19. Februar hielt Wegener vor der Deutschen Meteorologischen Gesellschaft einen Vortrag über die Klimate der Vorzeit, und zwei Tage später sprach er vor Mitgliedern der Gesellschaft für Erdkunde über seine *Theorie der Kontinentalverschiebungen*. Weitere Hauptredner auf der Tagung der Geographen waren der Leipziger Geologe Franz Kossmat, der Berliner Geograph Albrecht Penck, der damals wohl führende Vertreter seines Faches, und der Geodät W. Schweydar aus Potsdam. Kossmat gab zu: «Die Schollenregionen sind nicht als ruhende Massen zu betrachten ... Auch die Geschichte des Klimas in geologischer Zeit weist auf größere Wandlungen der geographischen Koordinaten hin ... Ich kann aber nicht die Auffassung teilen, daß freies Driften der Schollen möglich ist, dazu ist der ozeanische Boden doch zu fest.»[38]

Auch Penck räumte in seinem Vortrag immerhin ein: «Die Rekonstruktion der Kontinente für das Permokarbon hat etwas Verführerisches», aber er vertrat die Ansicht, «man kann im Vorhandensein gleichartiger Gebirge auf beiden Seiten des Atlantischen Ozeans einen Einwand gegen Wegeners Hypothese beseitigen, aber keinesfalls einen ‹Beweis› für deren Richtigkeit finden.»[39] Penck als Vertreter der Kontraktionstheorie hielt letztlich an seiner Überzeugung fest, «daß der Umriß der Festländer im wesentlichen durch vertikale Krustenbewegungen bedingt ist».[40] Lediglich der Geodät Schweydar gab zu bedenken, «daß vom Standpunkt der Geophysik aus die Verschiebung der Kontinente möglich ist.»[41] Im Schlußwort der Tagung nahm Wegener zur Kritik Stellung: «Ich bin dankbar für alle Einwände, die gegen die Verschiebungstheorie vorgebracht werden, denn sie können zur Klärung dienen.»[42] Und er blieb sich seiner Theorie nach wie vor sicher.

Der Belgrader Professor Milutin Milanković, der Wegeners Vortrag gehört hatte, bestärkte ihn kurz darauf in einem Brief: «Daß sich alle geologischen Details in das von Ihnen entworfene Bild nicht ohne weiteres hineinfügen lassen, stört mich nicht im mindesten. Ebensowenig jeden, der sich mit der Erforschung des Mechanismus komplexer Naturerscheinungen befaßt hat. Denjenigen hingegen, welche ihr ganzes Leben nur Tatsachen gesammelt und aufgezeichnet haben, mangelt die Fähigkeit, hinter diese Tatsachen tiefer zu blicken, ihr Blick ist zu sehr an die Oberfläche geheftet. Daß Sie exakte Wissenschaftler leichter zu überzeugen vermögen als die Empiriker, das soll Sie nicht entmutigen, im Gegenteil.»[43]

Alfred Wegener hat auf die Kritik an seiner Theorie stets nur mit sachlichen Argumenten reagiert, Polemik lag ihm fern. Er schätzte allerdings die Beweggründe der teilweise recht unsachlichen Kritik richtig ein: «Die Leute, die so darauf pochen, auf dem Boden der Tatsachen zu stehen und mit Hypothesen durchaus nichts zu tun haben wollen, sitzen doch allemal selbst mit einer falschen Hypothese drin ... Solche Menschen sind für eine Neuorientierung von Ideen nicht zu haben. Hätten sie die Verschiebungstheorie schon auf der Schule gelernt, so würden sie sie mit demselben Unverstand in allen, auch den unrichtigen Einzelheiten, ihr ganzes Leben hindurch vertreten, wie jetzt das Absinken von Kontinenten.»[44]

Wegener trug auch weiterhin beharrlich Argumente und Beweise für seine Theorie zusammen, und 1922 erschien die dritte, völlig neu bearbeitete Auflage seines Buches. Die Fachwelt blieb trotzdem bis auf wenige Ausnahmen skeptisch. «Die Herren sind wie Kontinentalschollen», tröstete ihn sein Kollege und Begleiter auf zwei Grönlandexpeditionen, der Däne Johan Peter Koch, «sie lassen sich nur durch ungeheure, durch geologische Zeiträume wirkende Kräfte bewegen.»[45]

Außerhalb Deutschlands fand Wegeners Theorie bis 1922 kaum Aufmerksamkeit, nur vereinzelt fanden sich in den wissenschaftlichen Fachzeitschriften Hinweise auf sein Buch, wie etwa in der Ausgabe der britischen Zeitschrift Nature vom 16. Februar 1922: «Wenn sich die Theorie erklären läßt, dann wird die Umwälzung, die sie auslösen wird, der Revolution in der Astronomie zur Zeit des Kopernikus ähneln. Es bleibt zu hoffen, daß bald eine Übersetzung ins Englische erscheint.»[46] Tatsächlich wurde die 1922 erschienene dritte Auflage ins Englische, Französische, Schwedische, Spanische und Russische übersetzt und damit die Idee international bekannt.

Die Wissenschaftler ahnten, was diese Theorie für die Geowissenschaften bedeuten konnte, und sie reagierten jetzt erstaunlich schnell. Bis auf wenige Ausnahmen wurde mit großer Heftigkeit und Schärfe gegen Wegener argumentiert.

In Großbritannien eröffnete der Geologe Philip Lake im Geological Magazine mit einem neunseitigen Artikel die Kritik an Wegener. «Wegener sucht nicht die Wahrheit», erklärte Lake, «er verficht eine Sache und ist blind und taub gegen jeden Umstand und jedes Argument, das dagegen spricht.»[47]

Im Januar 1923 wurde die Kontinentalverschiebung von Mitgliedern der britischen Royal Geographical Society diskutiert. Die Märzausgabe des Geographic Journal veröffentlichte eine Zusammenfassung. Auch hier hatte Philip Lake Wegeners Theorie als unhaltbar bezeichnet, doch er griff nicht nur das Gedankengebäude scharf an, sondern auch seinen Urheber. Er beschuldigte den deutschen Wissenschaftler der Manipulation: «Wegener versteigt sich dazu, die Übereinstimmung der Küstenlinie Afrikas mit Südamerika mit der einer zerrissenen Visitenkarte zu vergleichen. Wenn man allerdings an den Rändern herumschnippeln darf und auch Überlappungen zuläßt, dann passen alle möglichen zerrissenen Papierstücke zusammen.»[48] Und ein anderes Mal wetterte Lake: «Es ist einfach, die Stücke eines Puzzles zusammenzufügen, wenn man ihre Umrisse verändert. Hat man das aber getan, so ist der Erfolg kein Beweis dafür, daß man sie in ihre ursprüngliche Position gebracht hat. Es ist nicht einmal ein Beweis dafür, daß die Stücke zum selben Puzzle gehören oder daß alle Stücke vorhanden sind.»[49] Zwar fand man durchaus in Wegeners Werk zahlreiche schlüssige Antworten auf damals offene Fragen der Geowissenschaften, und C. S. Wright von der Universität Cambridge lenkte ein: «Die Kritik, die hier geübt wird, ist nicht fair. Wenn eine Hypothese so viele Fachdisziplinen betrifft, dann läßt sie sich nur als Ganzes angreifen und nicht in einzelnen Punkten ... Die Hypothese will Tatsachen erklären. Manche dieser Tatsachen sind anfechtbar, wie Mr. Lake behauptet. Trotzdem muß man die Hypothese anderen gegenüberstellen, die heute im Umlauf sind.» [50] Insgesamt hegten sechs der sieben Wissenschaftler, die sich neben Philip Lake an dieser Diskussion beteiligten, zumindest gewisse Sympathie für Wegeners Theorie. Der siebente Diskussionsteilnehmer war dann allerdings der britische Astronom und Geophysiker Harold Jeffreys, der die Kontinentaldrift absolut ablehnte. 1924 veröffentlichte er ein Buch mit dem Titel *The Earth, Its Origins, History and Physical Constitution* (Entstehung, Geschichte und Physik der Erde), in dem er mit wenigen Sätzen Wegeners Argumentation verwarf. Er griff die Theorie an ihrem schwächsten Punkt an, nämlich der Frage nach dem Antrieb der Kontinentaldrift. Mit seinen Berechnungen wies er nach, daß die Erdkruste viel zu massiv und stark sei, um von eben diesen Kräften beeinflußt zu werden. Darüber hinaus zeigte er, daß eine Anziehungskraft, die ausreichend wäre, Kontinente zu verschieben, die Erdrotation in weniger als einem Jahr zum Stillstand bringen würde. Er behauptete kategorisch, daß es keine Kraft gebe, die fähig sei, Kontinente zu bewegen; wenn aber die Antriebsenergie nicht existiere, so argumentierte er, dann bewegen sich auch die Kontinente nicht von der Stelle. Er schloß seine Abhandlung mit dem Hinweis auf die Bibelstelle Matthäus 17, 20–21: «So ihr Glauben habt wie ein Senfkorn, so mögt ihr sagen zu diesem Berge: hebe dich von hinnen dorthin! So wird er sich heben, und euch wird nichts unmöglich sein.» Den Todesstoß hatte Wegeners Theorie – so meinte man damals – also aus der eigenen Fachdisziplin erhalten. Seine Theorie wurde verworfen, weil sie «physikalisch nicht möglich» sei. Wissenschaftsgeschichtlich gesehen war das ein erstaunliches Vorgehen, denn bei einer Vielzahl von fundamentalen Vorgängen, die von den Naturwissenschaften präzise beschrieben wurden, ist das eigentliche Agens bis heute unbekannt.

Einen noch schwereren Stand hatte Wegener bei seinen amerikanischen Kollegen. Mit Ausnahme von Frank B. Taylor hatte er dort keine Befürworter. Im November 1926 fand in New York ein internationales Symposium zum Thema der Kontinentalverschiebung statt. Eingeladen hatte die American Association of Petroleum Geologists. Sie wurde von W. A. J. M. van Waterschoot van der Gracht geleitet, der gleichzeitig auch einer der ganz wenigen Verteidiger der Theorie war, und fast scheint es, als ob niemandem an einer ernsthaften wissenschaftlichen Diskussion gelegen war.

Chester Longwell, Geologe von der Yale-Universität, spottete: «Das Starren auf die Karte von Afrika und Südamerika kann den Forscher hypnotisieren.»[51]

Professor Rollin T. Chamberlin von der Universiät Chicago griff Wegeners geologische Beweise in 18 verschiedenen Punkten an und amüsierte sich über die Einfachheit der Idee: «Wegeners Theorie, die jeder Laie wegen ihrer simplen Vorstellung leicht begreifen kann, hat sich in überraschender Weise bei bestimmten Gruppen der geologischen Zunft verbreitet. Dürfen wir die Geologie überhaupt noch eine Naturwissenschaft nennen, nachdem sich herausgestellt hat, welche Meinungsverschiedenheiten über die fundamentalsten Dinge bestehen, so daß Theorien wie die vorliegende in solcher Weise ausufern können?»[52]

Charles Schuchart, Professor der Paläontologie an der Yale-Universität, löste große Heiterkeit unter den Teilnehmern aus, als er Bilder einer Erdkugel präsentierte. Mit viel Mühe wenngleich erfolglos hatte er versucht, offensichtlich nicht übereinstimmende Küsten aneinanderzupassen. Er wies außerdem darauf hin, daß Küstenformen über lange Zeiträume hinweg wesentliche Veränderungen durch Erosion erfahren haben müßten, während Wegener durch das Zusammenfügen Afrikas und Südamerikas glauben machen wolle, daß die Bruchlinie ihre Form über 120 Millionen Jahre bewahrt habe. Seine weiteren Ausführungen spiegelten deutlich den Stand der damaligen Diskussion wider: «Die Schlacht um die Theorie von der Beständigkeit aller Großformen der Erde ist von den Amerikanern längst ausgefochten und gewonnen. In Europa freilich geht der Kampf noch weiter, weil dort führende Geologen immer noch Lyell folgen und an die Unbeständigkeit der Kontinente und Ozeane glauben, während andere sich nicht entblöden, die Pole hierhin und dorthin zu verlegen, nur um ein paar Sonderbarkeiten der Flora und Fauna zu erklären.»[53]

Professor Bailey Willis von der Stanford-Universität griff Schucharts Argumentation auf und behauptete, daß Wegeners angebliche Übereinstimmung der kontinentalen Küstenlinien eine Täuschung sei, denn wenn Kontinente durch eine Schicht der Erdkruste trieben, würde der Druck und die übrigen einwirkenden Bewegungskräfte die ursprünglichen Konfigurationen völlig zerstören. Die scheinbare Übereinstimmung Afrikas und Südamerikas könne daher nichts als eine bloße Zufälligkeit sein.

Und wie zuvor schon Harold Jeffreys in Großbritannien machte schließlich William Bowie vom United States Coast and Geodetic Survey die Frage nach der Antriebsenergie zur Grundlage seiner Attacke. Wenn die Kontinente von irgendeiner geheimnisvollen Kraft zum Äquator hinbewegt würden, wie Wegener gemeint habe, müsse man fragen, weshalb sich vier von den sieben Kontinenten noch immer in der nördlichen Hemisphäre befänden und drei von diesen auf einer Seite der Erde.

Die Kritik der Wissenschaft richtete sich schließlich auch gegen die Art der Darstellung seiner Theorie. So sagte Eduard Berry, Paläontologe der Johns-Hopkins-Universität: «Mein Haupteinwand gegen Wegeners Hypothese richtet sich gegen seine Methode. Sie ist meiner Meinung nach nicht wissenschaftlich, nimmt vielmehr den üblichen Ausgang von der am Anfang stehenden Idee; es folgt die Auswahl von stützenden Anhaltspunkten in der Literatur, wobei alles, was dem Gedanken widerspricht, übersehen wird. Und das Ende ist ein Zustand der Berauschtheit, worin man die subjektive Hypothese als objektive Wahrheit betrachtet.»[54]

Von insgesamt 14 Sprechern der Tagung fand kaum einer ein Wort der Zustimmung zur Theorie der Kontinentalverschiebung. Ein Wissenschaftler, der über das Symposium berichtete, gab unbeabsichtigt einen Hinweis auf die Ursache der Feindseligkeit und der Ablehnung, als er folgerte: «Wenn wir Wegeners Hypothese glauben sollen, müssen wir alles vergessen, was in den letzten 70 Jahren gelehrt worden ist, und ganz von vorne anfangen.»[55]

Letztlich hatte das Symposium der einflußreichen American Association of Petroleum Geologists alle Einwände zusammengebracht, und so blieb bei den meisten Wissenschaftlern nicht einmal so viel Freundlichkeit wie bei Pierre-Marie Termier, dem Direktor des französischen Amtes für geologische Landesaufnahme, der 1925 geschrieben hatte: «Seine Theorie ist ein wundervoller Traum von Schönheit und Anmut, der Traum eines großen Poeten.»[56]

Wegener hatte an diesem Symposium nicht teilgenommen, sondern lediglich für den Tagungsband einen kleineren Beitrag verfaßt.[57] Nur kurze Zeit später begann er mit der Bearbeitung einer vierten Auflage – die die letzte werden sollte – seiner *Entstehung der Ozeane und Kontinente*. Trotz aller Ablehnung hatte seine Theorie eines bewirkt: «Seit 1922 hat aber die Diskussion dieser Fragen in den verschiedenen Geo-Wissenschaften nicht nur außerordentlich zugenommen, sondern teilweise auch ihren Charakter geändert, indem die Theorie in zunehmendem Maße als Grundlage für weitergehende Untersuchungen benutzt wird.»[58]

Unterstützung erhielt Wegener insbesondere von dem südafrikanischen Geologen Alexander Du Toit. Er hatte sich ausführlich mit den Spuren der Vereisungsgeschichte in Südafrika beschäftigt, die denen der anderen Südkontinente glichen und denen des heutigen Grönland ähneln. Ein fünfmonatiger Aufenthalt in Südamerika hatte ihn zahlreiche Pflanzen- und Tierfossilien entdecken lassen, die er auch aus Südafrika kannte. 1937 veröffentlichte er sein Buch *Our Wandering Continents* (Unsere wandernden Kontinente), das er Wegener widmete, von dessen Konzept er allerdings letztlich abwich, indem er statt des einzigen Urkontinents *Pangäa* zwei Kontinente postulierte, einen im Bereich des Südpols und einen weiteren in Äquatornähe. Den südlichen nannte er *Gondwanaland*, den nördlichen *Laurasia*.[59]

In Deutschland ließen sich kaum Wissenschaftler von Wegeners Ideen überzeugen; zu den wenigen gehörte der Heidelberger Geologe Wilhelm Salomon-Calvi. Einen weiteren Befürworter seiner Theorie hatte Wegener in dem Schweizer Alpengeologen Emile Argand, dem Gründer des Geologischen Instituts in Neuchâtel. Zunächst Anhänger der Kontraktionstheorie, überzeugte ihn Wegeners Theorie, und er fand in ihr Hinweise zur Gebirgsbildung im Alpenraum. In den folgenden Jahren untersuchte er anhand von Wegeners Theorie weitere Gebirgszüge und stellte seine Arbeiten auf dem Internationalen Geologischen Kongreß im Sommer 1922 in Brüssel vor. Sein Beitrag *La tectonique de l'Asie* wurde im Ergebnisband des Kongresses publiziert. Er beeindruckte zwar seine Zuhörer, aber seine Ausführungen gerieten bald in Vergessenheit. Erst 1977 wurde er ins Englische übersetzt und fand jetzt einen aufmerksamen Leserkreis.

Beim Vergleich der unterschiedlichen Auflagen von Wegeners Werk *Die Entstehung der Kontinente und Ozeane* wird deutlich, wie intensiv der Autor über Jahre hinweg an dem Thema weitergearbeitet hat. Wenig stichhaltige Argumente hat er letzlich fallen gelassen und neue hinzugefügt.

Hatte er zunächst als mögliche Ursachen der Drift astronomische Faktoren angeführt, so griff er in der 4. Auflage bereits als plausible Erklärung für die Öffnung des Atlantischen Ozeans die Vorstellungen des Grazer Geologen und Geophysikers Robert Schwinner[60] über thermisch bedingte Strömungen (Konvektionsströmungen) im Erdinnern auf, die auch in der modernen Plattentektonik als Motor der Verschiebungen gelten. Und bereits 1912 hatte er den interessanten – dem Sea-floor spreading nicht unähnlichen – Gedanken geäußert: «Weiter scheint mir aber jetzt eine Möglichkeit vorzuliegen, die Unterschiede der Meerestiefen zu erklären. Da wir für größere Gebiete doch auch am Boden der Tiefsee isostatische Kompensation annehmen müssen, so besagt der Unterschied, daß die nach unserer Auffassung alten Tiefseeböden spezifisch schwerer sind als die jungen. Nun ist der Gedanke wohl nicht von der Hand zu weisen, daß frisch entblößte Simaflächen, wie der Atlantik oder westliche Indik, noch lange Zeit hindurch nicht nur eine geringere Riegheit, sondern auch eine höhere Temperatur (vielleicht um 100 Grad im Mittel der obersten 100 km) bewahren als die alten, schon ausgekühlten Meeresböden. Und eine solche Temperaturdifferenz würde, wenn sie auch, wie früher erwähnt, zur Erklärung der Gewichtsdifferenz zwischen kontinentalem und ozeanischem Material bei weitem nicht ausreicht, doch wahrscheinlich genügen, um die relativ geringfügigen Niveaudifferenzen der großen ozeanischen Becken untereinander zu erklären. Diese scheinen es auch nahezulegen, die mittelatlantische Bodenschwelle als diejenige Zone zu betrachten, in welcher bei der noch immer fortschreitenden Erweiterung des Atlantischen Ozeans der Boden desselben fortwährend aufreißt und frischem, relativ flüssigem und hoch temperiertem Sima aus der Tiefe Platz macht.»[61]

Doch insbesondere bei den Arbeiten zur 4. Auflage wurde Wegener klar: «Es übersteigt die Arbeitskraft des einzelnen, die lawinenartig wachsende Literatur über die Verschiebungstheorie in den verschiedenen Wissenschaften lückenlos zu verfolgen.»[62]

Und er erkannte, daß zur Erreichung weiterer Fortschritte für die Geowissenschaften fortan eine enge interdisziplinäre Zusammenarbeit nötig sein würde. «Die Erkenntnis, daß zur Entschleierung der früheren Zustände unserer Erde alle Geo-Wissenschaften Indizien beizusteuern haben und daß die Wahrheit nur durch Zusammenfassung aller dieser Anzeichen ermittelt werden kann, scheint noch immer nicht in dem wünschenswerten Grade Allgemeingut der Forscher geworden zu sein», schrieb er im Vorwort. «Wir stehen der Erde gegenüber wie der Richter gegenüber dem Angeklagten, der jede Auskunft verweigert, und haben die Aufgabe, die Wahrheit auf dem Wege des Indizienbeweises zu ermitteln. Alle Belege, die wir beibringen können, tragen den trügerischen Charakter von Indizien. Wie würden wir den Richter beurteilen, der sein Urteil nur auf Grund eines Teiles der verfügbaren Indizien fällt?

Nur durch Zusammenfassung aller Geowissenschaften dürfen wir hoffen, die ‹Wahrheit› zu ermitteln, d.h. dasjenige Bild zu finden, das die Gesamtheit der bekannten Tatsachen in der besten Ordnung darstellt und deshalb den Anspruch auf größte Wahrscheinlichkeit hat; und auch dann müssen wir ständig darauf gefaßt sein, daß jede neue Entdeckung, aus welcher Wissenschaft immer sie hervorgehen möge, das Ergebnis modifizieren kann.»[63]

Die Diskussion von Wegeners Theorie über die Drift der Kontinente und ihrer Rezeption haben der Chronologie der Ereignisse in seinem Leben vorausgegriffen. – Wegener vertagte 1912 die Arbeit an dieser Idee, und kurz bevor er das Manuskript der Hypothese für Petermanns Geographische Mitteilungen abschloß, fügte er eine Fußnote an: «Durch Teilnahme an einer dänischen Grönlandexpedition bin ich genötigt, die geplante ausführliche Bearbeitung zu verschieben und einstweilen nur diese vorläufige Mitteilung zu veröffentlichen!»[64]

Grönlanddurchquerung (1912/13)

«Wegener und ich standen beide im Ausguck und verschlangen mit den Blicken das Bild, das sich vor uns entrollte.»[1] Am 21. Juli 1912 erreichte Alfred Wegener zum zweiten Male die Küste Grönlands. Sein langgehegter Plan, zu einer weiteren Forschungsexpedition zurückzukehren, war Wirklichkeit geworden. Sie begann in Danmarkshavn, also am Schauplatz der ersten Expedition. «Eine Flut von Erinnerungen stürmte auf uns ein beim Wiedersehen dieser Stätte, die zwei Jahre lang unser Heim gewesen war. Jede Schlucht im Berge, jeder Stein auf dem Lande, jeder Knick in der geschwungenen Linie des Fjords grüßte uns wie liebe alte Bekannte, raunte uns betörend ein stummes, aber packendes Willkommen zu.»[2]

Für seine zweite Grönlandexpedition hatte Wegener sich von seiner akademischen Tätigkeit beurlauben lassen. Zwar hatte er die Idee einer Grönlanddurchquerung bereits in Studentenzeiten gehabt, aber erst im Gespräch mit Johan Peter Koch hatte sie konkrete Formen angenommen: «Wenn ich mich recht erinnere, war es im Frühjahr 1911, als Koch mich in Marburg besuchte und wir entdeckten, daß wir unabhängig voneinander beide den Plan zu einer Durchquerung Nordgrönlands von Ost nach West gefaßt hatten. Eigentlich war dies nicht besonders merkwürdig, denn dieser Plan war ein Vermächtnis von Mylius-Erichsen», erinnerte sich Wegener später an die Geburtsstunde der Expedition in seinem Vorwort zu Kochs populären Bericht *Durch die weiße Wüste*.[3]

Wenn auch die Expedition von Mylius-Erichsen das letzte fehlende Stuck im kartographischen Puzzle der Entdeckung des Verlaufs der grönländischen Küste ergeben hatte, so war die gigantische Insel in ihrem Innern zu Beginn des 20. Jahrhunderts noch nahezu vollkommen unbekannt. Zwar unterhielten die Dänen zu ihrer Kolonie Handelsbeziehungen, aber die beschränkten sich auf die wenigen kleinen Orte an der Westküste, und dort auch nur auf den schmalen Streifen zwischen dem gewaltigen Gletscher und dem Meer, dem einzigen permanenten Lebensraum, den Grönland bis heute den Menschen bietet. Die Kenntnisse über diese Insel, die selbst Wissenschaftler damals besaßen, die in Grönland gearbeitet hatten, waren mehr als lückenhaft; wesentliche Facetten fehlten, und Koch argumentierte, als er der Öffentlichkeit in Petermanns Geographischen Mitteilungen das Konzept der Expedition vorstellte: «Wir brachten herrliche Bilder der wunderbaren Formen des Eises und der mächtigen Schichten der Grundmoräne mit heim, aber es fehlte uns an Ruhe, um über die Mechanik des Gletschers nachzusinnen, und unsere Bilder blieben nur ein neues Glied in der Kette von Fragezeichen, die die Theorie des Eises bedeuteten; wir fanden ein Pflanzen- und Tierleben, das an Reichtum nicht hinter denjenigen der üppigsten Felsengegenden draußen an der Küste zurückzustehen schien; wir vermochten aber nicht den besonderen Charakter dieses Lebens festzustellen, noch weniger ein Verständnis von den seine Existenz bedingenden Verhältnissen zu gewinnen.»[4]

Die Ergebnisse der Danmark-Expedition, die Wegener und Koch in den beiden Jahren nach der Rückkehr aufgearbeitet und ausgewertet hatten, bildeten eine vernünftige Basis für ein weiteres polares Forschungsprojekt. Koch und Wegener beschlossen, eine Expedition gemeinsam unter Kochs Leitung durchzuführen.

Der dänische König übernahm das Protektorat über die Expedition, die den offiziellen, etwas umständlich klingenden Namen erhielt «Die dänische Expedition nach Dronning Louises Land und quer über das Inlandeis von Nordgrönland unter Leitung von Hauptmann J. P. Koch». Die Kosten der Expedition beliefen sich auf etwa 80000 Kronen.

30000 Kronen steuerte die Carlsberg-Stiftung bei, der Rest wurde von Privatpersonen aufgebracht. Eine zusätzliche Unterstützung erhielt die Expedition dadurch, daß der dänische Reichstag das Schiff *Godthaab* des Königlich Grönländischen Handels (KGH) für die Anreise, die durch die rauhe Grönlandsee führte, zur Verfügung stellte.

Auch Wegener fand bei seinen Kollegen in Deutschland für das Vorhaben ein positives Echo. Nicht zuletzt die Befürwortung der Expedition durch den Geographen Albrecht Penck sowie Gustav Hellmann, den Direktor des Preußischen Meteorologischen Instituts, führte dazu, daß ihm von der Berliner Akademie der Wissenschaften, vom Reichsamt des Innern und vom Preußischen Kulturministerium ein Kostenbeitrag von 15100 Mark zur Verfügung gestellt wurde.

Die gesamte Expedition gliederte sich in drei Abschnitte: eine logistischen Vorbereitungen dienende Expedition in Island, eine Überwinterung auf dem Inlandeis in Ostgrönland sowie die eigentliche Überquerung des grönländischen Inlandeises im darauf folgenden Jahr.

Am 1. Juni 1912 verließen die Teilnehmer, zu denen neben Wegener und Koch auch der Botaniker Andreas Lundager zählte, der ebenfalls schon an der Mylius-Erichsen-Expedition teilgenommen hatte, Kopenhagen und fuhren zunächst nach Island. Koch, der bereits von 1902 bis 1904 die großen Schmelzwasserflächen im Süden des Vatnajökull sowie die Südzone des isländischen Inlandeises kartiert hatte, beabsichtigte bei der Durchquerung Grönlands statt der üblichen Hundeschlitten Islandponys zu verwenden; ein Vorgehen, das in der Fachwelt durchaus Aufsehen erregte, zumal sich der Einsatz von Pferden in der Antarktis als außerordentlich problematisch erwiesen hatte. Doch angesichts der andersgearteten geographischen Situation Grönlands gegenüber der Antarktis – hier ist der schwierige, eisfreie, steinige oder vom Moränenschutt geprägte Küstenstreifen zunächst zu überwinden – ließ Koch sich nicht beirren, zumal die praktischen Erfahrungen der Mylius-Erichsen-Expedition vorlagen, bei der sich herausgestellt hatte, daß Hundeschlitten für Transportzwecke am Rand des Inlandeises ungeeignet waren. Daher wollte Koch jetzt auf seiner eigenen Expedition Pferde als Zugtiere verwenden. Auf einer Vorexpedition sollten einerseits die Pferde getestet und andererseits die Reiseteilnehmer an den Umgang mit ihnen gewöhnt werden.

Die Vorexpedition, zu der mittlerweile der Isländer Vigfus Sigurdsson gestoßen war, der auch an der Hauptunternehmung in Grönland teilnehmen sollte, brach in Begleitung zweier ortskundiger Führer am 14. Juni in der isländischen Hafenstadt Akureyri mit 27 Pferden auf.

Nach zwei Tagen erreichte man den Nordrand des Ódáðahraun, der «Lava der Missetäter», wie dieses größte Lavafeld Islands heißt, auf dem Legenden zufolge einst die Geächteten, Schwerverbrecher wie Mörder oder Totschläger, umhergeirrt und umgekommen sein sollen. Die «Lava der Missetäter» machte ihrem Namen alle Ehre, die Sonne brannte erbarmungslos auf die kleine Gruppe nieder, die sich über das graue, staubige Lavafeld quälte, auf dem kein Baum oder Strauch Schatten spendete, bis sie schließlich das inmitten des Ódáðahraun gelegene markante Bergmassiv Dyngjufjöll erreichte. Wie riesige Figuren wirken seine zahlreichen Gipfel, die drohend über die Landschaft aufragen und Wache zu halten scheinen. Der Dyngjufjöll ist ein ausgedehntes, kompliziertes Vulkansystem, dessen größter und bekanntester Krater der Askja ist. Nach einem Tagespensum von 63 km, das sie auf einem 14stündigen Ritt zurückgelegt hatten, schlugen die Expeditionsteilnehmer im Süden des Dyngjufjölls ihr Nachtquartier auf.

Nach weiteren zwei Tagesmärschen erreichten sie am Abend des 19. Juni 1912 den Vatnajökull, Islands größten Gletscher, der den Südostteil der Insel beherrscht. Er ist 8 300 km^2 groß und bedeckt damit eine doppelt so große Fläche wie alle Gletscher der Alpen zusammen. Wie eine leicht gewellte Decke liegt er auf einem Gelände von durchschnittlich 700 bis 800 m Höhe über dem Meer; an einigen Stellen steigt der Untergrund bis auf 1 200 m und das Eis auf über 1 500 m an.[5] Die Männer begannen mit den Ponys unmittelbar nach der Ankunft mit dem Aufstieg am Gletscherrand und schlugen erst nachts um 2 Uhr, nachdem sie etwa 15 km auf dem Gletscher zurückgelegt hatten, ihr Lager auf. An den folgenden Tagen überquerten sie den Vatnajökull, wobei sie am Abend des 22. Juni den Rand des im Süden gelegenen Breiðamerkurjökull erreichten, von wo aus sie umkehrten. Auch auf dem Rückweg erbrachten sie eine beachtliche Leistung. Sie überquerten den Vatnajökull vom Fuße des im Süden gelegenen, eisfreien Esjufjölls bis zu seinem Nordrand außerordentlich schnell: Für die 65 km lange Strecke, die aufgrund des weichen lockeren Schnees in dieser Jahreszeit besonders schwierig war, benötigten sie nur 18 Stunden. Ihr weiterer Weg führte sie am Solfatarengebiet des Kverkfjölls vorbei. Die heißen Dampfquellen Islands, in deren Umgebung der Erdboden wie ein blauschwarzer oder grauer Brei kocht und brodelt und aus der Erde aufsteigende Gasblasen diesen zähen Schlamm für Sekunden oder Minuten zu einer Kuppel aufblasen, die dann mit Getöse zerplatzt, sind an sich schon merkwürdige Naturschauspiele. Am Kverkfjöll, dessen höchste Erhebung 1900 m aufragt, erfährt dieses Schauspiel noch eine Steigerung dadurch, daß bisweilen heiße Dämpfe sogar aus Eisspalten hervortreten. Auch bei der kleinen Expedition hinterließen die geothermalen Erscheinungen einen nachhaltigen Eindruck, doch strömender Regen verhinderte einen längeren Aufenthalt, und die Zeit drängte ohnehin. Am 1. Juli war die Expedition in Akureyri zurück. Die Pferde hatten sich bewährt und den Test positiv bestanden. Auf einer Postkarte aus Akureyri an seine Eltern faßte Wegener kurz und knapp die Ereignisse zusammen: «Wir haben den Vatna Jökul überquert, dann einen noch nicht bestiegenen Vulkan ‹Kverkfjöll› besucht und dort Solfataren entdeckt, ‹Askja› bestiegen und den Kratersee besucht und die große Lavawüste Oda-Farauhn zweimal durchquert. Mir geht es sehr gut und die Reise ist mir außerordentlich gut bekommen.»[6] Von Anstrengungen kein Wort.

Für Alfred Wegener war es der erste Besuch in Island, und es sollte auch der einzige bleiben. In seiner Theorie von der Entstehung der Ozeane und Kontinente hat er sich ebenfalls nur am Rande mit Island befaßt. Welche Bedeutung gerade diese Insel aus Feuer und Eis mitten im Atlantik im Rahmen seines neuen Weltbildes besitzt, hat er nicht ermessen können. Wegener hatte sich mit dem Mittelatlantischen Rücken, auf dem Island liegt und der – wie wir heute wissen – die Achse des Sea-floor spreading bildet, nur insoweit auseinandergesetzt, daß er die verbreitete Hypothese, dieser Rücken sei der Rest einer «alten Landbrücke», entschieden zurückwies. Hier auf Island suchte er während seines Aufenthaltes nicht weiter nach geologischen Hinweisen zur Bestätigung seiner Theorie, allerdings erkannte er, daß es sich bei Island um etwas Außergewöhnliches handeln mußte.[7] Hinzu kommt, daß er die Regionen Islands, in denen die typischen durch die Bewegung der Lithosphäre verursachten Erdrisse offen zutage treten, nicht besucht hat. So bliebe es reine Spekulation, Vermutungen darüber anzustellen, welche Schlüsse Wegener möglicherweise daraus gezogen hätte.

Am 7. Juli verließ die Expedition Island an Bord des Dampfers *Godthaab*, der sie nach Danmarkshavn brachte, dem Wegener und Koch bereits bekannten Naturhafen an der grönländischen Ostküste. Nur einer würde den Hauptteil des Unternehmens nicht mitmachen: Andreas Lundager hatte auf dem Ritt durch Island erkannt, daß er mit seinen 44 Jahren für ein derartiges Unterfangen nicht gesund und ausdauernd genug war. Er ließ allerdings an der Westküste Grönlands, am Zielpunkt der Durchquerung, ein Lebensmitteldepot anlegen. Lundagers Platz im Überwinterungsteam nahm Lars Larsen, Matrose auf der *Godthaab,* ein. Noch jemand gehörte künftig zur Expedition, der Hund Gloë, den sie sich aus Island mitgebracht hatten.

Die Hauptexpedition in Grönland verfolgte zwei Ziele: die Überwinterung auf dem Inlandeis und die Durchquerung des unerforschten zentralen Teiles von Nordgrönland. Dabei sollte endgültig geklärt werden, ob Zentralgrönland vollständig mit Eis bedeckt ist und wenn, bis zu welcher Höhe es ansteigt. Wegener und Koch waren überzeugt: «Eine große Zahl glaziologischer Spezialfragen würde durch eine solche Durchquerung ihre Lösung finden können ... Mit Hilfe der Überwinterung wird es möglich sein, endlich eine exakte Antwort auf die Frage nach den klimatischen Verhältnissen, die auf dem Inlandeis herrschen und die es bedingen, zu erhalten. Speziell werden dies die ersten Feststellungen darüber sein, wie weit die Temperatur in der Winternacht über dem Inlandeise sinkt. Die große wissenschaftliche Bedeutung einer solchen Winterstation auf dem Inlandeise nicht nur für die Klimatologie, sondern auch für zahlreiche andere Probleme der Geophysik wird von allen Fachleuten voll anerkannt.»[8]

Unmittelbar am Morgen nach der Ankunft begann im Danmarkshavn das Entladen des Expeditionsgepäcks. Zuerst wurden die Pferde vom Schiff gebracht. In der Annahme, sie würden sich hungrig auf das frische Gras stürzen, ließ man sie einfach laufen. Doch die Tiere suchten das Weite, so daß Wegener und Sigurdsson einige Tage mit ihrem Wiedereinfangen beschäftigt waren. Die 20 t Expeditionsgepäck mußten von der *Godthaab* bis zum Rand des Inlandeises und anschließend hinaufgeschafft werden. Dabei versuchte man zunächst vor allem auf dem Wasserweg mit einem Motorboot so weit wie möglich mit dem Gepäck zum Inlandeis vorzudringen und den mühsamen Transport mit den Pferden über den Landweg zu vermeiden. Treibeis beschädigte jedoch schließlich das Boot so stark, daß es nicht weiter verwendet werden konnte, so daß für den weiteren Transport lediglich der Landweg blieb, der durch eine Schmelzwasserrinne und das Überwinden von Höhen bis zu 800 m erhebliche Schwierigkeiten aufwies. «Die harte körperliche Arbeit ist es, welche den Polarreisen ihren Charakter gibt»,[9] schrieb Koch später.

Nach 10 Tagen, am 1. September, lag das gesamte Expeditionsgepäck am Kap Stop, also schon fast 100 km vom Landeplatz der *Godthaab* entfernt. Das offene Wasser eines Fjordes verhinderte hier das Weiterkommen; man mußte sein Zufrieren abwarten. Die Zeit wurde für Erkundungen am Rande des Inlandeises genutzt. Die einzige Möglichkeit, die sich damals bot – heutzutage helfen Hubschrauber, die Eiskappe zu bewältigen – ins Landesinnere, also auf den grönländischen Kontinentalgletscher zu gelangen, war der Aufstieg über einen Gletscher oder über eine Seitenmoräne. Während einer der Erkundungstouren verletzte sich Wegener: «Die Geschichte kam durch Ausgleiten auf dem glatten Meereise. Ich fiel dabei höchst unglücklich auf meinen Photoapparat, den ich auf dem Rücken trug, und dieser bohrte seine eine Ecke in meinen Rücken links oberhalb des Beckenknochens ein. Was dabei entzweigegangen ist, weiß ich nicht, vielleicht werde ich es auch nie erfahren.»[10] Wahrscheinlich hatte er sich eine Rippe gebrochen, die Folge jedenfalls war, daß er nun in seiner Bewegungsfreiheit erheblich eingeschränkt war und nur noch gebückt gehen konnte.

Bei den Vorarbeiten zum Aufstieg auf den Gletscher erlebten die Männer am 30. September sein Kalben – das Abbrechen des Eises von dem in das Wasser ragenden Gletscherrand – aus unmittelbarer Nähe. Heute schon fast zur Touristenattraktion degeneriert, war es zu Wegeners Zeit noch ein Schauspiel, das bis dahin kaum jemand gesehen, geschweige denn wissenschaftlich beschrieben hatte und das auch in seiner Gefahr damals schwer einzuschätzen war. «Es ist ein fast unbegreifliches Wunder, daß wir noch am Leben sind», notierte Wegener in seinem Tagebuch. Eine erste Untersuchung des Gebietes ergab, daß ihr kleines Aufstiegstal, das sie sich bereits befestigt hatten, um dort das Gepäck auf das Inlandeis zu schaffen, unpassierbar geworden war. Innerhalb von zehn Minuten – so lange hatte das Kalben nach Wegeners Beschreibung höchstens gedauert – hatte sich die Umgebung stark verändert. «In diesen zehn Minuten ist der Fjord vor uns und seitwärts zirka einen Kilometer weit so dicht mit Eisbergen und kleinen Kalbeisstücken bedeckt, daß von der Meeresoberfläche anscheinend nichts übriggeblieben ist. Welch eine Kraftentfaltung! Kommen wir mit dem Schrecken davon, so glaube ich, wir werden später auf dieses Erlebnis Wert legen, denn wir sahen, was nicht leicht einem Menschen zu sehen vergönnt ist, ohne daß er dafür mit dem Leben bezahlen muß.»[11] Eine erste Bestandsaufnahme ergab, daß alle Pferde wohlbehalten waren und auch von der Ausrüstung nichts verloren gegangen war. In aller Eile begannen die Männer den gefährlichen Lagerplatz zu räumen, ihr Gepäck vor einer nächsten Kalbung zu sichern und auf das Inlandeis zu schaffen. Innerhalb von nur zwei Tagen schleppten und zogen sie fast 7 t Gepäck auf die Gletscheroberfläche, und am 12. Oktober errichteten sie aus Fertigteilen ihre Überwinterungshütte, der Johan Peter Kochs Frau den Namen *Borg* gegeben hatte, auf dem Storstrom-Gletscher, östlich vom ursprünglich vorgesehenen Standort im Königin-Louise-Land.

Allerdings wurde noch vor dem Beginn der Überwinterung auf Schlittenfahrten das benachbarte Königin-Louise-Land aufgesucht. Bei einer dieser Touren erlitt Koch durch einen Sturz in eine Gletscherspalte einen Unterschenkelbruch, der ihn drei Monate ans Krankenlager fesselte. «Hat sich denn alles gegen uns verschworen?» fragte sich Wegener. Bei diesem Unfall ging zudem der Theodolit, ein unverzichtbares Meßinstrument, verloren. Wegener stellte daraufhin mit Hilfe einer Wasserwaage eine Art Jakobsstab her, mit dem man die Sonnenhöhe auf 1 bis 2 Bogenminuten genau bestimmen konnte.

Doch glücklicherweise verlief die Überwinterung ansonsten ausgezeichnet. Die kleine Gruppe hatte sich ihre Hütte wohnlich eingerichtet, an der Wand hingen Fotos von Angehörigen, eine Radierung von Achton Friis, Kochs und Wegeners Expeditionskamerad der Mylius-Erichsen-Expedition, auf einem kleinen Schrank stand das Grammophon, Vigfus' Heiligtum, aus dem Serenaden und Liebeslieder, aber auch Nationalhymnen und Weihnachtslieder erklangen, auf dem Bücherregal lagen neben der wissenschaftlichen Literatur deutsche und dänische Romane, und an einer Wand lehnte das Schachbrett, griffbereit für eine Partie, mit der sich Wegener und Koch gelegentlich die Zeit vertrieben. Der Schwerpunkt der wissenschaftlichen Arbeiten lag – wie geplant – auf meteorologischem und glaziologischem Gebiet. «Die Meteorologie ist noch eine neue Wissenschaft, kaum den Kinderschuhen entwachsen. In unbekannten Gegenden, wo eigenartige meteorologische Verhältnisse herrschen, wird man deshalb oft Beobachtungen machen, die für die Meteorologie selbst Bedeutung gewinnen können.

Die Randzone des Inlandeises war ein solches unbekanntes Gebiet. Unsere Expedition war die erste, die auf Grönlands Inlandeis überwinterte, und der Umstand, daß Wegener Meteorologe vom Fach war, machte es uns möglich, die günstige Lage unserer Winterstation in meteorologischer Hinsicht ganz auszunutzen»,[12] beschrieb Koch den Hintergrund und Zweck der Untersuchungen. «Der Umstand, daß wir auf dem Gletschereise wohnten, wurde von großer Bedeutung für unsere wissenschaftlichen Arbeiten», schrieb Wegener später in der Auswertung der Ergebnisse der Expedition.[13] «Der freie Horizont, den wir nach allen Seiten hatten, bildete einen großen Vorteil sowohl für die gewöhnlichen meteorologischen Beobachtungen als auch für die Untersuchung von Luftspiegelungen, Dämmerungsbögen und Zodiakallicht; noch vorteilhafter lag die Station für die glaziologischen Untersuchungen, besonders für die Temperaturmessungen im Eis.»[14] Dazu wurden Bohrungen im Eis vorgenommen. Sie wurden von Larsen und Sigurdsson ausgeführt, die allerdings mit erheblichen Schwierigkeiten zu kämpfen hatten, da das Bohrgestänge in der Kälte bei dem harten Eis schnell verbog und nicht tiefer als 8 m in das Eis eindrang. Auch hier erwies sich ihr Lager auf dem Gletscher als hilfreich. Kurzerhand wurde vom Wohnraum aus ein 7 m tiefer Schacht in das Eis gegraben, von dessen Boden aus dann tiefer gebohrt wurde. Auf diese Weise erreichten sie immerhin die Tiefe von 24 m. Es waren die ersten Bohrungen auf einem bewegten Gletscher in der Arktis. Diesen Untersuchungen Wegeners war lediglich eine Bohrung Erich von Drygalskis in einem Eisberg der Antarktis vorausgegangen. Die Eisuntersuchungen Wegeners zeigten, daß die sogenannten «Blaubänder» im Eis Rutschflächen des Eises sind. Die Messungen der Lufttemperatur ergaben im Winter oft –50° C, und selbst in der Überwinterungshütte, in der *Borg*, sanken nachts die Temperaturen auf –10° C ab.

Ferner machte Wegener umfangreiche Beobachtungen des Polarlichtes und versuchte es vor allem auch zu fotografieren, was aufgrund der immensen Kälte nicht ganz einfach war. «Und doch gelangen unsere Photographien gut, dank Wegeners eingehender Kenntnis des Photographierens und seiner mehrjährigen Erfahrung gerade als Polarphotograph»,[15] berichtete Koch. Um dieses Naturphänomen noch weiter zu erfassen, hatte Alfred Wegener vor der Abreise mit seinem Bruder Kurt, der sich zur gleichen Zeit in einer meteorologischen Station auf Spitzbergen befand, gemeinsame Nordlichtbeobachtungen verabredet. Kurt Wegener führte 1912/13 zusammen mit dem Marburger Meteorologen Max Robitzsch eine von H. Hergesell angeregte Meßkampagne in Ebeltofthavn (79°09' N, 11°35' O) durch. Sie sollte Daten für eine geplante Erkundung der Arktis mit einem Luftschiff liefern.[16] «Mit Alfred werde ich wenigstens einige Beobachtungen gemeinsam haben. Dieselben Polarlichter werden ihm und mir leuchten»,[17] schrieb Kurt den Eltern. Mit der Rückkehr des Frühjahrs und zunehmender Helligkeit widmete Alfred Wegener seine Aufmerksamkeit verstärkt den Luftspiegelungen, die er ebenfalls fotografierte.

Am 6. März 1913 konnten die Schlittenreisen zum Aufbau eines Depots in 1100 m Höhe im westlichen Königin-Louise-Land beginnen, mit dem der letzte Abschnitt des Forschungsprogramms, die Durchquerung Grönlands, eingeleitet wurde. Bis zum 31. März blieb die Station jedoch noch regelmäßig besetzt, um die meteorologischen Messungen weiterzuführen.

«Ich bin froh, daß es nun endlich losgeht ... mir ist der Aufenthalt hier in unserer Räucherkammer herzlich über. Ich will nun etwas Neues sehen»,[18] notierte Wegener ungeduldig am 16. April im Tagebuch, dennoch fiel es ihm wie auch seinen Kameraden nicht leicht, die Überwinterungshütte nun endgültig zu verlassen: «Über unserem Abschied von der Borg wob eine eigentümlich ernste und wehmütige Stimmung, der ich mich auch nicht ganz entziehen konnte ... Ich glaube, je primitiver man lebt, um so mehr liebt man sein Heim. Welche Seelenschmerzen kostet es auf einer Schlittenreise einen alten, ausgedienten Kamik fortzuwerfen.»[19]

Vier Tage später begann endgültig der dritte Expeditionsabschnitt, die Durchquerung mit den fünf Pferden, die die Überwinterung mitgemacht hatten; die übrigen waren vorher getötet worden. Es war dabei von Ost nach West eine Strecke von 1200 km zurückzulegen und Höhen bis zu 2928 m zu überwinden. Heftige Westwinde mit Schneetreiben erschwerten den Abmarsch und zwangen die kleine Gruppe sogar, 12 Tage lang gänzlich stillzuliegen. Wegener nutzte die Gelegenheit zu ausführlichen Observationen. Besonders aufmerksam beobachtete er wieder das «Schneefegen», das Verwirbeln von lockerem Treibschnee durch den Bodenwind: «Wenn man so, bequem auf seinem Schlitten liegend, dieses Heer von weißglänzenden Schlangen beobachtet, die in rastloser Jagd unter leisem Zischen über den Schnee eilen, dann fühlt man sich der Natur ganz nahe. Solche Augenblicke reinen Naturgenusses entschädigen für die vielen Widerwärtigkeiten, die unsere Reise mit sich bringt.»[20] Zu diesen Widerwärtigkeiten gehörte für Wegener auch, hilflos und ohnmächtig zur Untätigkeit verdammt zu sein; dabei wurde der gewöhnlich besonnene und ausgeglichene Polarforscher gelegentlich unbeherrscht: «Die Härte unseres jetzigen Lebens und die Ungeduld verleiten mich in letzter Zeit öfters zu Unbilligkeit gegen meine Kameraden, worunter namentlich Koch zu leiden hat. Meist nimmt er diese Äußerungen innerer Unzufriedenheit mit bewundernswürdigem Gleichmut wie ein notwendiges Übel auf.»[21] In Kochs Reisebericht sollten darüber später allerdings keine Worte fallen, wenngleich auch er feststellte: «Es ist nicht zu leugnen, daß unsere Geduld auf eine harte Probe gestellt wird. Wir möchten alle weiter nach Westen und sind gezwungen, eine ganze Woche lang still zu liegen.»[22]

Schließlich konnte die Gruppe weiterziehen: «Vor uns lag das gewaltige Meer von Schnee des inneren Grönland. Wir waren auf offener See, konnten unseren Kurs auf gleiche Weise wie der Seemann steuern, der sein Schiff über das offene Meer von Küste zu Küste führt. Von diesem Augenblick an zogen wir sicher und gleichmäßig aber langsam vorwärts mit einer Durchschnittsgeschwindigkeit von 15 km den Tag – gerade derjenigen Geschwindigkeit, die ich zu Hause meinen Überschlägen über Proviant und Futter zugrunde gelegt hatte»,[23] berichtete Koch später in einem Vortrag in Berlin.

Im weiteren Verlauf machte sich die intensive Sonneneinstrahlung unangenehm bemerkbar. Am 13. Mai berechnete Wegener, daß sie sich in einer Meereshöhe von 2287 m auf dem Inlandeis befanden: «Länge, Breite, Höhe, das sind die drei interessanten Dinge, die es hier gibt. Außer ihnen gibt es bloß den blauen Himmel und den weißen Schnee. Andere Sehenswürdigkeiten, wie etwa Wolken, scheint sich die hiesige Natur nicht leisten zu können.»[24] Die Gruppe setzte ihren Marsch stetig fort, nur unterbrochen von Ruhepausen und regelmäßigen Messungen. Sie hatte nunmehr begonnen, systematische Messungen der Schneetemperatur durchzuführen. Auch dazu wurden wieder Bohrungen bis in 7 m Tiefe vorgenommen. In der Forschungsgeschichte der Arktis waren dies die ersten eingehenden Untersuchungen der Schneedecke und der oberen Firnschichten im Innern eines Kontientalgletschers. Diese Messungen erbrachten eines der wichtigsten Ergebnisse der gesamten Expedition, nämlich daß in der Firnschicht eine geschätzte Jahresdurchschnittstemperatur von –31° C bis –32° C herrscht. Sie lag etwas höher, als Wegener erwartet hatte. Aus dieser grundlegenden Arbeit Wegeners und Kochs hat sich der Wissenschaftszweig der polaren Eis- und Scheekunde entwickelt.

Langsam aber stetig näherte sich die Expedition dem höchsten Punkt ihrer Trasse, der mit etwa 3000 m in der zweiten Hälfte des Weges lag. «In dem Maße, wie wir weiter vorwärts kamen, ließ der Wind nach. In der Mitte von Grönland wurde es ganz still. Das Schneetreiben wurde von Nebel abgelöst, der namentlich am Morgen so dicht sein konnte, daß er die Sonne ganz verbarg. Die Luft war mit Feuchtigkeit übersättigt. Die Kleider und namentlich Pelzzeug und Strümpfe waren daher ständig naß, nur bei einigen Gelegenheiten gelang es, sie einigermaßen zu trocknen. Doch erlangte die Feuchtigkeit nie so Oberhand, daß sie uns zur Plage wurde. Die Sonne belästigte uns etwas mehr. Gegen Mittag gewann sie Gewalt über den Nebel, und nach 12 Uhr schien sie uns gerade ins Gesicht. Wir waren hoch oben. Der Barometerstand zeigte weniger als 500 mm. Die Luft war so dünn, daß sie nicht vermochte die ultravioletten Strahlen der Sonne zu absorbieren, die so schädlich auf die Haut einwirkten. Die Haut brannte uns deshalb vom Gesichte.»[25] Beim Abstieg frischte der Wind wieder auf und wehte aus Südost, so daß die Schlitten mit Segeln angetrieben werden konnten. Die vier Männer setzten ihren Weg unverdrossen fort: «Der fast vollständige Mangel an Abwechslung macht schweigsam. Eine Fuchsspur, auf die wir ungefähr in der Mitte von Grönland stießen, gab uns Stoff zur Unterhaltung für drei Tage und zu weitgehendem Nachsinnen darüber, ob vielleicht Land in der Nähe sei. Ein Schneesperling, der uns über das Inlandeis folgte, wurde als zur Reisegesellschaft gehörend betrachtet. Wenn er ein paar Tage fort war, und wir ihn dann wieder vor dem Zelte zwitschern hörten, war es etwas höchst Interessantes, das wir uns mitteilten und sorgfältig ins Tagebuch aufzeichneten.»[26]

Einer Messung jedoch sahen alle Expeditionsteilnehmer täglich besonders gespannt entgegen: «Das große Ereignis des Tages war die Berechnung der Längenbeobachtungen. Selbst wenn wir noch so müde und schläfrig waren, geschah es selten, daß meine Kameraden sich schlafen legten, bevor ich die Länge ausgerechnet hatte und sie die Bestätigung dessen erhielten, was sie von vornherein wußten, nämlich wieviele Kilometer wir noch vor uns hatten, ehe wir Land erreichten. Vielmehr war dieser ermüdende Mangel an Erlebnissen unser Glück. Wir dürsteten nach etwas, womit sich unsere Phantasie beschäftigen konnte, und suchten daher mit doppeltem Eifer in die wissenschaftlichen Probleme einzudringen, die unsere Reise bot.»[27]

Wegeners Phantasie kreiste besonders um zwei Punkte: «Wie werde ich mir die Wohnung mit Else einrichten und was für Essen werden wir kochen.»[28]

Nach achtwöchiger Reise kam Land in Sicht, ein Nunatak[29] – ein durch das Eis stoßender Berggipfel. Bald danach war der Rand des Eisschildes erreicht. Von den isländischen Ponys war nur noch eines am Leben. «Grauni hieß unser bestes Pferd – ein prächtiges Tier. Während der ganzen Reise war es voran gewesen und hatte die Spuren getreten, in denen die anderen Pferde nachfolgten. Immer hatte es die größte Last gehabt, und doch bekam stets Grauni einen Heusack oder eine Kiste als Zugabe auf den Schlitten, wenn eines der anderen Pferde Zeichen der Ermüdung zeigte.»[30] Grauni war das Lieblingspferd der Expedition. «So teilten wir denn unsere letzte Proviantkiste mit ihm. Grauni bekam Schiffszwieback und Biskuit, Erbsenmehl und Fleischschokolade. Als Zugabe gaben wir ihm 3 kg Nardengras, das wir für unsere Kamiken und lappischen Stiefel selbst brauchen sollten ... Natürlich bekam Grauni wenig zu fressen, wir hofften aber, daß es angehen würde. Wir verlangten ja keine Arbeit von ihm. Er war nun unser Passagier und wurde hinter dem Schlitten herbugsiert. Wenn er müde wurde oder die Fahrt schnell ging, legten wir ihn auf den Schlitten auf unsere Schlafsäcke, breiteten das Zelt über ihn aus und schnürten ihn behutsam, aber sicher an die Last. Da lag er und hatte es offenbar recht gut.»[31] Doch auch Grauni überlebte die Expedition nicht, kurz vor Erreichen des von Lundager angelegten Depots starb er entkräftet. Das Depot brachte der Gruppe vorübergehende Stärkung. Die Männer ließen einen Teil ihrer Ausrüstung, die sie später abholen wollten, hier zurück und hofften, in etwa 5 bis 6 Tagen die westgrönländische Siedlung Kangersuatsiaq (Prøven) zu erreichen. Mit der Empfindung «Mir ist dieses Zigeunerleben im Augenblick recht über, ich sehne mich wirklich nach einer geordneten Lebensweise»,[32] brach Wegener vom Depot auf. Die Überwindung des infolge der Schneeschmelze wild zerklüfteten Eises, der hoch angeschwollenen Gletscherbäche und der unwegsamen westgrönländischen Moränenlandschaft brachte zusätzliche, unerwartete Schwierigkeiten. Schließlich war auch der Proviant aufgezehrt, aber die Männer waren noch immer nicht am Ziel angelangt. «Wegener war jetzt derjenige von uns, der am wenigsten mitgenommen war, der einzige, der noch einen kleinen Rest von Energie übrig hatte. Er war es, der die hier und da unter den Felsblöcken stehenden trockenen Heidebüschel sammelte und die Milch für uns kochte. Wir andern saßen stumpf da und sahen zu.»[33] Wegener hatte jetzt nur noch einen Gedanken: «In mir empörte sich alles, sollten wir hier, ganz am Schluß einer so langen und gefahrvollen Reise, kaum zwei Meilen von der Kolonie entfernt wie Tiere umkommen? … Meine Geistestätigkeit konzentrierte sich in einem einzigen mächtigen Gedanken: Ich will leben, ich will Prøven erreichen und wenn der Himmel einstürzt.»[34] In höchster Not schlachteten sie ihren Hund Gloë, der sie auf der ganzen Expedition begleitet hatte. Und noch während sie das halbrohe Fleisch hinunterwürgten, entdeckte Wegener im Fjord ein kleines Segelboot. Selbst in den völlig erschöpften Koch kam Leben: «Ich ergriff meinen Becher mit dem Hundefleisch und stieg – oder besser rutschte – so schnell ich konnte, den Abhang hinab, gefolgt von Wegener.»[35]

Der Zufall wollte es, daß Pastor Chemnitz aus Upernavik mit einem Boot unterwegs war, um seine Konfirmanden um sich zu sammeln. Er fand die Expeditionsmitglieder und brachte sie nach Prøven, dem heutigen Kangersuatsiaq, das sie am 15. Juni 1913 erreichten.

Die Expedition hatte eine doppelt so lange Strecke wie die 1888 bei der Durchquerung Südgrönlands von Fridtjof Nansen bewältigte hinter sich gebracht. Wohl nie wieder ist die physische Leistungsfähigkeit Wegeners auf eine härtere Probe gestellt worden,[36] aber trotz aller Strapazen und Abenteuer hat er sie später als seine «erfolgreichste und glücklichste Unternehmung» bezeichnet. Bevor die Expeditionsteilnehmer Grönland endgültig verließen, bereisten sie im August und Anfang September 1913 noch im Motorboot die westgrönländische Küste, um eine Reihe von Gletschern neu zu vermessen.

Die Erfahrungen und die Ergebnisse der Expedition schlugen sich in den folgenden Jahren vor allem in Wegeners Arbeiten zur atmosphärischen Optik nieder.[37] Dazu gehört seine 1918 erschienene *Elementare Theorie der atmosphärischen Luftspiegelungen.* Das Phänomen der Fata Morgana, über das seit Monge (Bonapartes Feldzug in Ägypten 1795–1796) viele Forscher nachgedacht hatten, wurde hier zum ersten Male wirklich als Spiegelung der Lichtstrahlen an einer Temperatursprungschicht der Atmosphäre erkannt und in allen Zügen seiner Erscheinung gedeutet.[38] Unter dem nachhaltigen Eindruck der farbigen oder glänzend weißen Ringe am Himmel und um Sonne und Mond oder Nebensonnen und Nebenmonde herum, die durch Lichtbrechung oder Spiegelung an in der Luft schwebenden Eiskristallen entstehen, schrieb Wegener 1926 seine *Theorie der Haupthalos.*

Die wissenschaftliche Auswertung konnte erst Ende der 20er Jahre abgeschlossen werden. Zunächst verzögerte der Erste Weltkrieg die Herausgabe des Expeditionswerkes, später verhinderte eine schwere Erkrankung Kochs die Bearbeitung des Materials. Alfred Wegener übernahm schließlich den größten Teil der Ausarbeitung. Und als er die Korrekturen las, saß er bereits wieder auf einem Schiff mit Kurs Grönland. Doch bis dahin sollten noch 17 Jahre vergehen.

Kriegsjahre

Die Ankunft Alfred Wegeners nach seiner Grönlanddurchquerung am 17. Oktober 1913 in Kopenhagen verlief ohne großes Aufsehen, lediglich seine Verlobte Else Köppen erwartete ihn bereits in der dänischen Hauptstadt: «War es Koch und Wegener gelungen, einem feierlichen Empfang aus dem Wege zu gehen, so mußten sie doch am nächsten Tag zum dänischen König, um das Ritterkreuz des Danebrogordens in Empfang zu nehmen.»[1] Über Hamburg fuhr er mit ihr anschließend zu seinen Eltern nach Zechlinerhütte. Die Wiedersehensfreude wurde allerdings getrübt durch eine schwere Erkrankung seiner Mutter, die sich nur langsam von einem gerade überstandenen Schlaganfall erholte. Vier Wochen blieb Wegener mit Else Köppen in dem kleinen Ort bei der Familie. Wie jeder, der nach längerem Aufenthalt in der vegetationslosen weißen Eiswüste der Arktis in die gemäßigteren Zonen zurückkehrt, genoß auch Wegener die farbigen Herbstwälder seiner Heimat.

Am 16. November heirateten Alfred Wegener und Else Köppen. Es war eine kleine Feier im Hamburger Elternhaus der Braut, nur im engsten Familienkreis, und auch der war noch relativ unvollständig, denn von der Familie Wegeners nahm nur der Bruder Kurt teil, da der schlechte Gesundheitszustand der Mutter noch keinerlei Anstrengung zuließ.

Kurz darauf zog das junge Ehepaar nach Marburg. In der hessischen Universitätsstadt hatten sie über dem Lahntal eine billige Wohnung gefunden; wirtschaftliche Basis des Wegener-Haushaltes war nach wie vor nur das Privatdozentenstipendium in Höhe von 1500 Mark jährlich. Sie führten in Marburg in dieser Zeit ein sehr zurückgezogenes Leben. «Alfred war reisemüde aus Grönland zurückgekommen und sehnte sich nach einem ruhigen Heim»,[2] berichtet Else Wegener. In den nächsten Monaten verbrachte Wegener viel Zeit am Schreibtisch. «Er arbeitete immer zu Hause und ging nur zu seinen Vorlesungen ins Physikalische Institut hinauf und zu den Zusammenkünften des Physikalischen Colloquiums oder der Naturwissenschaftlichen Gesellschaft.»[3] In der Ruhe seines Arbeitszimmers «konnte er sich stundenlang konzentrieren, schrieb, sah sinnend dem blauen Rauch seiner Zigarre nach»,[4] wobei er umgeben war von einer Reihe von Souvenirs, die ihn an den hohen Norden erinnerten. «Eine vorgewölbte Wand in Alfreds großem, hellen Arbeitszimmer forderte geradezu heraus, das schöne Eisbärfell von der Danmark-Expedition aufzuhängen.»[5]

Freie Tage verlebten die Wegeners nach Möglichkeit im Sauerland. Sie wanderten oder liefen im Winter Ski. Wegener genoß die Natur.

Besuche in der Großstadt hingegen waren ihm zuwider. Gelegentlich fuhr er nach Berlin, um sich am Meteorologischen Institut Bücher auszuleihen; so erschöpft kam er jedesmal zurück, «daß es ihm schwer fiel, sich seine Arbeit ins Gedächtnis zurückzurufen. Wie war es möglich, daß seine Nerven, die sich bei den Belastungsproben der Winternacht und der Einsamkeit in Grönland als so widerstandsfähig erwiesen hatten, dem Lärm und Trubel der Großstadt so gar nicht gewachsen waren»,[6] wunderte sich selbst Else Wegener.

Besondere Ereignisse in dieser Zeit waren Besuche von Johan Peter Koch und dessen Frau sowie von seinen Schwiegereltern. Wladimir Köppen, der einer deutschen Familie entstammte, die drei Generationen lang in Rußland gelebt hatte, war gesellschaftspolitisch stark interessiert und diskutierte mit Wegener auf langen Spaziergängen soziale Fragen, insbesondere die Problematik einer Bodenreform, über die er gerade einen Aufsatz verfaßte.[7] Doch vor allem kreisten die Gespäche der beiden um meteorologische Probleme, denen Wegener sich jetzt wieder verstärkt zugewandt hatte. Auf ihren Wanderungen in der Marburger Umgebung erwogen Köppen und Wegener eine Kalenderreform, um die ungleiche Länge der Monate zu beseitigen, die sich in der Statistik ihrer Wissenschaft so störend auswirkte.[8]

In diese Idylle platze die Nachricht vom Ausbruch des Ersten Weltkrieges. Alfred Wegener als Reserveoffizier der Infanterie wurde sofort eingezogen und kam an die Westfront nach Belgien. «Wie mußte er leiden unter der Brutalität dieses Massenmordens! Dazu als Offizier verpflichtet, seine Leute gegen den Feind zu führen, den ‹Feind›, mit dem er vielleicht noch vor kurzem in wissenschaftlichem Gedankenaustausch gestanden hatte. Er war bestimmt ein guter Deutscher, aber gar kein Nationalist. Davor hatten ihn wohl die Jahre bei der Danmark-Expedition und seine Tätigkeit als Wissenschaftler bewahrt.»[9]

Doch dieser erste Fronteinsatz war kurz, bereits nach vier Wochen wurde Wegener beim ersten Gefecht durch einen Unterarmdurchschuß verwundet und erhielt Heimaturlaub. Er kam in Marburg an, drei Tage nachdem die erste Tochter geboren worden war.

Doch bereits nach vierzehn Tagen ging es zurück an die Front, diesmal nach Reims. Im Schützengraben vor der französischen Stadt erlebte er die Grausamkeit des Krieges hautnah: «Um 3 Uhr nachmittags aber jagte uns die erste Granate in unsere Höhlen hinab. Erst zwei auf den linken Teil des Grabens, dann 40 auf uns. Immer ein kurzes, scharf anschwellendes Zischen und dann ein Krach, scharf mit metallenem Klang und von einer Heftigkeit, daß es durch Mark und Bein ging. Jedesmal bebte die Erde, jedesmal merkte man deutlich den Luftdruck der Explosion, und jedesmal bekamen die Nerven einen Schock. Ich hatte Watte in den Ohren, hielt mir die Hände davor und bewunderte die Leute, die neben mir lagen und sich bei all dem ruhig unterhielten.»[10] Seine eigene Reaktion reflektierend schrieb er seiner Frau: «Ich war entsetzt darüber, daß die Sache meine Nerven so stark mitgenommen hatte, und es gewährte mir eine persönliche Beruhigung zu sehen, daß meine Kameraden es auch etwas ‹auf der Brust› hatten ...»[11]

Wegeners Wesen einschätzend schrieb sein Kollege Hans Benndorf später über dessen Einstellung zum Krieg: «Ich weiß es nicht bestimmt, denn ich habe nie mit ihm darüber gesprochen, aber ich glaube es, daß Wegener die Kriegsdienstleistung sehr hart angekommen ist. Nicht wegen der Gefahren und Entbehrungen, das hätte eine Natur wie die seine eher gelockt, sondern wegen des schweren Konflikts, in den sie ihn gebracht haben mag, zwischen Pflicht gegen sein Vaterland und seiner innersten Überzeugung von der Verwerflichkeit des Krieges. Wegener gehörte zu den jetzt so seltenen Menschen, der in der Stufenleiter für das Wohl des Ich, der Familie, des eigenen Volkes und der Menschheit nicht ganz willkürlich beim Volke haltmachte, sondern in der Förderung des Wohles der Menschheit als Ganzes die Sinngebung des Lebens erblickte. Wegener war sicher ein waschechter, guter Deutscher, aber gänzlich frei von beschränktem Nationalismus, wie ihn der Krieg in unheimlicher Weise gezüchtet hat.»[12]

Wegeners Einstellung gegenüber dem Krieg war «konfliktgeladen», wie sein späterer Expeditionskollege Fritz Loewe einmal schrieb: «Einerseits erlebte er die Grausamkeit des Tötens, auf der anderen Seite erfuhr er als Zugführer die Euphorie der Bajonettattacke.»[13] Im September 1914 schrieb er seinem Schwiegervater Wladimir Köppen: «Mit der Wissenschaft gebe ich mich jetzt nicht ab, habe sie vielmehr für die Zeit des Krieges an den Nagel gehängt. Man kann nicht zwei Herren dienen, und da ich nun einmal Soldat sein muß, so will ich es auch möglichst ganz und mit Begeisterung sein. Und die Wissenschaft stört mich immer in dieser Begeisterung. Ich brauche Dir das ja nicht weiter auszuführen. Ich bin nicht so empfänglich für Massensuggestion wie die meisten anderen Menschen. Trotzdem hat sie mich glücklicherweise schon soweit gepackt, daß ich, wie ich glaube, bisher ein ganz guter Soldat gewesen bin. Die Schlacht selbst hat mich wirklich ganz gefangen genommen, ich war dabei ‹Feuer und Flamme›.»[14] Nur wenig später war er zum letzten Male bei Kampfhandlungen dabei: «Dann ging es mit Hurra ins Dorf hinein. Die Franzosen hatten es zum größten Teil geräumt. Aber hier und da waren noch einge Fanatiker, die noch aus dem Versteck bis zum letzten Augenblick schossen. Wenn sie dann schließlich ausrissen, wurden sie an der Bewegung und an den roten Hosen auch im Gebüsch leicht erkannt und heruntergeknallt. Bei der enormen Aufregung und der wahnsinnigen Anstrengung waren die menschlichen Empfindungen fast ganz verdrängt. Was fortzulaufen suchte, wurde erbarmungslos erschossen.»[15] Und dann doch eine menschliche Regung Wegeners: «Einem Franzosen, der, ohne verwundet zu sein, in etwas ungeschickter Weise um sein Leben bat, aber sein Seitengewehr nicht hergeben wollte, konnte ich das Leben retten.»[16]

Kurz darauf traf ihn eine Kugel am Hals; Anfang Oktober 1914 kam Wegener zum zweiten Male verwundet nach Hause zurück. Der untersuchende Arzt versorgte nicht nur die Wunde, sondern diagnostizierte auch einen Herzfehler, den er sich offensichtlich durch die Strapazen auf der Grönlanddurchquerung zugezogen hatte. Schon in den letzten Wochen hatte er sich nicht sonderlich wohl gefühlt, die Gewaltmärsche durch Belgien hatten ihn mehr als normal angestrengt, er berichtete immer wieder von Herzbeschwerden.

Nachdem seine Verwundung ausgeheilt war, wurde er Ausbilder bei einem Ersatzbataillon, doch auch hier war er den Anstrengungen körperlich nicht gewachsen, er wurde nicht mehr felddiensttauglich geschrieben und erhielt Krankenurlaub.

Er nutzte die Gelegenheit zur Wiederaufnahme seiner wissenschaftlichen Arbeit. Damals entstand vor allem die erste Fassung des Buches über die *Kontinentalverschiebungstheorie*. Dabei wurde er bei der Durchsicht der Fachliteratur durch den Geologen Hans Cloos unterstützt, der Wegeners Ansicht zwar sehr skeptisch gegenüberstand, ihn aber menschlich sehr schätzte und ihm bereitwillig half.

Wegener war in dieser Zeit einer der wenigen Männer seines Alters, die sich in der Heimat aufhielten, und so erklärte er sich im April 1915 bereit, eine Assistentenstelle am Physikalischen Institut in Marburg zu übernehmen. Er trat die Stelle widerwillig an, sie kostete ihn Zeit, die er lieber in die Ausarbeitung eigener Ideen gesteckt hätte, aber er fühlte sich zumindest moralisch dem Institutsleiter Professor Richarz verpflichtet, der ihn stets gefördert hatte. Doch Wegener bekleidete die Stelle nur kurz, denn bereits im Mai wurde er nach Brüssel kommandiert. Vor allem auf deutscher Seite spielte der Einsatz von Starrluftschiffen in den ersten Kriegsjahren eine große Rolle; Wegener sollte die Offiziere eines in der belgischen Hauptstadt stationierten Zeppelins in die Techniken der astronomischen Ortsbestimmung einweisen.

Aus Brüssel nach Marburg zurückgekehrt, fand er seine Frau gesundheitlich in nicht guter Verfassung vor und unternahm mit ihr eine Rheinreise. Bei gemeinsamen Spaziergängen am Fluß verdrängten sie die Alltagssorgen dieser Zeit und genossen ihre Zweisamkeit: «Bis Rüdesheim fuhren wir mit dem Dampfer und wanderten dann von Wiesbaden durch den Taunus, am alten Limes entlang, in dessen Kastellresten wir römische Scherben sammelten und die unbeschwerten Tage von Herzen genossen»,[17] beschreibt Else Wegener den Urlaub, an den sich allerdings nur noch wenige ruhige Tage in Marburg anschlossen. «Schade, daß dieser dumme Militärdienst nun wieder meine Arbeit stört … Ich bin gerade so schön am Zuge … Wann wird dieser entsetzliche Krieg ein Ende nehmen?»[18] klagte Wegener gegenüber seinem Schwiegervater.

Doch Wegener kam im weiteren Verlauf des Krieges recht glimpflich davon, denn er wurde im Heereswetterdienst eingesetzt. In dieser Funktion wurde er zwar kreuz und quer durch Deutschland und Europa geschickt, aber wann immer es ihm möglich war, ließ er seine Frau zumindest für kurze Zeit nachkommen. «Dies war in den nächsten Jahren die Art unseres Zusammenlebens. Ich bekam ein Telegramm und setzte mich in den nächsten Zug, um Alfred irgendwo in Deutschland zu treffen»,[19] berichtet Else Wegener über das Privatleben in den Kriegsjahren. Vor allem in Mühlhausen, wo er als Meteorologe eingesetzt war, erlebte er auch Wochen, in denen er sich wieder wissenschaftlichen Themen widmen konnte. 1917 vertrat er mehrere Wochen lang den Leiter der Hauptwetterwarte in Jüterbog, und im Herbst wurde er nach Sofia kommandiert, um die Hauptwetterwarte des Balkans zu übernehmen.

Im Oktober 1917 starb sein Vater. Wegener erhielt Urlaub, um an der Beerdigung teilzunehmen. Es gelang ihm, die notwendigen Papiere zu bekommen, um anschließend seine Frau mit nach Bulgarien nehmen zu können, während Tochter Hilde bei den Schwiegereltern in Hamburg blieb.

In Sofia verlebten die Wegeners trotz des Krieges eine recht angenehme Zeit, die Lebenshaltungskosten waren zwar recht hoch, aber anders als in Deutschland gab es viele Lebensmittel frei zu kaufen. Und trotz des allgemeinen Verbots schickte Wegener Lebensmittelpäckchen nach Hause.

Da der Hauptwetterwarte in Sofia sämtliche Wetterwarten auf dem Balkan unterstanden, die Wegener zu inspizieren hatte, lernte er Land und Leute auch in Albanien und Rumänien kennen. Einer seiner Mitarbeiter in dieser Zeit war Dr. Ernst Kuhlbrodt, der später sein Assistent in Hamburg wurde.

Nach einem Jahr Tätigkeit in Sofia wurde Wegener noch einmal versetzt. Das Kriegsgeschehen verlagerte sich; vom Balkan wurden die meisten Wetterwarten abgezogen, aber im Westen wurde eine neue Offensive vorbereitet, und «Alfred erhielt den Auftrag, im Raume der neuformierten Armee die günstigsten Wetterwarten auszusuchen, die jetzt im Gaskrieg eine Rolle spielten. So fuhr er tagelang im Auto dicht hinter der Front herum, oft unter Artilleriebeschuß; beim Vorwärtsgehen der Truppen waren auch die Wetterwarten weiter vorzuschieben».[20]

Es gibt aus dieser Zeit so gut wie keine schriftlichen Zeugnisse von Wegener selbst, aber der Münchener Meteorologe August Schmauß erinnerte sich später, daß er dem Kriegsverlauf überaus kritisch gegenüberstand: «Ich vergesse nie das Telefongespräch, das wir als benachbarte Laubfrösche im August 1918 führten, in dem mir Wegener mit aller Klarheit entgegenhielt, daß der Krieg verloren sei. Er war bei der hart bedrängten Armee tätig, während ich, an ruhiger Stelle verwendet, nicht den Einblick in den wirklichen Stand der Geschehnisse hatte und noch den offiziellen Heeresberichten vertraute.»[21]

Noch einmal gab es für Wegener kurz vor Kriegsende einen Ortswechsel. Nach der Besetzung des Baltikums sollte im Herbst 1918 die deutsche Universität in Dorpat ihren Lehrbetrieb wieder aufnehmen. Wegener erhielt dort einen Lehrauftrag für Meteorologie und übernahm zudem die Wetterwarte. Er hoffte, daß sich aus diesem Lehrauftrag später eine Professur ergeben würde, doch daraus wurde nichts, und Wegener kehrte, nachdem die deutschen Truppen Ende November aus dem Baltikum abgezogen worden waren, nach Marburg zurück, wo seine Frau und Tochter lebten und kurz darauf auch das zweite Kind geboren wurde.

Während seiner Tätigkeit im militärischen Wetterdienst hatte Wegener seine meteorologischen und geophysikalischen Arbeiten fortgesetzt und sogar außerordentliche wissenschaftliche Aktivität entwickelt, die sich in einer großen Zahl von Publikationen widerspiegelt. Einige seiner nahezu 20 Abhandlungen, die er während der Kriegsjahre schrieb, wie etwa die *Schallausbreitung in der Atmosphäre*, sind möglicherweise durch Beobachtungen im Krieg angeregt worden.[22] Sicherlich kam ihm seine ungewöhnliche Konzentrationsfähigkeit sehr zugute, bewundernd schrieb sein Kollege Hans Benndorf später: «Aus einer chronologischen Liste seiner Arbeiten würde niemand den Schluß ziehen können, daß es so etwas wie einen Weltkrieg gegeben hat.»[23]

Als umfangreichste Arbeit dieser Zeit ist das bereits erwähnte Buch *Wind- und Wasserhosen in Europa* zu nennen.

Zeitlebens begab Alfred Wegener sich auf Gebiete, die damals wissenschaftliches Neuland waren. 1915 knüpfte er zunächst an Fragestellungen an, mit denen er sich zu Beginn seiner beruflichen Laufbahn und vor seiner Grönlanddurchquerung beschäftigt hatte, nämlich Fragen der kosmischen Physik. Er untersuchte die Mondgezeiten der Atmosphäre und stellte Überlegungen zum Farbenwechsel der Meteore an.

Und wieder einmal spielte auch der Zufall eine Rolle: Der Niedergang eines Meteoriten im April 1916 interessierte ihn so sehr, daß er das Ereignis genauer untersuchte. Das Physikalische Institut in Marburg sammelte zahlreiche Augenzeugenberichte über das Ereignis, und einen kurzen Urlaub nutzte Wegener, um selbst vor Ort zu recherchieren und Befragungen durchzuführen. Schließlich verschaffte er sich nach systematischer Sammlung aller Beobachtungen ein Bild: «Am 3. April 1916, 3 Uhr 25 Minuten nachmittags … wurde auf einem kreisförmigen Gebiet, dessen Radius etwa 135 km beträgt, ein hell leuchtendes Meteor gesehen, welches meist erst in etwa 80–90 km Höhe entdeckt wurde, steil auf die Gegend von Treysa herabging und in etwa 16 km Höhe erlosch. Das Licht war rötlich, die Färbung abnehmend. Es endete nicht mit einer Explosion, sondern wurde schwächer und erlosch schließlich; im Fallgebiet wurde von mehreren Punkten aus ein schwarzer Körper gesehen, der an Stelle des bisherigen leuchtenden in schräger Bahn zur Erde weiter fiel. Die in etwa 4 Sekunden zurückgelegte Bahn war in ihrer ganzen Länge als anfangs gradliniger weißer Rauchfaden sichtbar, der sich ausdehnte und dabei immer größer werdende Schraubenwindungen annahm, bis er nach etwa 10 Minuten Dauer durch allmähliches Erblassen verschwand. Auch der schwarze nach dem Erlöschen sichtbare Körper entwickelte weiter schwachen Rauch, offenbar bis zu seinem leider unbemerkten Einschlag in die Erde ... In einem Kreis von 50–60 km Radius wurde ferner einige Minuten nach der Erscheinung ein donnerartiges Geräusch gehört, welches im Fallgebiet so stark war, daß Fensterscheiben und Kaffeetassen klirrten und die Bevölkerung erschreckt wurde. Letztere wurden hier überhaupt erst durch die Detonation auf die Erscheinung aufmerksam, da wie gewöhnlich hier die Lichterscheinung übersehen wurde.»[24]

Mit Hilfe seiner Beobachtungsdaten ermittelte Wegener Bahnneigung und Geschwindigkeit des Meteoriten. Er kam zu dem Schluß, daß es sich um einen Eisenmeteoriten gehandelt haben müsse. Wegener vertrat die Annahme, daß er etwa 1,5 m tief in den Erdboden eingedrungen sein mußte. Die Gesellschaft zur Beförderung der gesamten Naturwissenschaften zu Marburg setzte für die Auffindung eine Prämie aus. Der Geologe E. Kayser berichtete in seinen unveröffentlichten Lebenserinnerungen: «Allein Sommer und Winter vergingen, ohne daß diese gelang, woraus man schloß, daß er in den ausgedehnten Waldungen der Umgebung von Treysa niedergegangen sein müsse. Und so verhielt es sich in der Tat. Im Frühjahr 1917 erhielt Prof. Richarz, der Vorsitzende der Naturforschenden Gesellschaft, die Nachricht, daß ein Förster den Stein in einem Walde im Norden von Treysa entdeckt habe. Richarz reiste daraufhin sofort mit mir und einem Diener des physikalischen Instituts an den Fallort. Leider war der 63 kg schwere, flache etwa einen Meter große, wie gewöhnlich aus metallischem Eisen bestehende Meteorit bereits ausgegraben und in ein benachbartes Dorf gebracht worden. Wir haben aber die Fallstelle, eine kleine Waldlichtung, aufgesucht und festgestellt, daß der Stein beim Aufschlage auf den Boden (toniger unterer Buntsandstein) ein über einen Meter tiefes, schräg in den Grund gehendes röhrenförmiges Loch geschaffen hatte. Der kostbare Stein ist alsbald nach Marburg gebracht und zunächst im physikalischen, dann im mineralogischen Institut untergebracht worden.»[25]

Hatte es sich bislang bei allen bekannten Meteoriten um Zufallsfunde gehandelt oder war der Einschlag direkt von in der Nähe befindlichen Personen wahrgenommen worden, so war nun erstmals der Fund eines im Fall beobachteten Meteoriten nach wissenschaftlichen Gesichtspunkten gelungen.

Das Ereignis hat Wegener möglicherweise dazu inspiriert, sich intensiv mit der Entstehung der Mondkrater zu beschäftigen. Die charakteristischen Kraterbildungen, die in allen Größenordnungen auf dem Mond vorkommen, erregten damals große Aufmerksamkeit unter den Wissenschaftlern, und ihre Entstehung wurde lebhaft erörtert. Vier verschiedene Theorien standen zur Diskussion: Die Blasenhypothese vertrat den Grundgedanken, daß die Ringgebirge als Spuren großer geplatzter Blasen in dem feurigen, zähflüssigen Magma entstanden sind; die Gezeitenhypothese behauptete, daß die Anziehungskraft der Erde während des Erstarrungsprozesses Bewegungen im Magma hervorgerufen habe, die die Oberfläche des Mondes letztlich gestaltet haben; die Vulkanhypothese betrachtete die Mondkrater als Vulkane und die Aufsturzhypothese nahm für die zahllosen Krater den Einschlag meteoritischer Massen auf die vormals heiße und plastische Mondoberfläche an.[26] Nach Wegeners Meinung kamen lediglich die beiden letzteren in Frage. Weitere Überlegungen ließen ihn auch die Vulkanhypothese ausschließen: «Ich verstehe nicht, wie man bei Vergleichung des Mondes mit einem Erdglobus zu einem anderen Schluß kommen kann, als dem: Die Formen sind grundverschieden, also wird auch ihre Entstehung verschieden sein. Der Gegensatz ist ja ein so schreiender, daß wohl schon die nächste Generation unsere krampfhaften Versuche, eine Gleichheit festzustellen, belächeln wird.»[27]

Um die Aufsturztheorie zu belegen, führte Wegener 1918/19 eine systematische Versuchsreihe durch. Dabei benutzte er nicht wie andere Wissenschaftler eine feste Aufsturzmasse und feste Unterlage, sondern Zementpulver, auf das er pulverisierten Mörtel fallen ließ, und produzierte dadurch kleine Krater, die den Mondkratern, die damals nur durch Beobachtungen von der Erde aus erkennbar waren, entsprachen. Aus seinen Experimenten sowie der morphologischen Analyse der Mondoberfläche folgerte Wegener, daß die meisten Mondkrater durch Meteor-Einschläge zustande gekommen seien; die moderne Mondforschung hat dies bestätigt.[28]

Die Ergebnisse seiner Testreihen verglich er mit Beobachtungen des Einschlagkraters bei Flagstaff, Arizona. Dieser Krater war 1891 erstmals wissenschaftlich beschrieben worden und hatte eine Welle von weiteren Publikationen ausgelöst. Denn hatten sich Wissenschaftler jüngst nur widerstrebend mit dem außerirdischen Ursprung der Meteoriten anfreunden können, so reagierten sie geradezu starrsinnig, als es darum ging, die geologischen Spuren zu deuten, die solche bis zu 30 Kilometer pro Sekunde schnellen Projektile bei ihrem Aufprall auf der Erde hinterlassen. Noch Ende des 19. Jahrhunderts wurde die Existenz von Einschlagkratern angezweifelt. Eine besonders heftige Diskussion begann 1891, nachdem der Geologe Albert Foote den auffälligen, ausgedehnten Eisenerzteppich, der sich in der Nähe des Kraters von 1 260 m Durchmesser ausbreitete, untersucht hatte.

Foote analysierte die Eisensplitter, die in der Wüste verstreut waren, und er kam zu dem Ergebnis, daß es sich um Trümmerstücke eines Meteoriten handeln müsse. Er publizierte seine Ergebnisse in den *Proceedings of the American Assosiation for the Advancement of Science* und begann anschließend seine Fundstücke in alle Welt zu verkaufen. Doch erst nach weiteren wissenschaftlichen Untersuchungen waren schließlich 1930 die meisten Forscher davon überzeugt, daß der gewaltige Krater wirklich durch den Aufprall eines riesigen Meteoriten entstanden war. Lange Zeit blieb *Meteor Crater* das einzige Exemplar seiner Art, das auf der Erde bekannt war. Wegener war allerdings bereits 1921 überzeugt: «Es ist an sich wenig wahrscheinlich, daß dieser Meteoritenkrater der einzige auf der Erde ist. Namentlich das massenhafte Vorkommen mancher vulkanischer Gläser, wie der Moldavite in gewissen Tertiärschichten Böhmens und Mährens, der Australite in Australien u.a. scheint anzudeuten, daß ähnliche großartige Meteoritenfälle wenigstens in früheren geologischen Zeiten schon wiederholt stattgefunden haben. Es muß wohl dahingestellt bleiben, ob es nicht der Geologie gelingen wird, die vielleicht durch Erosion schon wieder unkenntlich gemachten Aufsturzkrater solcher älteren Fälle zu ermitteln.»[29] Tatsächlich wurden kurz darauf, 1922 und 1923, zwei weitere Krater entdeckt: der Odessa-Krater in Texas sowie der Dalgaranga-Krater in Australien.[30]

Heute sind mehr als 200 Objekte[31] bekannt, deren Entstehung durch Meteoriteneinschlag erwiesen oder zumindest wahrscheinlich ist.

Es gelang Wegener sogar einige Jahre später, den vierten Krater, der bekannt wurde, als solchen zu identifizieren und zu beschreiben. Einen Aufenthalt 1927 im Baltikum, bei dem er in Riga auf Einladung der Herdergesellschaft Gastvorlesungen hielt, verknüpfte er mit einem Besuch auf der Insel Ösel (heute Saaremaa, Estland), auf der ein Haupt- sowie eine Reihe von Nebenkratern den Rigaer Wissenschaftler R. Meyer schon seit geraumer Zeit beschäftigten und über die Wegener und Meyer bereits 1921 korrespondiert hatten. Diese Krater waren zwar schon lange bekannt, aber bislang war angenommen worden, daß sie als Folge von Salzaufpressungen oder durch Gasexplosionen entstanden waren. Der Krater wurde nun von Wegener und Meyer sowie von den beiden Rigaer Wissenschaftlern K. Kraus und N. Delle, die sich ihnen anschlossen, untersucht, und sie kamen zu dem Resultat, daß sie durch einen Meteoritenaufprall entstanden seien. Ihre Entdeckung publizierten sie 1928 in Gerlands Beiträgen zur Geophysik. Die Arbeit wurde 1937 bestätigt, als der Bergingenieur Reinwaldt, der sie auch vor Ort begleitet hatte, Meteoritensplitter fand. Das Thema Meteoriten behandelte Wegener in zwei weiteren Aufsätzen, *Anfangs- und Endhöhen großer Meteore* und *Die Geschwindigkeit der Meteore*, die beide 1927 erschienen.

Nach dem Ende des Ersten Weltkrieges waren die Tage Wegeners in Marburg gezählt. Zwar zog er nach der Geburt seiner zweiten Tochter noch einmal innerhalb der Stadt um, doch seine Bemühungen um eine Professur in der hessischen Universitätsstadt verliefen erfolglos. Sein letztes Domizil in Marburg lag im Erdgeschoß des Hauses Gisselberger Straße 21. Sieben Jahre vorher, also 1910, hatte im ersten Stock desselben Hauses der Philosoph und Soziologe José Ortega y Gasset gewohnt und geschrieben: «In dieser Stadt habe ich die Tag- und Nachtgleiche meiner Jugend verbracht. Ihr verdanke ich wenigstens die Hälfte meiner Hoffnungen und vielleicht meine ganze denkerische Zucht.»[32]

Abb. 1

Abb. 2
Wegener im Jahre 1906 kurz vor seiner ersten Expedition.

Abb. 3
Mit Gustav Thostrup während der Grönlandexpedition 1906–1908.

Abb. 4
1912/13 in der Überwinterungsstation auf Grönland.

Abb. 5
Alfred und Else Wegener mit Tochter Hilde
im Jahre 1916.

Abb. 6
Alfred Wegener im Jahre 1929.

Abb. 7
Eisbohrungen während der Grönlandexpedition 1929.

Abb. 8
Das letzte Foto von Wegener und Rasmus Villumsen am 1. November 1930.

Hamburger Intermezzo (1919–1924)

Hochaufragend und weithin sichtbar stand das Gebäude der Deutschen Seewarte auf den alten Wallanlagen am Uferabhang der Elbe über dem Hamburger Hafen. Der 1880 errichtete dreigeschossige Bau mit den vier kurzen Ecktürmen war ein markanter Blickfang, der leider im Zweiten Weltkrieg zerstört worden ist. Fünf Jahre lang, von 1919 bis 1924, war dieses Gebäude Alfred Wegeners Arbeitsplatz.

Zwar hatte sich die Marburger Universität darum bemüht, ihn zu halten, aber angesichts der wirtschaftlich schlechten Situation scheiterten sämtliche Bemühungen, eine entsprechende Planstelle zu schaffen. «Übrigens hatte ich diesmal zum ersten Male den Eindruck, als ob man mich wirklich gern bei der Universität halten wollte und nur nicht könnte. Die Fakultät scheint sich also für mich ins Zeug gelegt zu haben»,[1] schrieb Alfred Wegener seinem Schwiegervater nach Hamburg. Wladimir Köppen, Metorologe an der dem Reichsmarineamt unterstellten Deutschen Seewarte, hatte damals eigene Probleme. Er war bei Kriegsende zweiundsiebzig Jahre alt und wollte nun so schnell wie möglich pensioniert werden, um frei vom Dienst wieder ausschließlich wissenschaftlich arbeiten zu können. Er bemühte sich selber um die Suche nach einem Nachfolger. Am 2. Dezember 1918 schrieb er seiner Tochter Else: «Vor zwei bis drei Wochen war Admiralitätsrat Kohlschütter hier ... Ich brachte die Rede auf Nachfolger für mich und empfahl Kurt. Er nannte Alfred, ich sagte aber, der wolle in der Universitätskarriere bleiben. Er bat mich, ihm brieflich meine Gedanken auszusprechen; das habe ich am 28. November getan und für mich erstens Kurt, zweitens Albert Peppler, drittens Barkow genannt.»[2]

Doch das Reichsmarineamt in Berlin wandte sich entgegen Köppens Vorschlägen an Alfred Wegener, um ihn als Nachfolger Köppens zu gewinnen. Allgemein standen Wegeners berufliche Chancen, der eine Universiätskarriere anstrebte, in den Nachkriegsjahren schlecht, und so riet Köppen in einem Schreiben an seine Tochter auch: «Meine Meinung ist, Alfred sollte zugreifen, es wird nicht so leicht etwas so günstiges geboten. Ob es in absehbarer Zeit Ordinariate für kosmische Physik oder Meteorologie an deutschen Universitäten geben wird, ist unsicher. Kommt Ihr hierher, so dürfen Mutter und ich, wie wir uns jetzt fühlen, noch auf einige Jahre schönen Zusammenseins rechnen. Du ziehst in Dein Vaterhaus, wir Alten suchen uns eine kleine Wohnung in der Nähe und Deine Kinder wachsen gesund im gesicherten Heim auf. Ich freue mich sehr sowohl auf den herzlichen als auch auf den wissenschaftlichen Verkehr.»[3]

Bis zur Erfüllung von Köppens Wunsch vergingen zwar noch ein paar Monate, aber am 1. April 1919 konnte er in den Ruhestand treten. Als sein Nachfolger kam Alfred Wegener nach Hamburg und übernahm am 15. April 1919 dessen Position; die offizielle Ernennung zum Leiter der Abteilung «Meteorologische Forschung» der Deutschen Seewarte in Hamburg erfolgte am 14. September 1919.

Else Wegener war bereits Ende März mit den beiden Töchtern Hilde und Käthe von Marburg nach Hamburg umgezogen. «Morgens um 4 Uhr fuhren wir von Marburg ab, ausgerüstet mit Essen für zwei Tage, Hartspirituskocher und Geschirr für die Kinder. Alfred begleitete uns bis Hannover, wo wir am Nachmittag um 2 Uhr ankamen, aber erst am nächsten Morgen um 5 Uhr weiterfahren konnten, um endlich um 1 Uhr mittags in Hamburg einzutreffen. Alfred konnte uns noch in unseren Zug setzen, dann ging sein Zug nach Marburg zurück, wo er die letzten drei Wochen ganz im Physikalischen Institut hauste.»[4]

Die Wegeners nahmen Köppens Angebot an und zogen in sein Haus in der Violastraße in Groß Borstel. Wladimir Köppen und seine Frau zogen sich in den ersten Stock zurück; nicht zuletzt die wirtschaftlichen Schwierigkeiten der Nachkriegsjahre ließ die Familien zusammenrücken. «Noch leichter würde es gehen, wenn ich nicht ein besonderes Arbeitszimmer brauchte, sondern wie Du Kinderlärm bei der Arbeit vertragen könnte. Aber nach meinen bisherigen Erfahrungen lenkt mich das doch zu sehr ab»,[5] gestand Wegener seinem Schwiegervater.

Besonders erfreulich für ihn war, daß auch sein Bruder Kurt, der fast die gesamte Kriegszeit als Flieger verbracht hatte, 1919 eine Anstellung in der Abteilung Wetterdienst an der Seewarte erhielt. Noch kurz zuvor hatte er skeptisch geäußert: «Das wäre ja eigenartig, wenn die Gebrüder Wegener jetzt wieder wie in Lindenberg zusammenkämen.»[6]

Kurt Wegener, der ebenfalls in Groß Borstel eine Wohnung fand, war häufiger Gast bei der Familie seines Bruders; an den Wochenenden zog man gemeinsam in die Umgebung. «Machten wir am Sonntag keinen Ausflug, so kam Kurt zu uns zum Mittagessen und spielte nachher mit den Kindern, wofür er viel mehr Geschick hatte als Alfred, der ihnen lieber zusah.»[7] Bei einer Wanderung durch die Holsteinische Schweiz im Sommer 1919 faßten die Brüder den Plan, ihre aus Jugendtagen bestehende Liebe zum Segelsport wieder aufleben zu lassen. Mit einem kleinen neun Meter langen Kajütkreuzer verbrachten sie künftig viele Wochenenden auf der Elbe. «Wir wollten uns nicht besiegen lassen von den Nachkriegsverhältnissen, sondern unsere Zuversicht auf bessere Zeiten behalten»,[8] beschreibt Else Wegener die energisch positive Lebenseinstellung der Familie, die inzwischen noch um die dritte Tochter Hanna Charlotte angewachsen war.

Nach langen Diskussionen wurde 1919 in Hamburg durch Beschluß der Bürgerschaft die Universität gegründet. 1921 wurde Alfred Wegener zum außerordentlichen Professor berufen, und er hielt in den folgenden Jahren eine Reihe von Vorlesungen, die thematisch an seine Marburger Lehrveranstaltungen anknüpften und den angehenden Naturwissenschaftlern ein Basiswissen vermittelten: *Die Erforschung der oberen Luftschichten mit Drachen und Ballonen (Aerologie)*, *Klimatologie*, *Wetter und Wetterdienst*, *Klimate der Vorzeit*, *Thermodynamik der Atmosphäre*, *Einführung in die Meteorologie* und *Optik der Atmosphäre*.[9] Darüber hinaus richtete er ein geophysikalisches Kolloquium ein, das sich zu einer regelmäßigen wissenschaftlichen Veranstaltung entwickelte und den Mitarbeitern der Seewarte wie auch anderen Wissenschaftlern als Diskussionsforum und Weiterbildungskursus diente.

Wegeners Hauptanliegen war «immer die Fortführung seiner wissenschaftlichen Arbeit. Solange er dafür genügend Ruhe und Konzentrationskraft hatte, war er zufrieden».[10] Während seiner Hamburger Zeit besaß die Arbeit an der Kontinentalverschiebungstheorie oberste Priorität. Johannes Georgi, in Marburg Schüler Wegeners, in Hamburg sein Mitarbeiter, schreibt dazu: «Während er im Gebäude der Seewarte hoch über dem Hamburger Hafen mehrmals in der Woche ‹Dienst› zu machen, d.h. zu seinem großen Leidwesen amtlichen Schriftwechsel zu erledigen hatte, was er mit Recht als Raub an seiner Zeit und Kraft empfand, konnte er sich in seinem primitiven Arbeitszimmer in der Meteorologischen Versuchsanstalt draußen im Grünen endlich wieder seiner Kontinentalverschiebung widmen.»[11]

Neben der Schreibtischarbeit führte Wegener ausführliche Diskussionen mit seinem Schwiegervater, der der Theorie zunächst skeptisch gegenübergestanden hatte, sie aber nach und nach zu akzeptieren begann. Und obwohl die Sorge um den täglichen Alltag gelegentlich alles andere erdrückte, entwickelte sich zwischen Wegener und Köppen im Groß Borsteler Haus eine sehr fruchtbare Periode gemeinsamer wissenschaftlicher Arbeit.[12] Die Zusammenarbeit brachte für beide viele gegenseitige Anregungungen, und ihre Diskussion über Ursachen und Wirkungen der Verschiebungen wurde immer lebhafter. Köppen interessierte damals insbesondere die Eiszeit Europas, und er behandelte das Thema in zwei Aufsätzen in Petermanns Geographischen Mitteilungen: *Baumgrenze und Lufttemperatur* (1918) und *Lufttemperatur an der Schneegrenze* (1920). Er war zu der Überzeugung gelangt, «die Mitteltemperatur des wärmsten Monats ist die wichtigste bei der Betrachtung des vorzeitlichen Klimas nach Organismenresten und Gletscherspuren». Dabei war ihm bewußt, daß die Paläoklimatologie noch in den Kinderschuhen steckte. «Unser bißchen Wissen von den Klimaten der Vorzeit hat neuerdings den schönen Namen ‹Paläoklimatologie› bekommen. Lesen wir aber die Bücher, die dieser Wissenschaft gewidmet sind, so sehen wir uns vor einem verworrenen Häuflein von Tatsachen, dem die leitenden Linien noch fehlen»,[13] schrieb er 1921.

Wegener hingegen hoffte, einerseits mit Hilfe der Theorie von der Verschiebung der Kontinente Ordnung in das Chaos der zahlreichen paläoklimatischen Zeugnisse bringen zu können und andererseits auf diese Weise eine weitere Absicherung für seine Theorie zu finden. Aus der engen Zusammenarbeit zwischen den beiden Wissenschaftlern entstand schließlich das von Wegener und Köppen gemeinsam verfaßte Werk *Klimate der geologischen Vorzeit*, in dem sie erstmals den Versuch unternahmen, die Klimageschichte der Erde zu systematisieren.[14] Sie gingen dabei von der Vorstellung der heutigen Klimazonen aus: einer äquatorialen Regenzone, zwei subtropischen Trockenzonen, zwei Regenzonen der gemäßigten Breiten sowie zwei mehr oder weniger vereisten Polkappen. Die ihnen aus der Literatur bekannten Zeugen, Gesteine, Pflanzen- und Tierfossilien, wurden in Erdkarten eingetragen, die Wegener auf Grund seiner Theorie von der Drift der Kontinente erarbeitet hatte.

Außerdem verarbeiteten Köppen und Wegener in ihrem Buch noch eine andere interessante Idee. Bereits seit dem 19. Jahrhundert war bekannt, daß die letzte Eiszeit aus mehreren Kaltzeiten bestand, die durch wärmere Perioden unterbrochen wurden. Ferner hatte 1920 der Belgrader Astronomen Milutin Milanković eine Arbeit veröffentlicht, in der er behauptete, daß astronomische Schwankungen ausreichen, um Eiszeiten durch Veränderung der geographischen und jahreszeitlichen Verteilung des Sonnenlichtes hervorzurufen, und die periodisch wechselnde Intensität der Sonnenstrahlung in Kurven darstellte.[15] Köppen setzte die eiszeitliche Klimakurve, die er zusammen mit Wegener erstellt hatte, in Beziehung zu Milankovićs astronomischen Strahlungskurven. Dabei stellte er verblüffende Parallelen zwischen den Strahlungskurven und den europäischen Kaltzeiten fest, die von den Geographen Albrecht Penck und Eduard Brückner einige Jahre zuvor erarbeitet worden waren und die in der Annahme gipfelten, daß darin eine neue Erklärung für das Zustandekommen von Eiszeiten liege. Die weitere wissenschaftliche Entwicklung hat allerdings gezeigt, daß dieser Schluß zu voreilig war und daß die ziemlich kleinen Schwankungen der Sonnenstrahlung wohl nicht ausreichen, um Eiszeiten hervorzurufen.[16]

Für Alfred Wegener ergaben sich jedoch gerade aus der Bearbeitung paläoklimatischer Details weitere Argumente für seine Theorie der Kontinentalverschiebung, deren weitere Ausarbeitung er damals verstärkt betrieb. Unter seinen Hamburger Kollegen traf er allerdings auf wenig Resonanz und wenn, zeigten sie gegenüber seiner Theorie fast ausschließlich Ablehnung und Desinteresse. «In einer Diskussion über die Verschiebungstheorie stellten sie nur fest, daß ihrer Meinung nach die Küsten Afrikas und Südamerikas noch zu wenig geologisch erforscht seien, um so weitgehende Übereinstimmung, wie die Theorie sie verlangte, zu sichern.»[17]

Dennoch ging es in den frühen zwanziger Jahren im Hause Wegeners lebhaft zu. «Aus Schweden kamen die Meteorologen Sandström und Bergeron für einige interessante und amüsante Tage, mit Professor Ångström aus Uppsala segelten wir einen Sonntag auf der Elbe spazieren, und Alfreds alter Kamerad Lundager verlebte eine Inflations-Weihnacht bei uns, die er mit einer riesigen dänischen Gans nahrhaft unterbaute. Oberst Koch kam nach Deutschland, um als Chef des dänischen Flugwesens Flugzeuge zu kaufen, ehe die Alliierten alles zerstörten, und legte seine Rückreise über Hamburg, wo er die Kinder reich beschenkte. Die Söhne von Bjerknes, die in Oslo meine Schüler gewesen waren, verbrachten nacheinander einige Zeit als Studenten in Hamburg und fühlten sich bei uns ganz zu Hause.»[18] Johannes Georgi, der ebenfalls mit seiner Frau und seinem Sohn in Groß Borstel lebte, berichtete über diese Zeit: «Beglükkend waren die Einladungen im Hause Köppen-Wegener, die zuweilen ohne jede Förmlichkeit erfolgten, weil unsere Häuser nur wenige Schritte auseinanderlagen, die Kinder abwechselnd in den Gärten miteinander spielten und auch die Frauen sich oft auf der Straße oder bei den Kaufleuten trafen. Köppen war ja ungemein vielseitig interessiert und für andere anregend, vor allem auch auf sozial-ethischem Gebiet. Sein Nachbar, ein hochangesehner Schulrektor, zugleich überzeugter und tätiger Pazifist, stand ihm und dem ganzen Hause sehr nahe. Beide Familien waren auch befreundet mit einem weithin geachteten hamburgischen Anwalt, der zugleich in Wort und Schrift die weltanschauliche Lehre W. Ostwalds vertrat.»[19] Nicht selten endeten Diskussionen und Gespäche im Hause Wegener-Köppen erst spät nach Mitternacht, doch noch wichtiger als die herzliche Gastfreundschaft war Wegener stets seine wissenschaftliche Arbeit: «Sehr eindrucksvoll war mir aber auch bei solchen gelegentlichen Besuchen, wie bald Wegener sich bei der kleinen Gesellschaft entschuldigt, um im Studierzimmer dringende Arbeiten, meist eilige Korrekturen zu erledigen. Ohne eine solche Ökonomie wäre seine erstaunliche Produktivität nicht möglich gewesen. Wir waren später bei der Ausreise zur Vorexpedition nach Grönland 1929 Zeugen, mit welch eiserner Pflichttreue er noch auf dem Schiffe, selbst bei unruhigster See, der wir anderen zum Opfer fielen, Stöße von Korrekturen für das große zweibändige Expeditionswerk seiner und J. P. Kochs Grönlanddurchquerung ebenso sorgfältig erledigte wie daheim am Schreibtisch.»[20]

Die sich zu Beginn der zwanziger Jahre außerhalb Hamburgs intensivierende Diskussion um Wegeners Kontinentalverschiebungstheorie machte sich schließlich auch in dem idyllischen, friedlichen kleinen Villenvorort Groß Borstel bemerkbar: «Jetzt nach Ende des Krieges und der Wiederherstellung der Verbindung zum Ausland trafen nicht nur Nachrichten von Kollegen der verschiedensten Fachrichtungen über neue Befunde für oder gegen Wegeners Theorie ein, sondern auch diese Fachleute aus allen Teilen der Welt besuchten die bescheidenen Holzbaracken in Großborstel oder das nahegelegene Köppen-Wegenersche Haus. Man durfte damals Großborstel das Mekka der an dieser Frage interessierten Geophysiker und Oekologen nennen, wie es zwanzig Jahre zuvor durch Köppen das Mekka der jungen Disziplin der Aerologen gewesen war.»[21]

1922 unternahm Wegener Vortragsreisen nach Skandinavien und Holland. Aber vor allem korrespondierte er mit seinen Kollegen im In- und Ausland. Es gibt so gut wie keine Zeugnisse, die Rückschlüsse auf Wegeners persönliche Reaktion auf Kritik oder sogar Angriffe gegenüber seiner Theorie erlauben. Lediglich die Zeilen von Johannes Georgi deuten an, daß ihm die Kritik sehr wohl nahe ging: «Auch für uns wissenschaftliche Mitarbeiter Wegeners in Großborstel, die wir ja ohnehin mit unserem Chef in enger menschlicher Verbindung standen, waren es aufregende Tage, wenn sich wieder neue Pluspunkte für seine Theorie ergeben hatten, niederdrückende, wenn er sich mit Gegnern auseinanderzusetzen oder gar gegen öffentliche Mißverständnisse verteidigen mußte. Wir hatten das Glück, hierbei manchen berühmten Gelehrten von Angesicht zu sehen.»[22]

Die Deutsche Seewarte besaß als Außenstelle eine Drachenstation, die Wladimir Köppen 1899 gegründet hatte. Sie war zunächst in Eimsbüttel angesiedelt gewesen, doch 1903 hatte man sie aufgrund der zunehmenden Bebauung nach Groß Borstel verlegt. Zwar war sie 1913 abgebrannt, wurde aber schnell wieder aufgebaut und kurz darauf in Meteorologische Versuchanstalt umbenannt. Wegeners Traum jedoch, der Plan vom Ausbau zu einem «neuartigen Forschungsinstitut», fiel der Inflation zum Opfer. «Immer wenn ein Bauplan fertiggestellt und auf dem langen Instanzenweg endlich genehmigt war, war das zur Verfügung gestellte Geld so weit entwertet, daß es für den Bau im vorgesehenen Umfang nicht mehr ausreichte»,[23] erinnerte sich Wegeners damaliger Assistent Erich Kuhlbrodt. Trotz dieser vergeblichen Mühen erlebten seine Mitarbeiter diese Jahre als eine Zeit «höchst interessanter, beschwingter Zusammenarbeit».[24] Wie zuvor schon in Marburg waren auch hier Wegeners Mitarbeiter von seinem umfassenden Wissen wie seiner zurückhaltenden Bescheidenheit beeindruckt: «Bei den Vorbesprechungen zu den geplanten experimentellen Arbeiten erlebte ich, wie vorsichtig Wegener von seiner geistigen Überlegenheit Gebrauch machte. Wir wanderten in der Seewarte mehrmals um den großen Lichthof herum, wobei Wegener über einzelne

Versuchseinrichtungen sprach und auch meine Vorschläge zu hören wünschte. Obwohl Meteorologe, hatte ich gelegentlich von hydrodynamischen Versuchen mit pulsierenden Kugeln im Wasser gelesen, die der Vater des bekannten Meteorologen Vilh. Bjerknes 1876 veröffentlich hatte. Wegener hörte interessiert zu, und schon schmeichelte ich mir mit der Erwartung, ihm damit etwas Neues berichtet zu haben, – als er, ohne jede naheliegende maliziöse Wendung, im Gespräch zeigte, daß ich nicht alle Gesichtspunkte beachtet habe, kurz, daß er jene alten, abseitigen Versuche weit besser kannte als ich. Und es blieb im Laufe der nächsten zehn Jahre nicht das einzige Mal, daß ich von Unterhaltungen mit ihm ‹mit rotem Kopf›, durch sein umfassenderes Wissen und zugleich durch seine Großherzigkeit beschämt zurückblieb.»[25]

In den repräsentativen Amtsräumen der Deutschen Seewarte, in denen aufgrund der steigenden Mitarbeiterzahl der Platz allmählich eng wurde und in die der Lärm vom Hafen heraufdrang, fühlte sich Wegener nicht so wohl wie draußen vor der Stadt in der Versuchsstation, zumal die Einrichtungen, die ihm hier zur Verfügung standen, auch eine Reihe technischer Arbeiten ermöglichten. Hatte er sich bei seinen Experimenten in Grönland über den Ausfall der meteorologischen Registrieruhren bei Kälte geärgert, so suchte er jetzt Möglichkeiten, diese Mängel auszuschließen. Ferner hatte er 1909 während einer Südamerikareise, die er im Auftrag der Internationalen Kommission für Luftfahrt durchgeführt und auf der er Ballonaufstiege für meteorologische Messungen vorgenommen hatte, vergebens versucht, Ballone mit einem damals gebräuchlichen Pilotballon-Theodoliten zu verfolgen. In Groß Borstel griff er das Problem wieder auf, und nachdem er sich zusammen mit seinem Mitarbeiter Erich Kuhlbrodt während einer Fahrt des Reichsforschungsdampfers *Poseidon* in die Nordsee die gesamte Problematik der Ballonaufstiege vom fahrenden Schiff aus noch einmal vergegenwärtigt hatte, machte er sich 1921/22 zusammen mit Kuhlbrodt daran, einen Theodoliten zu konstruieren, mit dem man sogar von einem fahrenden Schiff aus einen Ballon bis in große Höhen verfolgen konnte. Er löste das Problem dadurch, daß er den Theodoliten mit einem Sextanten kombinierte, um den Ballon nicht aus dem Gesichtsfeld zu verlieren.

Während einer weiteren Reise nach Südamerika, die er zusammen mit Kuhlbrodt von März bis Juni 1922 unternahm und die für Wegener gleichzeitig eine willkommene Abwechslung in seinem Hamburger Alltag bedeutete, konnten die beiden Forscher ihr Gerät erfolgreich einsetzen. Die Fahrt fand im Rahmen eines Projektes statt, das gemeinsam von Vertretern der Flugzeug- und Luftschiff-Industrie, der Hamburg-Amerika-Linie, des Preußischen Aeronautischen Observatoriums in Lindenberg und der Deutschen Seewarte ausgearbeitet worden war und das der Erforschung der

Höhenwindverhältnisse über dem Atlantik als Grundlage für den kommenden transatlantischen Luftverkehr dienen sollte.

Wegener und Kuhlbrodt schifften sich am 17. März 1922 auf dem Frachtschiff *Sachsenwald* der Hamburg-Amerika-Linie ein und fuhren über Antwerpen nach Havanna. In der kubanischen Hafenstadt bot sich den beiden deutschen Wissenschaftlern die Möglichkeit sowohl das dortige meteorologische Observatorium des Jesuitenkollegs als auch das neue staatliche Observatorium zu besichtigen. Über Matanzas, Cardenas und Caibarien setzte die *Sachsenwald* ihre Reise fort und erreichte am 30. April Vera Cruz. Vergeblich hatte man während der gesamten bisherigen Reise versucht, unterwegs die nordamerikanischen Funkwetterberichte zu empfangen, mit denen Wegener seine Aufstiegsdaten vergleichen wollte; in Vera Cruz lieferten die Kollegen des dortigen meteorologischen Observatoriums die entsprechenden Daten nach. Die beiden letzten Häfen auf der Route der *Sachsenwald* waren New Orleans und Fernandia. «Auf Bitte des Kapitäns unterließen wir es, in diesen Häfen Aufstiege zu machen, da wir zur Schiffsbesatzung angemustert waren und der Kapitän bei den rigorosen nordamerikanischen Hafenbestimmungen befürchtete, daß die Behörden, wenn sie unsere Arbeit sähen, uns für Passagiere erklären und das Schiff in Strafe nehmen würden.»[26] Nachdem die *Sachsenwald* Phosphat als Ladung aufgenommen hatte, erfolgte die Rückreise auf einer nördlichen Route. Insgesamt nahmen die beiden Wissenschaftler auf der 97tägigen Reise 132 Ballonaufstiege vor, die auch die Brauchbarkeit des neuen Instruments erwiesen, obwohl die meteorologischen Bedingungen keineswegs stets die besten waren. Sowohl auf der Hin- wie auf der Rückreise herrschte stürmisches und meist regnerisches Wetter, das sich erst im Bereich der Passate nachhaltig verbesserte; und hier glückte ihnen daher auch der höchste Pilotballonaufstieg der gesamten Fahrt mit 16250 m Höhe.

Im Juni 1922 ließ sich Kurt Wegener nach Berlin versetzen, da ihm dort vom Wetterdienst angeboten wurde, die ersten meteorologischen Höhenflüge durchzuführen. Diese Aufgabe reizte den leidenschaftlichen Flieger sehr. Für Alfred bedeutete es hingegen den Verlust eines vertrauten Gesprächspartners nicht zuletzt auf den gemeinsamen Straßenbahnfahrten zur Seewarte. Der lange Weg zur Dienststelle wurde ihm immer unangenehmer, berichtet Else Wegener. «Oft kam er müde nach Hause, daß er mir schon 1922 zu meiner Bestürzung sagte: ‹Noch zehn Jahre Hamburg und ich bin erledigt›.»[27]

Es war daher konsequent, an einen Ortswechsel zu denken, zumal er ja noch immer eine Anstellung an einer Universität anstrebte. Der Gedanke, Hamburg zu verlassen, bedrückte allerdings seine Frau, schließlich war ihr Vater fast achtzig Jahre, ihre Mutter fast siebzig Jahre alt.

Ein schwerer Schicksalsschlag bewog indes das Ehepaar Köppen, seine Bindungen an Hamburg aufzugeben. Ihr Sohn Lex, der in der Hansestadt wohnte, war mit einer Psychose aus dem Krieg zurückgekehrt, hatte Naturwissenschaften studiert und auch bereits die schriftlichen Prüfungen an der Universität absolviert, «aber statt ins mündliche Examen zu gehen», berichtet Else Wegener, «ging er mit seiner Geige im Rucksack in die Lüneburger Heide unter Hinterlassung eines Abschiedsbriefes. Wir setzten alle Hebel in Bewegung, um ihn zu finden, aber nach drei schrecklichen Wochen des Wartens kam auf Umwegen ein Brief mit der Angabe, wo seine Leiche zu finden sei. Wegener fuhr sofort hin und telegrafierte schon am Abend, daß er ihn gefunden habe. So haben wir ihn auf dem Heidefriedhof in Unterlüß begraben. In einem letzten Brief, der bei ihm lag, schrieb er, daß er sich den Anforderungen, die das Leben nach beendetem Examen an ihn stellen würde, nicht gewachsen fühle. Es war ein furchtbarer Schlag für meine Eltern. Noch in Unterlüß entschlossen sie sich, das nunmehr für sie sehr einsam werdende Hamburg zu verlassen und mit nach Graz zu kommen, wohin mein Mann einen Ruf erhalten hatte.»[28]

Daheim in Graz

«Wo die Mur aus dem südlichen Vorland der Alpen in das weite Grazer Feld hinausströmt, ragt der Schloßberg als Mittelpunkt der Altstadt empor. Die engen Gassen zeigen manch schöne Palaisfront des Adels der Landeshauptstadt von Steiermark. Weit schweift der Blick vom Uhrturm, dem alten Wahrzeichen von Graz, über die langgestreckten Hügel mit ihren hellen Landhäusern in den üppigen Gärten. Breite Kastanienalleen führen hinunter zum Stadtpark auf dem alten Glacis, in dessen Anlagen die Eichhörnchen sich die Nüsse aus den Taschen der Spaziergänger holen und die Vögel sich auf Schulter und Hand setzen, um ihre Körner zu fressen.»[1] Noch gut ein Vierteljahrhundert nach ihrer Grazer Zeit schwärmte Else Wegener von der österreichischen Universitätsstadt. Nicht ohne Grund: verbrachte doch das Ehepaar Wegener hier die wohl schönsten Jahre seines Lebens.

Jahrelang hatte Wegener auf das Angebot für eine Professur in Deutschland gewartet. Es gab zwar damals nur wenige Lehrstühle für das noch junge Fach Meteorologie, aber er gab die Hoffnung auf einen Ruf nicht auf. Bis heute läßt sich allerdings nicht mehr eindeutig rekonstruieren, ob auch andere Gründe ausschlaggebend dafür waren, daß Wegener eine derartige Stellung versagt blieb. Ein damaliger Kollege Wegeners erinnerte sich: «Immer wieder hörte man, daß er als Bewerber um einen bestimmten Lehrstuhl abgelehnt worden war, weil er sich für Themen interessierte, die außerhalb der für den betreffenden Lehrstuhl bestehenden Richtlinien lagen.»[2]

1922 hatten skandinavische Kollegen anläßlich einer Vortragsveranstaltung in der dänischen Hauptstadt den Versuch unternommen, Wegener nach Kopenhagen zu holen. Doch obwohl man hier seiner Kontinentalverschiebungstheorie aufgeschlossener gegenüberstand als beispielsweise in Deutschland, folgte er dem Wunsch seiner skandinavischen Freunde nicht. Ebenso reagierte er sehr zurückhaltend, als an der Berliner Universität durch die Emeritierung Gustav Hellmanns der dortige Lehrstuhl für Meteorologie vakant wurde. Mit dieser Stelle war die Leitung des Preußischen Meteorologischen Instituts und damit umfangreiche, Wegener widerstrebende Verwaltungsarbeit gekoppelt.

Alfred Wegener war daher einigermaßen erleichtert, als er von Professor Heinrich von Ficker, dem damaligen Inhaber des Lehrstuhls für Meteorologie und Geophysik in Graz, erfuhr, daß dieser ein Ordinariat in Berlin annehmen würde.

Nur einen Tag nach diesem Gespräch erhielt Wegener die Nachricht, daß er an erster Stelle als Nachfolger für die nun frei werdende

Professur in Graz vorgeschlagen werden würde. Und wie die entsprechenden Universitätsunterlagen belegen, hatte man dort eine hohe Meinung von dem norddeutschen Wissenschaftler. «Alfred Wegener, gleich bekannt als Forscher und erfolgreicher Forschungsreisender, muß als der bedeutendste jüngere reichsdeutsche Meteorologe bezeichnet werden, wenn auch zugegeben werden muß, daß der Schwerpunkt seines wissenschaftlichen Schaffens wohl in den Untersuchungen nicht rein meteorologischen Inhaltes liegt. Seine Vielseitigkeit, die sich auf allen Gebieten meteorologischer und geophysikalischer Forschungen bewährt hat und ihre Erklärung in seiner umfassenden physikalisch-astronomischen Vorbildung findet, ist gepaart mit erstaunlichem Fleiße einerseits und Ideenreichtum und Kühnheit der Erfassung andererseits. Trotz seiner Vielseitigkeit ist er einer der wenigen Forscher, denen man einen spezifisch meteorologischen, den Problemen der Meteorologie angepaßten Spürsinn nachrühmen kann.»[3]

Alfred Wegener seinerseits schwärmte bereits seit seinem Studiensemester in Innsbruck von der österreichischen Lebensart, und zudem bot man ihm in Graz eine Professur, die nicht mit der zusätzlichen Leitung eines Universitätsinstitutes verbunden war. Hier würde er ohne zusätzliche Belastungen seinen Forschungsarbeiten nachgehen können. So fiel ihm die Entscheidung für Graz leicht, und am 10. März 1924 teilte er dem zuständigen Bundesministerium für Unterricht mit, daß er den an ihn ergangenen Ruf mit dem 1. April annehme.[4] Damit hatte er sein seit der Danmark-Expedition persönlich angestrebtes Ziel einer Hochschullaufbahn endlich erreicht.

Die eigentlichen Verhandlungen über seine Anstellung zogen sich dann allerdings über einige Wochen hin. Wegener – mittlerweile Mittvierziger, der für eine Familie zu sorgen hatte – sah zu diesem Zeitpunkt eine Möglichkeit, berechtigte Ansprüche im Hinblick auf seine Besoldung und Altersversorgung in für ihn zufriedenstellender Weise durchzusetzen. Am 28. April 1924 schließlich wurde er, rückwirkend zum 1. April, zum ordentlichen Professor der Meteorologie und Geophysik an der Universität Graz ernannt.[5] Mit Annahme der Professur wurde er auch österreichischer Staatsbürger. Bereits am 10. Mai hielt er seine Antrittsvorlesung zum Thema der *Kontinentalverschiebungstheorie*.

Wegener war zunächst allein nach Graz gezogen, doch nur wenig später kamen seine Frau und die Töchter sowie die Schwiegereltern nach. Es folgte eine Zeit vollkommener Zufriedenheit für beide Familien. Endlich hatte Alfred Wegener es geschafft, der ihm unangenehmen Großstadt mit ihrem Lärm und Getriebe zu entfliehen, und hatte einen ruhigen, beschaulichen Ort mit reizvoller Umgebung gefunden, in dem er sich wohl fühlte. Und er hatte eine noch überschaubare Hochschule gefunden, an der er in einem Kreis exzellenter Naturwissenschaftler gute Arbeitsbedingungen fand: Graz hatte zu Beginn der zwanziger Jahre eine kleine Universität mit gerade 40 Professoren an der Philosophischen Fakultät, in der etwa 600 Hörer eingeschrieben waren.[6] Das Kollegium wies allerdings eine Reihe von Wissenschaftlern aus, die die Forschung der damaligen Zeit entscheidend prägten: «Wenn Wegener von seiner Wohnung in der Blumengasse 9 in etwa 15 Minuten in sein Institut ging, so führte sein Weg vorbei an dem Institut von Fritz Pregl, der 1923 den Nobelpreis für Chemie für die von ihm entwickelte Mikroanalyse organischer Stoffe erhalten hatte, an den Fenstern, hinter denen Felix Machatschki als Assistent arbeitete, der wenige Jahre später das Prinzip der Silikatstrukturen entdecken sollte, und er ging an dem Institut vorbei, in dem Otto Loewi als Professor für Pharmakologie wirkte, der 1936 den Nobelpreis für Medizin für die Entdeckung der chemischen Übertragung der Nervenimpulse bekam, und im Gebäude seines Instituts traf er auf Victor Hess, Professor für Experimentalphysik, der im gleichen Jahr wie Loewi den Nobelpreis für die Entdeckung der kosmischen Strahlung erhielt.»[7]

Als neues Mitglied der Universität mußte Wegener eine Reihe von Vorträgen halten. An einen Abend im Naturwissenschaftlichen Verein erinnerte sich später sein Kollege Hans Bennorf besonders intensiv, es ging wieder einmal um die Kontinentalverschiebungstheorie: «Ohne weitere Einleitung, mit schlichten, einfachen Worten, beinahe nüchtern und trokken, im Anfang etwas stockend, begann er. Wie er dann systematisch ungemein klar und anschaulich Argument an Argument reihte, zuerst die geophysikalischen, dann die geologischen, paläontologischen, biologischen und paläoklimatischen, wurde er immer lebendiger, seine Augen leuchteten, und die Zuhörer waren hingerissen von der Schönheit, Großartigkeit und Kühnheit des Gedankenbaues, den er entworfen hatte. Nie ist mir deutlicher klar geworden, wie unnötig Rhetorik für die Wirkung eines Vortages ist, wenn nur der Gegenstand Bedeutung hat.»[8] Benndorf war zudem auch von der Sachlichkeit und Gelassenheit, die Wegener in der dem Vortrag folgenden Aussprache bewies, beeindruckt: «In der anschließenden Diskussion wurden Einwände erhoben, meiner Ansicht nach allerdings nur Unwesentliches treffend. Wie dann Wegener antwortete, ohne eine Spur von Gereiztheit, klar und mit überlegener Ruhe, gewann man erst den vollen Eindruck von der Sicherheit, mit der er das gewaltige Material, das er aus den verschiedensten Wissenschaften zusammengetragen hatte, beherrschte.»[9]

Graz hatte für Wegener lediglich einen Nachteil: es lag etwas abseits vom Rest der wissenschaftlichen Welt. Doch als sich 1924 erneut die Möglichkeit bot, an einer zentral gelegenen Universität zu arbeiten, lehnte er ohne zu zögern ab. Nach dem Tod von Alfred Merz, des damaligen Direktors des Instituts für Meereskunde in Berlin, der während der

Atlantischen Expedition des Forschungsschiffes *Meteor* in Buenos Aires an Herzversagen gestorben war, wurde Wegener die Institutsleitung in Berlin angeboten. Als Ausgleich für seine Ablehnung konnte er in Wien einen Anspruch auf Reisekostenzuschüsse durchsetzen, der es ihm künftig zumindest etwas erleichterte, Kontakt zu Kollegen zu halten.

Das Leben in Graz hatte für Alfred Wegener geregelte Bahnen angenommen. «In dieser Beziehung glich er seinem berühmten Zeitgenossen Sigmund Freud, dem Begründer der Psychoanalyse, der mit allen seinen Berichten und den oftmals schockierenden Einblicken, die er in die menschliche Natur gewährte, ein gutsituiertes bürgerliches Familienleben führte», gab sein späterer Expeditionskamerad Fritz Loewe einmal zu bedenken.[10]

Wie schon in den Marburger Jahren galt auch in Graz für den Alltag der Familie Wegener: «Wir pflegten wenig Geselligkeit. Alfred brauchte seine Abende zum Arbeiten.»[11] In seiner Freizeit erholte er sich mit seiner Familie und mit Freunden in der näheren Umgebung und in den Bergen. Er wanderte gerne und lief im Winter Ski. Urlaubstage in der Ramsau zur Weihnachtszeit waren bald obligatorisch. Auch im Kreis der Kollegen und Studenten verbrachte Wegener harmonische Stunden mit anregenden Gesprächen: «Beim Tee erzählte er uns viel von seinen Reisen, und die Studenten, die von seinen Erlebnissen nicht viel wußten, lauschten gespannt und mit höchstem Interesse seinen Worten. Daß unserer akademischen Jugend, die so sehr auf den Sport und in Graz besonders auf den Skisport eingestellt ist, seine Leistungen gewaltig imponierten, ist ja selbstverständlich. Auch daß er ein berühmter Gelehrter war, wußten ja wohl die meisten von ihnen, daß man ihm aber so gar nichts davon anmerkte, daß er mit dem jüngsten Schüler so schlicht und einfach wie gleich zu gleich verkehrte, das war es, was ihm die Herzen der Jungen im Sturm gewann. Ich glaube, für Wegener wären sie durchs Feuer gegangen, und hätte jemand gewagt die Verschiebungstheorie zu bezweifeln, so wären sie gewiß zu handgreiflichen Argumenten übergegangen.»[12]

Dafür, daß Alfred Wegener die Zeit in Graz einmal als die glücklichste Zeit seines Lebens bezeichnet hat, gab es sicherlich auch materielle Gründe: Er hatte beruflich eine gute Position erreicht und wußte, daß die Zukunft der Familie wirtschaftlich gesichert war. Sein Leben spielte sich sozusagen zwischen zwei Polen ab, dem der Wissenschaft und dem der Familie. Endlich fand er die Ruhe, sich wissenschaftlichen Aufgaben und Fragen zu widmen, die ihm sehr wichtig waren.

Nachdem Wegener in seiner Hamburger Zeit im wesentlichen an der Überarbeitung und weiteren Beweisführung seiner Kontinentalverschiebungstheorie gearbeitet hatte, wandte er sich in Graz wieder seiner alten Idee zu, die *Physik der Atmosphäre* in ihrer Vollständigkeit zu behandeln: «Ich denke von weitem an die Herausgabe eines (großen) Lehrbuches der Kosmischen Physik, aber nicht in dem Sinne, daß ich es selber schreiben möchte. Es müßte ein Sammelwerk werden, etwa wie Müller-Pouillet. Vielleicht sogar in unmittelbarem Anschluß daran, sozusagen als neue Ausgabe von dem Band Kosmische Physik.»[13] Er hielt daher an der Universität Graz im Wintersemester 1924/25 eine Vorlesung über *Optik der Atmosphäre*, der er in den nächsten beiden Semestern eine Zusammenfassung über die *Physik der Atmosphäre* folgen ließ, in der er im ersten Teil die Mechanik, Thermodynamik und Strahlung behandelte, und im zweiten Teil die Optik, Akustik und Elektrizität. Die Ausarbeitungen dieser Vorlesungen sollten die Basis seines geplanten Werkes bilden. Er hat diese Arbeit nicht mehr vollenden können, aber sein Bruder Kurt hat sie aufgegriffen und weitergeführt, so daß das Werk unter dem Namen beider Brüder 1935 erscheinen konnte.

Hier in Graz fand er ebenfalls Zeit, sich wieder mit Spezialthemen auseinanderzusetzen. Er schrieb die *Theorie der Haupthalos* und *Beobachtungen der Dämmerungserscheinungen und des Zodiakallichtes in Grönland*. Überhaupt konnte er seine in Grönland gesammelten Daten wieder aufgreifen und schließlich auch die Publikation der Ergebnisse der Grönlanddurchquerung aus dem Jahre 1912 vorbereiten. Zwar hatte er bereits in Hamburg seine barometrischen Höhenmessungen und die meteorologischen Beobachtungen ausgewertet, aber noch ließ Johan Peter Koch mit der Bearbeitung der kartographischen und glaziologischen Daten auf sich warten, da ihm seine Funktion als Chef der dänische Luftwaffe lediglich die Zeit gelassen hatte, die astronomischen Ortsbestimmungen auszuwerten. Eine schwere Erkrankung verhinderte schließlich gänzlich die weitere wissenschaftliche Ausarbeitung, so daß Wegener sie 1926 auf Kochs Bitte hin mit übernahm. Die wissenschaftlichen Ergebnisse konnten schließlich 1930 in einem fast 700seitigen Band der dänischen Veröffentlichungsreihe *Meddelelser om Grønland* erscheinen.

Während sich Wegener im Herbst 1927 zu Gastvorträgen im Baltikum aufhielt, fegte über Graz und die Steiermark am 23. September eine Windhose hinweg, die ziemlich starke Schäden anrichtete. Wenn Wegener schon mit seinem Schwiegervater Wladimir Köppen durch gemeinsame Arbeiten nicht nur familiär, sondern auch wissenschaftlich eng verbunden war, so hatte er auch in seiner Frau eine ebenso verständnisvolle, einfühlsame wie kluge Partnerin, die bereit war selbstlos einzuspringen, wann immer es nötig war. Else Wegener wußte, wie sehr ihren Mann genaue Informationen über diese Windhose interessieren würden, und reagierte spontan: «Ich ging gleich mit den Kindern an die Stellen im Walde, wo die Trombe aufgesetzt hatte, und notierte und zeichnete die Richtung der gefallenen Bäume, um die Wirbelnatur des Sturmes festzulegen.»[14] Unmittelbar nach Wegeners Rückkehr fuhr das Ehepaar in die Oststeiermark, um auch dort die Auswirkungen zu untersuchen. Zu Fuß verfolgte er die gut 50 km lange Spur des Luftwirbels, die von abgedeckten Häusern und entwurzelten Bäumen gekennzeichnet war. Bei dem Unwetter waren mehrere Personen verletzt und ein Kind getötet worden. Wegener befragte Augenzeugen, notierte akribisch genau jede nur denkbare Information und rekonstruierte die meteorologischen Bedingungen. Das Ergebnis seiner Auswertungen publizierte er kurze Zeit später in der Fachpresse. Das Ereignis hatte ihn dazu inspiriert, an seine früheren Studien anknüpfend das Problem der Windhosen wieder aufzugreifen, unter anderem in dem Aufsatz *Beiträge zur Mechanik der Tromben und Tornados*. Als ihn 1928 sein Kollege Letzmann aus Dorpat besuchte, begannen die beiden sogar mit experimentellen Versuchen zu dem Thema, über die sie gemeinsam in den Aufsätzen *Ein Versuch zur Trombenerklärung* und *Die Druckerniedrigung in Tromben* berichteten.

In Graz überarbeitete Wegener auch noch einmal die *Kontinentalverschiebungstheorie*, die 1929 in der nunmehr vierten Auflage erschien. Der Vortrag von 1912, dem ein 20 Druckseiten umfassender Aufsatz in Petermanns Geographischen Mitteilungen gefolgt war, war mittlerweile auf 231 Druckseiten angewachsen, die beigefügte Literaturliste wies 229 Titel in deutscher, englischer, niederländischer und französischer Sprache auf.

Auf neue Hinweise für die Verifizierung seiner Theorie reagierte Wegener nunmehr gelassen. Als beispielsweise 1928 Hans Benndorf aus Kopenhagen die Nachricht erhielt, «daß die 1927 ausgeführte dänische Längenmessung im Vergleich mit der im Jahre 1922 durchgeführten den unanfechtbaren Nachweis erbracht habe, daß sich Grönland in den letzten Jahren um 180 m nach Westen, das ist also 36 m pro Jahr, verschoben habe; ein Betrag, der mit dem von Wegener 1922 angegebenen von 32 m überraschend stimmt», reagierte Benndorf hocherfreut und war um so erstaunter, «daß sie Wegener ganz gleichgültig zu sein schien. Ich fragte ihn daher: ‹Freust du dich denn gar nicht darüber?› Worauf Wegener lächelnd meinte: ‹Mir ist's schon recht, jetzt werden's die Leute wohl glauben›.»[15] Alfred Wegener war sich seiner Theorie auch ohne diese zusätzliche Information sicher, die übrigens später von der Wissenschaft widerlegt wurde.

«Wir waren nahe daran, im schönen Graz in bürgerlichem Wohlsein zu versinken»,[16] beschreibt Else Wegener die Zeit, als eine alte Idee und zugleich neue Pläne Wegener verstärkt beschäftigten. Grönland – die eisbedeckte Insel mit ihren zahlreichen ungelösten wissenschaftlichen Fragestellungen – war ihm nicht zuletzt durch die Bearbeitung der Expeditionsdaten von 1912 wieder näher gekommen. Darüber hinaus hatte bereits 1926 der Geograph und Meteorologe Eduard Brückner ihn als österreichisches Vorstandsmitglied der kurz zuvor gegründeten Internationalen Studiengesellschaft zur Erforschung der Arktis mit dem Luftschiff vorgeschlagen, deren Vorsitzender Fridtjof Nansen war. Im Jahre 1928 sollte zur Vorbereitung einer Fahrt mit einem Luftschiff in der Arktis eine Tagung der Gesellschaft in Leningrad stattfinden. Wegener hatte sich für die Veranstaltung mit einem Vortrag *Über die Arbeitsbedingungen und wissenschaftlichen Aufgaben einer Station auf dem grönländischen Inlandeis* angemeldet. In einem Briefwechsel hatte ihm Professor Arthur Berson, sein früherer Kollege aus Lindenberg und Pilot im Ballonkorb, dringend geraten, an der für 1929 geplanten Fahrt eines Zeppelinluftschiffes über das Nordpolarmeer teilzunehmen.[17] Doch Wegener hielt die Erforschung des Inlandeises für wissenschaftlich wichtiger und aufschlußreicher und sagte seinen Vortrag ab. Sein Plan einer eigenen Grönlandexpedition hatte mittlerweile Gestalt angenommen.

Als seine Frau Bedenken anmeldete, skizzierte er kurzerhand ein neues Bild der Polarforschung: «Grönland ist jetzt so weit bekannt, daß man keine abenteuerlichen Rekordreisen mehr machen muß. Als Leiter einer Expedition würde ich mich keinen sonderlich großen körperlichen Anstrengungen zu unterziehen brauchen. Auch stehen mir jetzt ganz andere Hilfsmittel zur Verfügung.»[18]

Wieder in Grönland: Die Vorexpedition 1929

«Mir ist insbesondere sein Drängen nach rascher Entscheidung noch heute gegenwärtig, da er sich den 50ern nähere und recht viel später den Anforderungen einer solchen Expedition nicht mehr gewachsen fühlen würde. Sein unvergeßlicher seherischer Blick ruhte auf uns allen, als er dieses Argument hinzufügte.»[1] So erinnerte sich der Meteorologe August Schmauß an die Referentenbesprechung in Berlin im Winter 1929 bei der Notgemeinschaft der Deutschen Wissenschaft,[2] in der es um die Entscheidung ging, Alfred Wegeners Grönland-Expedition im folgenden Jahr durchzuführen oder sie aufzuschieben. Der Präsident der Notgemeinschaft, Staatsminister Friedrich Schmidt-Ott, hatte vorgeschlagen, diese Unternehmung aus finanziellen Gründen ein Jahr später durchzuführen, aber er hatte nicht mit der Beharrlichkeit und dem unbedingten Willen seines Gesprächspartners gerechnet, der sich auf keinen Fall vertrösten lassen wollte. Ruhig und sachlich, aber sehr bestimmt «wies Wegener darauf hin, daß er am 1. November 1930 das 50. Lebensjahr vollende und nach diesem Zeitpunkt erfahrungsgemäß der menschliche Körper polaren Anforderungen nicht mehr gewachsen sei».[3] Schmidt-Ott begriff, daß er dieser Argumentation nichts entgegenzustellen hatte. «Angesichts dessen war mir klar, daß an eine Vertagung nicht gedacht werden dürfe, und diese Erwägung genügte, die Vorbereitungen mit allen Kräften wieder aufzunehmen, was durch Aufbringung besonderer Mittel gelang.»[4] Zum Zeitpunkt dieser Besprechung hatte Alfred Wegener bereits eine kurze zum Gesamtprojekt gehörende Vorexpedition in Grönland erfolgreich durchgeführt, «frisch und förmlich verjüngt»[5] war er zurückgekommen, doch er wußte auch, wenn er seine Idee von einer neuen umfassenden Grönlandexpedition tatsächlich realisieren wollte, hatte er keine Zeit mehr zu verlieren. Der Plan der Notgemeinschaft, sein Projekt aufzuschieben, mit dem er unmittelbar nach seiner Rückkehr von der Vorexpedition konfrontiert worden war, mußte auf jeden Fall vereitelt werden. Wegener war als Polarforscher schon bald zu alt, denn eines wußte er nach Rückkehr von der Vorexpedition nur allzu genau: «Die Reise ins Innere durch die Windzone ist hart … Es ist ein wilder Kampf, und wer nicht unter allen Umständen entschlossen ist durchzukommen, auch wenn der Himmel einstürzt, der soll lieber zu Hause bleiben.»[6]

Seit er mit Mylius-Erichsen und später mit Koch in Grönland gewesen war, ließen ihn die dort zu lösenden Fragen nicht mehr los. Zu groß war die Fülle der Probleme, die ihm das Inlandeis stellte. Noch gab es zum Beispiel in Grönland keine ganzjährigen Klimabeobachtungen. Es lagen lediglich Daten aus den Sommermonaten vor. Dabei hätten gerade komplette Beobachtungsreihen auch eine praktische Bedeutung für die Wettervorhersage, die Schiffahrt und den gerade einsetzenden transatlantischen Luftverkehr.

Als Wegener 1906 erstmals nach Grönland ging, um zu überwintern, gehörte er zu den Pionieren der Arktis, denn damals gab es Dauerstationen für die Wetterbeobachtung nur an leicht zugänglichen Stellen der arktischen und antarktischen Küsten. Dabei lagen die polnächsten Stationen gerade jenseits von 70° Nord; im Süden gab es nur eine einzige Station jenseits von 55° Süd: die 1903 von Schotten gegründete, jetzt argentinische Station auf der Laurie-Insel der Südorkneys (61° Süd). Im eisbedeckten Nordpolarmeer hatte allein Nansens *Fram* freiwillig mehr als ein Jahr zugebracht, unfreiwillig hatten die *Belgica* unter Adrien de Gerlache und die *Gauss* der Südpolarexpedition unter Erich von Drygalski etwa 60 km vom Rand des antarktischen Festlandes entfernt überwintert. Auf hastigen Schlittenreisen hatte man im Sommer dreimal das Inlandeis Grönlands gequert, und Scotts erste Expedition 1901–1903 hatte als erste den Rand des antarktischen Inlandeises überschritten.

Alfred Wegener war bei der Bearbeitung der Ergebnisse seiner Durchquerung Grönlands von Osten nach Westen zu der Überzeugung gekommen, daß derartige eilige Sommerreisen nicht ausreichen, um die Fragen der Inlandeisnatur, vom Boden des Eises bis zur Atmopshäre darüber, zu bearbeiten. Er vertrat die Meinung, daß man den Kontinentalgletscher nur von länger besetzten Stationen aus erforschen könne.

Und er selber war so vielen neuen Problemen begegnet, so viele Fragen hatten sich ihm gestellt, daß er sie auf einer eigenen Expedition großen Umfangs bearbeiten wollte. Wegener hatte zunächst gehofft, sie wieder mit Johan Peter Koch durchführen zu können, doch der Däne war schwer erkrankt,[7] und angesichts der wirtschaftlich schwierigen Situation hatte er die Idee zunächst verdrängt.

Inzwischen hatte auch sein ehemaliger Mitarbeiter Johannes Georgi eigene Forschungsprojekte realisiert. Während der Sommer 1926 und 1927 hatte er im äußersten Nordwesten Islands eine Serie von meteorologischen Ballonaufstiegen bis in 20 km Höhe durchgeführt und dabei «gewaltige Höhenstürme von bisher unbekannter Geschwindigkeit und Mächtigkeit»[8] festgestellt, die sogenannten *jet-streams*, die entstehen, wo sich Luftmassen südlicher Herkunft solchen aus nördlichen Breiten nähern. Um die Erforschung dieser theoretisch zunächst nicht zu erklärenden Erscheinung in größerem Rahmen zusammen mit anderen Problemen zu ermöglichen, regte Georgi am 23. November 1927 ein Zweites Internationales Polarjahr[9] an, das aber erst 1932/33 verwirklicht wurde. Außerdem wollte er mit Hilfe der Notgemeinschaft der Deutschen Wissenschaft eine eigene wissenschaftliche Grönland-Expedition anstreben, um eine Station an der Ostküste und anschließend mitten auf dem Inlandeis zu errichten.

Johannes Georgi legte seinem «Lehrer und früheren Chef als dem besten Grönlandkenner»[10] diesen Plan vor und erbat dessen Urteil und Rat, den er auch umgehend erhielt: «Ich gratuliere Ihnen zu Ihren schönen Plänen und wünsche Ihnen herzlich den besten Erfolg. Sie kommen da in ein fesselndes Arbeitsgebiet hinein ... Sie berühren auch die Frage einer Station auf dem Inlandeis. Das ist ja ein alter Plan von Freuchen, Koch und mir. Wäre der Krieg nicht gekommen, so wäre der Plan wohl schon ausgeführt. Aber inzwischen ist Freuchen ein Bein abgenommen worden, Koch ist zu alt geworden und liegt im Krankenhaus, und auch ich habe einen kleinen ‹Knax› weg und bin kein Jüngling mehr.»[11]

Als Wegener diesen Brief am 15. Januar 1928 am Schreibtisch in seiner Grazer Wohnung zu Papier brachte, ahnte er nicht, daß sich für ihn selber doch schon bald die Möglichkeit zu einer Grönlandexpedition ergeben sollte. Ostern 1928 besuchte ihn der Göttinger Wissenschaftler Wilhelm Meinardus. Meinardus, der seit 1920 ordentlicher Professor für Geographie in Göttingen war, hatte bereits im Mai 1925 angeregt, das am Geophysikalischen Institut in Göttingen von dem Geophysiker Emil Wiechert entwickelte Echolot zur Eisdickenmessung im Polargebiet einzusetzen und 1926 zunächst Hans Mothes zu diesem Zweck zum Hintereisferner in die Ötztaler Alpen geschickt, doch jetzt unterbreitete er Wegener den konkreten Vorschlag, eine kleine Expedition in Grönland durchzuführen, um dort im Sommer Eisdickenbestimmungen vorzunehmen, das Forschungsprogramm werde von der Notgemeinschaft der Deutschen Wissenschaft finanziert. Meinardus, der sich bei Ferdinand von Richthofen 1899 in Berlin für Geographie habilitiert hatte und in Berlin am Meteorologischen Institut sowie am Institut für Meereskunde tätig war, hatte das meteorologische und klimatologische Beobachtungsmaterial der von Erich von Drygalski 1901–1903 geleiteten Deutschen Südpolarexpedition wissenschaftlich bearbeitet und war deshalb an der Fortführung meteorologischer und glaziologischer Studien in der Arktis sehr interessiert.

Für Wegener rückten damit plötzlich alte Pläne wieder in greifbare Nähe, auf deren Realisierung er in Zeiten von Krieg, Inflation und Wirtschaftskrise nicht zu träumen gewagt hatte, und er entwickelte im Rahmen einer Denkschrift ein Forschungsprogramm, das er der Notgemeinschaft zur Prüfung vorlegte. Er wollte das Inlandeis an drei Stellen untersuchen, dafür sollten drei Stationen am 71. Breitengrad errichtet werden, um dadurch zugleich ein meteorologisches Profil durch Grönland zu legen:

- eine Hauptstation an der Westküste (*Scheideck*),
- eine Station (*Eismitte*) in 3000 m Höhe auf dem Inlandeis, 400 km von der Weststation entfernt und
- eine Oststation an der Ostküste am Scoresby-Sund.

Die Notgemeinschaft der Deutschen Wissenschaft setzte eine Grönlandkommission zur Prüfung des Vorschlags ein, die von dem Präsidenten Friedrich Schmidt-Ott, persönlich geleitet wurde. Ihr gehörten neben Vertretern des Stifterverbandes, der Konzerne, Großbanken und andere Mäzene repräsentierte, und der beteiligten Behörden eine Reihe bekannter Wissenschaftler an. Das waren der Polarforscher und Geophysiker Erich von Drygalski, der 1891 sowie 1892–1893 eine Grönlandexpedition der Berliner Geographischen Gesellschaft und 1901–1903 die deutsche Südpolarexpedition geleitet hatte und der daher Wegeners Projekt mit Interesse verfolgte, die Geophysiker Gustav Angenheister und Oskar Hekker – letzterer hatte sich mit umfangreichen Schweremessungen auf den Ozeanen einen Namen gemacht – und die Meteorologen und Geographen Albert Defant, Hugo Hergesell und Wilhelm Meinardus. Der Physiker Max von Laue vertrat in der Kommission die Berliner Akademie der Wissenschaften.

Da die Vorbereitungen für das umfangreiche Forschungsprogramm in die Zeit der Weltwirtschaftskrise fielen und sich ein Wissenschaftler finanzielle Unterstützung in dieser Zeit nur erhoffen konnte, wenn Ergebnisse seines Projektes auch wirtschaftlich nutzbar waren, mußte sich Wegener auch diesem Problem stellen, obwohl die Verknüpfung von Forschung und Kommerz ihm zutiefst mißbehagte: «Ich habe die Überzeugung, daß die heutige Bevorzugung ‹wirtschaftlich wertvoller› Forschung sowohl unklug wie unmoralisch ist. Unklug; denn Hunderte von Beispielen zeigen, daß jede wirtschaftlich wertvolle Entdeckung auf zahlreichen anderen beruht, die keinen erkennbaren wirtschaftlichen Nutzen haben. Schaltet man aber die letzteren aus, so kommt auch die ‹wirtschaftlich wertvolle› Forschung zum Stehen. – Unmoralisch ...; denn dem Forscher muß die Entdeckung der Umwelt mit ihren Gesetzen das Allerheiligste sein, dem er sein Dasein weiht. Die Nutzbarmachung für das Leben ist nicht seine Sache, braucht es auch nicht zu sein; denn dafür finden sich schon andere. Schielt er nach praktischem Nutzen, so vergeht er sich am Allerheiligsten und hat aufgehört, Forscher zu sein. Glücklicherweise ist die wirtschaftliche Motivierung, die der Forscher heute seinen Forschungen zu geben pflegt, um die Mittel für sie zu erhalten, in der Mehrzahl der Fälle Heuchelei, etwa wie bei Kepler, als er Horoskope stellte.»[12]

Aus einer Grönlandexpedition ließen sich im damaligen Deutschland verwertbare Ergebnisse erhoffen: die Untersuchung der Wetterverhältnisse in der Arktis, speziell in Grönland, war für die Lufthansa, die mit einer isländischen Fluggesellschaft in Vertragsverhandlungen stand, interessant. Auch die Reeder und Hochseefischer versprachen sich verwertbare Resultate.

Die Beweggründe des Präsidiums der Notgemeinschaft, das umfangreiche Konzept zu akzeptieren, das sogar von der Kommission noch ergänzt worden war, erläuterte ihr Präsident, Staatsminister Schmidt-Ott, 1933 in den *Wissenschaftlichen Ergebnissen* der Expedition: «Es sollte mit dieser Expedition ein gewisser wissenschaftlicher Nachwuchs mit Polarerfahrung geschaffen und damit verhindert werden, daß Deutschland aus dem wissenschaftlichen Wettbewerb der Nationen in der Polarforschung ausschied. Es sollten ferner geophysikalische Methoden versucht werden, deren Einführung in die wissenschaftliche Forschung aussichtsreich erschien, und endlich sollten die meteorologischen Bedingungen des Inlandeises untersucht werden, von dem das Wetter Europas merklich beeinflußt wird, und das für die Pläne eines Luftverkehrs zwischen Amerika und Europa von entscheidender Bedeutung ist, während zugleich Eismassen, die von den großen Eisströmen Grönlands ins Meer entlassen werden, für die Schiffahrt eine beträchtliche Gefahr bedeuten, die das Studium dieser Eisströme berechtigt erscheinen läßt.»[13]

Tatsächlich war das Programm inhaltlich weit gespannt. An verschiedenen Stellen im Innern Grönlands sollte die Mächtigkeit des Inlandeises, dieses einzigartigen Überbleibsels der Eiszeit, bestimmt werden. Trigonometrische Höhenmessungen sollten barometrische kontrollieren, gleichzeitige Schweremessungen die Frage entscheiden, ob die grönländische Scholle sich hebt. Durch Bohrungen am Rande wie im Innern sollten in verschiedenen Tiefen die Temperaturen des Eises gemessen, die Zusammensetzung sowie die Struktur von Eis und Firn untersucht und eine Reihe gletscherkundlicher Einzeluntersuchungen durchgeführt werden. Ferner sollten meteorologische und aerologische Langzeitmessungen von Jahresdauer ein Bild von der Beschaffenheit der Luftschichten über dem Inlandeis liefern.[14]

1928 entschied die Kommission allerdings lediglich über die Bereitstellung der Mittel für eine Vorexpedition, die jedoch Bestandteil des Gesamtprojektes war und bei der es vor allem darum ging, das Expeditionsgebiet zu erkunden und eine brauchbare Aufstiegsroute auf das Inlandeis zu ermitteln.

Denn die Bereitstellung der erforderlichen Materialmengen für die Hauptexpediton stellte ein enormes logistisches Problem dar; Wegener selber sagte dazu: «Das sind Transporte wie sie bisher in den Polargebieten noch niemals geleistet worden sind und deren Schwierigkeiten zu unterschätzen ein verhängnisvoller Fehler wäre.»[15] Ein ausgeklügeltes Transportsystem sollte den unterschiedlichen Anforderungen des Geländes Rechnung tragen. Beim Aufstieg durch den Gletscherbruch sollten etwa 30 Islandpferde die Lasten tragen; für den Transport durch das 100 km breite Randgebiet des Inlandeises mit seiner zerklüfteten Oberfläche, den «herausgeaperten Eisrippen, eingeschnittenen Bachbetten und Schneesümpfen» wurde einem Traktor beziehungsweise Raupenschlepper der Vorzug gegeben; für die weiten ebenen Flächen im Innern waren Hundeschlitten und zwei finnische Propellerschlitten, von denen man sich eine große Leistung bei der Versorgung der Station *Eismitte* erhoffte, vorgesehen.

Neben der Aufstiegserkundung galt es verschiedene Geräte zu erproben sowie die Mitglieder mit der Technik des Reisens in der Arktis vertraut zu machen. Ferner sollte die sogenannte seismische Methode der Eisdickenmessung erprobt werden.

Auf den beiden vorangegangenen dänischen Expeditionen, an denen Wegener teilgenommen hatte, war jeweils die Ostküste Ausgang für das Unternehmen gewesen. Für seine eigene Expedition wählte er die Westküste aus, da sie früher im Jahr eisfrei wird und deshalb als Ausgangspunkt vorteilhafter war.

Nachdem die Mittel für die Vorexpedition bewilligt waren, wurde der Winter 1928/29 zur Vorbereitung genutzt, wobei gelegentlich die ganze Familie Wegener mit einbezogen war. «Ich lag mit Hilde der Länge nach auf dem Fußboden, und Alfred maß genau Länge und Breite der geplanten Zwei-Mann-Zelte aus, die sie auf der Vorexpedition verwenden wollten. Die Maße schickte er an die Sportfirma Schuster nach München, die einen Großteil der Ausrüstung herstellte.»[16] Nach dem Muster eines grönländischen Anoraks wurde die Polarkleidung der Expeditionsteilnehmer gefertigt. Diese wurde übrigens als Modell für Sportbekleidung übernommen; damit war Wegener nicht unbeteiligt an der Einführung des Anoraks in die europäische Wintersportmode.[17]

Der europäische Rodelschlitten hingegen diente Wegener als Vorbild für die Konstruktion eines Handschlittens. Allerdings verwendete er anstelle von Holz Bambus, um das Gewicht zu reduzieren. Grundsätzlich war bei der logistischen Vorbereitung Wegeners oberste Prämisse, die Ausrüstung so leicht wie möglich zu machen. Denn er wollte während der Vorexpedition bei den Gepäcktransporten auf die Unterstützung durch Grönländer weitestgehend verzichten, insbesondere um die neuartige Ausrüstung zu testen. So wogen die wasserdicht bezogenen Daunenschlafsäkke nur 2,4 kg, die Zweimannzelte mit Gestänge und Unterlage nur 2,6 kg. Auch bei der Auswahl der wissenschaftlichen Geräte bevorzugte Wegener, soweit es ging, kleine, leichte Exemplare, die er *Westentascheninstrumente*[18] nannte. Anregungen für seine Ausrüstung fand er auch in den Geräten der gerade aufblühenden alpinen Wintersportindustrie, so zum Beispiel eine aus Dural gefertigte, leichte Schaufel, die er zur Errichtung von *Schneemännern*, also Wegmarkierungen, benötigte.

Neben den Vorbereitungen liefen an der Universität in Graz die Vorlesungen weiter. Mit Lehrveranstaltungen über *Theoretische Meteorologie*, *Die Theorie der Kontinental-Verschiebung*, *Die Erforschung der höheren Luftschichten*[19] griff er auf sein bewährtes Repertoire zurück. Für die eigentlichen Expeditionszeiträume im Sommer 1929 sowie vom Frühjahr 1930 bis zum Herbst 1931 bat er das Bundesministerium für Unterricht in Wien «um Beurlaubung mit Gehalt» und schlug vor, seine Stelle für die Zeit der Hauptexpedition vertretungsweise zu besetzen. «Ich bitte das Bundesministerium für Unterricht, die Kosten dieser Supplierung tragen zu wollen, als Zeichen des Interesses an dieser wissenschaftlichen, von einem österreichischen Hochschullehrer geleiteten deutschen Unternehmung.»[20] Das Ministerium kam der Bitte anstandslos nach.

Zu den Vorbereitungen gehörte auch die Auswahl der Teilnehmer für die Vor- wie für die Hauptexpedition. Dabei zeigte sich, daß sich das Projekt herumgesprochen hatte: «Es kamen zwar Angebote von allen Seiten, aber Wegener mußte ganz bestimmte Bedingungen an die Teilnahme knüpfen. Er brauchte Fachwissenschaftler und Spezialtechniker, die aber auch körperlich leistungsfähig waren und die nötige Unternehmungslust, Ausdauer und Selbstverleugnung für eine Forschungsreise in Grönland mitbrachten.»[21] Bei der Auswahl seiner Expeditionskollegen zeigte Wegener großes Engagement und menschliches Verständnis selbst für die Familien der Teilnehmer, denen ja eine belastende Zeit bevorstand. So fuhr er eigens zu Johannes Georgi, der sein eigenes Forschungsprojekt in Wegeners Expedition integrierte, nach Hamburg, um, wie dieser später berichtete, «die Einwilligung meiner Frau zu erlangen. Er (Wegener) war ja verlobt, als er 1912 zum zweiten Male nach Grönland ging, und wußte, welcher seelischen Belastung die Angehörigen zu Hause ausgesetzt sein würden, falls die Expedition eines Tages nicht mehr programmgemäß verlaufen sollte. Diese lange und freundschaftliche Unterhaltung mit meiner Frau wird mir stets gegenwärtig bleiben: wie Wegener auf ihre verständliche Frage, welches Risiko für mich mit der Teilnahme verbunden sei, auseinandersetzte, wie sehr er durch sorgfältige Vorbereitung und unter Berücksichtigung seiner eigenen Erfahrungen das Risiko zu vermindern hoffte; wie überhaupt das, was man bei Unglücksfällen nur gar zu gern als Schicksal bezeichne, zumeist auf Lücken oder Fehler der Vorbereitung zurückzuführen sei.»[22] Grundsätzlich war Wegener sehr darauf bedacht, Spannungen oder Mißverständnissen in den Reihen seiner Expeditionsteilnehmer vorzubeugen, und er «reiste zu einem früheren Mitarbeiter eigens deshalb, um ihm zu erklären, aus welchen Gründen er es nicht für richtig halte, ihn zur Teilnahme an seiner Grönlandexpedition aufzufordern».[23]

Rechtzeitig neben den Vorbereitungen zur Vorexpedition mußten die Weichen für die Durchführung der Hauptexpedition gestellt werden. Seit Mitte der zwanziger Jahre begannen Flugzeuge und Luftschiffe den Himmel über dem Polarmeer zu erobern. 1923 versuchte Roald Amundsen erstmals die Arktis von Point Barrow aus zu überfliegen, das Unternehmen scheiterte allerdings bereits beim Start, 1925 wiederholte er das Projekt, diesmal mit zwei Dornier-Walen von Ny Ålesund auf Spitzbergen aus, er mußte auf 87°44' N notlanden; 1924 waren sowjetische Piloten über dem Nordpolarmeer aufgetaucht; 1926 behauptete Byrd, er sei zum Nordpol geflogen; kurz darauf fuhr der Norweger Roald Amundsen mit dem Luftschiff *Norge* von Spitzbergen nach Alaska; 1928 bewältigte der Australier Hubert Wilkins den Weg in umgekehrter Richtung; im selben Jahr fuhr Nobile mit dem Luftschiff *Italia* zum Pol und verunglückte auf dem Rückweg; Roald Amundsen fand bei einem Rettungsflug den Tod. Alfred Wegener war im Hinblick auf den Einsatz von Flugzeugen noch mißtrauisch; wenngleich er zunächst auch ihre Verwendung erwogen hatte, verbat er sich letztlich sogar den Besuch durch Flugzeuge ausdrücklich.[24] Einerseits hatten finanzielle Erwägungen ihn dazu gebracht, Flugzeuge nicht einzusetzen, aber ebensogut konnte er sich als erfahrener Polarforscher die psychologisch schwierige Situation einer sich dahinquälenden Schlittengruppe vorstellen, über die ein Flugzeug scheinbar problemlos hinwegdonnert: «Da fliegt er nun mühelos in ein paar Stunden die Strecke für die wir Tage brauchen! Dieser Anblick muß die Schlittenreise sportlich demoralisieren, und wenn zehnmal die Vernunft einschreitet. Denn die Schwierigkeiten des Starts, das Warten auf Flugwetter, die Gefahren des Verfliegens und der Landung sieht man ja nicht; man sieht nur die offenbare Mühelosigkeit des Fluges gegenüber der Quälerei der Schlittenreise. Die Wirkung muß etwa so sein, wie diejenige des Anblickes von Amundsens Zelt am Südpol auf Scott und seine Leute. Solche Suggestionen, die manchem vielleicht lächerlich erscheinen, sind in Wirklichkeit von allerrealster Bedeutung; sie sind wichtiger als Pemmikan und ziehen mehr als 15 Hunde vor dem Schlitten!»[25]

Als Transportmittel vor der Küste war ein Motorboot, die *Krabbe* vorgesehen, die in Kopenhagen gebaut und mit der Vorexpedition nach Grönland gebracht werden sollte; besondere Aufmerksamkeit galt aber den beiden Propellerschlitten, die auf Meßfahrten die Hundeschlitten ersetzen sollten und die in der Arktis zuvor noch nicht eingesetzt worden waren. Wegener kümmerte sich selber um sie und fuhr zusammen mit seiner Frau und zwei Sachverständigen aus dem deutschen Flugzeugbau nach Helsinki, um sich dort die von der finnischen Luftwaffe benutzten Propellerschlitten anzusehen. In Helsinki hatte nach strengen Wintermonaten Tauwetter eingesetzt, so daß Testfahrten auf unebenem Gelände im Schnee entfallen mußten und lediglich Rundfahrten auf dem ebenen Meereis der zugefrorenen Ostsee möglich waren. Nach eingehenden Beratungen bestellte Wegener schließlich zwei Schlitten mit geschlossenen Kabinen, in die dann in Deutschland ausrangierte Flugzeugmotoren eingebaut werden sollten. Den Terminen in Finnland folgten Verhandlungen in Stockholm, bei denen es um die Auswahl von Traktoren und Raupenschleppern ging. Das Gewicht dieser Fahrzeuge schien Wegener für seine Zwecke jedoch zu groß, er sah von einer Bestellung ab.[26] Anschließend trennte sich das Ehepaar Wegener. Else fuhr nach Oslo zu Bjerknes und Alfred nach Kopenhagen, wo die Vorexpedition starten sollte.

Zu den Teilnehmern der Vorexpedition, die am 27. März 1929 in Kopenhagen an Bord der *Disko*, eines Versorgungsschiffes des KGH, aufbrach, gehörten neben Alfred Wegener der damals 40jährige Meteorologe Johannes Georgi, der 34jährige Fritz Loewe von der Flugwetterstelle Berlin und der 30jährige Studienrat Dr. Ernst Sorge. Mit an Bord der *Disko* hatten sie ebenfalls ihr kleines Expeditionsboot *Krabbe*, das ihnen an der grönländischen Küste für Erkundungsfahrten und als Unterkunft dienten sollte. Es wurde in Sisimiut (Holsteinsborg) zu Wasser gelassen. Von dieser kleinen grönländischen Stadt aus ging es die Küste entlang nach Norden, zunächst nach Ilulissat (Jakobshavn), wo Wegeners alter Expeditionskamerad Tobias Gabrielsen, der schon während seiner ersten Begegung mit Grönland dabei war,[27] als Bootsführer und Maschinist zu ihnen stieß und schließlich nach de Quervains Havn. Hier war 1912 der Schweizer Meteorologe de Quervain zu einer Überquerung des Inlandeises nach Ammassalik an der Ostküste aufgebrochen, und nun wollte Wegener hier eine Reserveaufstiegsstelle auf das Inlandeis erkunden. Vorher galt es zunächst einen etwa 8 km breiten, auf mehr als 400 m Höhe ansteigenden, schwierig zu begehenden Moränenstreifen zu überwinden. Am Abend des 13. Mai begannen die Männer, ihr Gepäck zu entladen und bis zum Eisrand zu tragen. Am 18. Mai war das geschafft, und am folgenden Tag, Pfingstsonntag, begannen sie den Aufstieg auf das Eis. Für Wegeners Begleiter Ernst Sorge, Johannes Georgi und Fritz Loewe war es die erste Begegnung mit dem Inlandeis. «Wem sich zum erstenmal der Blick über die weiße Eisfläche erschließt, der fühlt etwas Weihevolles. Es ist ein feierlicher Augenblick. Vielleicht ist es der restlose Sieg einer einzigen Naturkraft über alles andere, die Überwältigung des Erdbodenreliefs durch die Eisüberschwemmung, die uns packt; vielleicht ist es auch nur das, daß der Blick, bisher gehemmt durch schroffe Felswände, plötzlich haltlos in die Ferne irrt wie beim Meere. Man fühlt sich Aug in Aug mit der Unendlichkeit und wird stumm und klein.»[28]

Auf dem Inlandeis unternahmen sie eine Handschlittenreise, die sie 13 Tage lang in das Innere Grönlands führte und auf der die Ausrüstung erprobt werden sollte. Gleichzeitig bereiteten sie Messungen der Abschmelzrate des Eises vor, indem sie Bambusstöcke etwa 4 bis 5 m tief in das Eis trieben, an denen die derzeitige Eisoberfläche markiert war. Diese Pegel sollten im folgenden Jahr abgelesen werden. Der erste 23tägige Abschnitt der Vorexpedition ergab, daß die Zelte zu leicht waren; und auch die Ernährung durch Amundsen-Pemmikan erwies sich als unzulänglich. Ihre Handschlittenreise auf dem grönländischen Binnengletscher war übrigens die erste seit Fridtjof Nansens Durchquerung Südgrönlands im Jahre 1888.

Zwar hatte sich die Aufstiegsstelle in de Quervains Havn als durchaus geeignet erwiesen, trotzdem sollte sie lediglich Reserve bleiben. Als Expeditionsgebiet hatte Wegener die Küste nördlich der Halbinsel Nuussuaq bestimmt, da über dieses Gebiet Grundinformationen aus den Jahren 1892–93 vorlagen, in denen Erich von Drygalski die Randgletscher Grönlands erforscht hatte.

So fuhr die *Krabbe* weiter nach Norden, vorbei an steil ins Meer abfallenden Gletscherfronten. «Dieser ganze Umanak-Distrikt ist ein Märchenland»,[29] schwärmte Wegener. Nach einem kurzen Abstecher in die kleine Hafenstadt Uummannaq begannen sie mit der Erkundung der Aufstiegsstelle am Ende des Uummannaq-Fjordes am von Erich von Drygalski besuchten Qarajaqgletscher. «Es ist ein seltsames Gefühl, an der Stelle zu stehen, wo Landsleute vor uns gearbeitet haben. Ich erinnere mich deutlich, wie mich das gleiche Gefühl packte, als ich im November 1906 in Nordostgrönland am Germania-Hafen auf die Spuren der zweiten deutschen Nordpolarexpedition stieß. Auch jetzt ist es, genau wie damals, gerade 36 Jahre her, seit Professor von Drygalski hier mit seinen Begleitern überwinterte ... Nicht einmal sein Haus steht mehr da, es ist verkauft und abgerissen, nur die Grundsteine bezeichnen noch die Stelle.»[30]

Als Aufstiegsstelle für die Expedition erwies sich der Qarajaqgletscher hingegen als ungeeignet. Die sich nun anschließende Suche nach einem günstigeren Ort, um mit dem gesamten Expeditionsmaterial auf das Inlandeis zu kommen, war schwieriger als erwartet. Die Gletscher dieser Region fließen verhältnismäßig schnell und sind durch ihre Spalten gefährlich. Der Aufstiegsgletscher, den Wegener benötigte, durfte hingegen weder zu steil noch zu zerklüftet sein, er durfte nicht zu schnell fließen, da ein Kalben für die Teilnehmer lebensgefährlich werden würde, und die Gletscherzunge durfte nicht zu weit im Landesinneren liegen. Die Suche war nervenaufreibend, denn von der Aufstiegsstelle hing das Schicksal der Expedition ab, was Wegener sehr wohl wußte. 15 Gletscher wurden auf ihre Brauchbarkeit für den Aufstieg untersucht, wobei sich als beste Zugangsroute für die Hauptexpedition der Qaamarujuk-Gletscher (Qaamarujuk bedeutet *helle Bucht*) nördlich der Siedlung Uummannaq erwies.

Als die Entscheidung gefallen war, kehrte die Gruppe mit der *Krabbe* nach Uummannaq zurück, um einige Grönländer mit ihren Schlittenhunden an Bord zu nehmen, die ihnen jetzt beim Transport des Gepäcks helfen sollten, denn noch stand der dritte Abschnitt der Vorexpedition bevor, die praktische Erprobung der Aufstiegsstelle und sich anschließende Eisdickenmessungen, die erstmals auf dem Inlandeis durchgeführt werden sollten. Während Wegener mit den Grönländern verhandelte, den notwendigen Schriftwechsel und Absprachen für die im nächsten Jahr folgende Hauptexpedition traf, stellten Johannes Georgi und Ernst Sorge ihre alpinistischen Fähigkeiten beim Erklimmen des hoch über dem Ort aufragenden herzförmigen Uummannaq-Felsens unter Beweis, des *Matterhorns Grönlands,*[31] den einst der Matterhornbezwinger Eduard Whymper vergeblich zu ersteigen versucht hatte.

Der Aufstieg auf das Inlandeis erwies sich als kräftezehrend. Regen und Sturm erschwerten das Unternehmen, bei dem das Forscherteam mit Hilfe der Grönländer etwa 2 t Gepäck mehr als 900 m hoch auf das Inlandeis bis zum Nunatak *Scheideck*[32] schafften, wo im kommenden Jahr die Weststation errichtet werden sollte.

Während die Transportarbeiten noch andauerten, begannen Loewe und Sorge mit den Eisdickenmessungen. Dazu lösten sie jeweils eine Dynamitexplosion auf der Eisoberfläche aus. Die Wellen dieses künstlichen Erd-, besser Eisbebens, wurden von einem kleinen seismischen Registrierapparat aufgezeichnet. Dabei erreichen die direkten nahe der Oberfläche laufenden Wellen das Registriergerät zuerst, und Sekundenbruchteile später kommen diejenigen an, die vom Boden unter dem Eis reflektiert worden sind. Aus der Zeitdifferenz läßt sich der Weg ermitteln, den die vom Felsuntergrund reflektierte Sekundärwelle zurückgelegt hat, und somit in diesem Fall die Eisdicke. Die Wellen wurden mit Hilfe eines feinen Lichtstrahles, der von einem leicht zitternden Spiegel auf einen Streifen Fotopapier reflektiert wurde, aufgezeichnet. Dieses so einfach klingende Prinzip in der Praxis anzuwenden, erforderte allerdings große Umsicht und erwies sich bei den grönländischen Temperatur- und Lichtverhältnissen zwar als schwierig, aber nach einigen Modifikationen der Versuchsanordnung als verwendbar. Die am weitesten von der Küste entfernte Messung wurde in einem Randabstand von etwa 38 km durchgeführt und sie ergab eine weit größere Eisdicke als die Messungen zuvor. Sie zeigte, daß das Inlandeis an dieser Stelle 1200 m mächtig war. Aus der Meereshöhe von 1500 m, in der die Sprengung ausgelöst worden war, ergab sich also, daß das Land unter dem Eis nur 300 m über dem Meeresspiegel lag. «Was dürfen wir hiernach für das eigentliche Innere von Grönland erwarten? Es wäre keine geringe Überraschung, wenn sich etwa herausstellte, daß das Land im Innern Grönlands unter dem

Meeresspiegel liegt»,[33] überlegte Wegener. Diese Annahme ist heute bewiesen.

Da die Eisdickenmessungen jedoch länger als veranschlagt gedauert hatten, wurde die Zeit für den noch ausstehenden Vorstoß ins Innere, der die Trasse für die Hauptexpedition erkunden sollte, knapp. Deshalb trennte sich das Team in zwei Gruppen. Loewe und Sorge setzten ihre Untersuchungen im Randgebiet weiter fort und fuhren nach Norden, Wegener und Georgi reisten zusammen mit Johann Davidson auf Hundeschlitten etwa 200 km weit ins Landesinnere.

«Es war lustig, wieder einmal – nach 21 Jahren! – die Hundepeitsche zu schwingen und das Tripp-Trapp all der Hundebeine vor dem Schlitten zu sehen»,[34] notierte Wegener. Doch schon bald machten anhaltender Wind, Schneetreiben und Nebel den drei Schlittenteams die Fahrt schwer, zumal auch die Hunde von den Transporten am Gletscherrand noch geschwächt waren. Wegener selbst war zeitweise schneeblind und litt an Zahnschmerzen. Dennoch erreichten sie am 30. August das Ziel ihrer Schlittenreise. 209 km hatten sie seit ihrem Aufbruch an der Küste zurückgelegt; sie befanden sich jetzt 2500 m über dem Meer.

«Bei objektiver Betrachtung hätte ich es zweifellos besser haben können, wenn ich in Graz geblieben wäre und dort meine Vorlesungen abgehalten, Bücher geschrieben und zwischendurch schöne Erholungstouren in den Alpen mit Frau und Kindern gemacht hätte. Welcher Teufel hatte mich eigentlich geritten, daß ich all diese Herrlichkeiten freiwillig von mir schob und ohne jeden zwingenden Grund in diese von allen guten Geistern verlassene Gegend zog, wo nur das widerliche Schneefegen herrscht? Das Sprichwort von dem Esel, dem es zu gut und der deshalb auf das Eis (in diesem Falle Inlandeis) geht, paßte eigentlich in fataler Weise auf meinen Fall. Und dennoch fühlte ich keine Ernüchterung, sondern nur den Triumph, ja leises Bedauern, daß unsere Zeit es nicht zuließ, noch weiter zu gehen.»[35] Die Fahrt hatte jedoch das gewünschte Ergebnis gebracht. Sie hatte gezeigt, daß das Inlandeis für den Transport der Ausrüstung zur zentralen Firnstation *Eismitte* keine unüberwindlichen Schwierigkeiten aufwies. Auf einer rasanten Rückfahrt mit außergewöhnlich hohen Tagesleistungen von über 60 km kehrten die drei Teilnehmer der Erkundung zu Ernst Sorge und Johannes Georgi an die Küste zurück. «Das Fest der Wiedervereinigung mit unseren Kameraden, das wir auf dem Nunatak Scheideck feierten, war das schönste des ganzen Sommers»,[36] berichtete Wegener später. Doch diese Vorexpedition verlief nicht so harmonisch, wie die offiziellen Berichte es glauben machen. Es gab durchaus gelegentlich kontroverse Diskussionen oder Mißstimmungen bei den Teilnehmern, doch davon drang so gut wie nichts an die Öffentlichkeit. Lediglich eine erst 1960 von Georgi geäußerte Schilderung läßt Konflikte ahnen: «Auf dieser Expedition, an der nur 4 Mann, aber die denkbar verschiedendsten Temperamente zusammen arbeiteten, stoben oft genug die Funken; in meinem Tagebuch, so wie in dem meines Zeltkameraden Dr. Ernst Sorge haben wir nicht nur einmal unserem Ärger Luft gemacht, wenn man den Expeditionsleiter in für uns wichtigen Fragen nicht zu überzeugen vermochte.»[37]

Georgi stellte sich die Frage, warum sie Wegener dennoch so großen Respekt zollten, und er kam zu dem Schluß: «Rückschauend darf Wegeners bezwingende Einwirkung auf seine Kameraden auf zwei Wurzeln zurückgeführt werden: Auf seine Sachkenntnis in allen Fragen der Polartechnik, der Glaziologie, Meteorologie und Aerologie, und auf sein gesundes Urteil solchen Fragen gegenüber, in denen er keine eigene Erfahrung besaß. Zum anderen auf ein ungewöhnlich hohes Verständnis für die seelischen Voraussetzungen, die zu erfolgreicher Arbeit in der Arktis, in den Bergen, ja man darf sagen bei jeder Art von anspruchsvoller wissenschaftlicher oder sportlicher Tätigkeit erfüllt sein müssen.»[38]

Wegener seinerseits, der sich auf dieser Vorexpedition erstmals als Projektleiter bewähren mußte, war in diesen Wochen im Sommer 1929 auf dem grönländischen Inlandeis seine mit dieser Funktion verbundene Aufgabe deutlicher geworden als je zuvor: «Wir brauchen auf unserer Expedition die Suggestion, daß unsere Arbeit sowohl nach ihrer wissenschaftlichen Qualität wie in reisetechnischer Hinsicht eine Rekordleistung ersten Ranges ist. Wir müssen uns in die Vorstellung hineinarbeiten, daß die wissenschaftlichen Probleme, denen wir nachgehen – das Inlandeis und sein Klima – überhaupt die interessantesten Probleme sind, die es auf der Welt gibt, und andererseits, daß wir bahnbrechend vorgehen in der richtigen Anwendung neuzeitlicher technischer Hilfsmittel und in ihrer Verbindung mit den alten Methoden der Zugtiere. Nur eine solche – objektiv gesprochene übertriebene – Wertung der eigenen Arbeit befähigt zu übernormaler Leistung. Das gilt für jeden Sport, für Alpinistik, und auch für Polarreisen.

Wer in den Alpen einen neuen Aufstieg auf einen bisher unbestiegenen Gipfel sucht, für den versinkt die Welt mit ihren Interessen, bis ihm die Bezwingung dieses Berges als der einzige Sinn seines Lebens erscheint. Und er braucht diese Illusion, denn ohne sie käme er nicht hinauf. Wird sie – z.B. durch Unfall eines Gefährten – hinweggeblasen, so sieht er plötzlich das Törichte seines Beginnens ein, und die Folge ist ein Erlahmen seiner Klettertätigkeit. Er kann weder vor noch zurück. Versucht er es dennoch, so stürzt er an Stellen ab, die er vorher mit nachtwandlerischer Sicherheit spielend bewältigte. Ich weiß von meinen früheren Grönlandreisen, daß alle großen Leistungen auch dort durch die gleiche Suggestion getragen wurden. Die meisten polaren Unglücksfälle bieten bei objektiver

Betrachtung etwas Rätselhaftes: Die Schlittenpartie bleibt ohne sichtbaren Grund liegen, hat plötzlich die Fähigkeit zu reisen eingebüßt. Der Grund ist immer das Schwinden dieser Illusion, die lähmende Einsicht, daß man irgendwie ein Stümper ist, daß man etwas verkehrt gemacht hat. Alle Teilnehmer der Expedition unterliegen unbewußt dieser Suggestion, daß sie es besser machen als alle anderen. Und dreiviertel ihrer Leistungen beruhen auf dem Ehrgeiz dies zu tun und zu zeigen. Der Leiter einer Expedition muß, wenn er seine Aufgabe richtig versteht, diese Suggestion bewußt nähren und darüber wachen, daß sie nicht erlischt. Denn ihr verdankt er den größten Teil aller Erfolge!»[39]

Guter Dinge und zuversichtlich kehrte Alfred Wegener nach «Europa»[40] zurück, und noch an Bord des dänischen Versorgungsschiffes *Gertrud Rask* begann er sein populäres Buch *Mit Motorboot und Schlitten in Grönland* zu schreiben. Es wurde sein letztes Werk; und mit ihm erschloß er sich neben seinen wissenschaftlichen Arbeiten das Genre des Reiseberichtes.

Die Grönlandexpedition 1930

«Nun ist der Traum Wirklichkeit geworden. Ich bin, gemütlich in geschlossener Kabine sitzend und Pfeife rauchend, auf das Inlandeis gefahren. Eine unerhörte Schlemmerei ist das Ganze. Es kommt mir noch immer ganz unwirklich vor. Wir haben nur selten und auf kurze Augenblicke Vollgas gegeben und haben alle den Eindruck, daß die Schlitten ungefähr das leisten, was wir von ihnen erwarten.»[1] Das schrieb Alfred Wegener am 30. August 1930 begeistert in sein Tagebuch. Wegener, der Grönland an seiner breitesten Stelle mühsam zu Fuß bezwungen hatte, erlebte und forcierte nun den Einzug moderner Technik in die Polarforschung. Trotz wiederholter Rückschläge hatte im ersten Viertel des 20. Jahrhunderts die Motorisierung der Polarexpeditionen begonnen. Ernest Shackleton nahm 1908 ein Schneemobil mit in die Antarktis, das allerdings seine Bewährungsprobe nicht bestand, da es ausfiel. Robert Falcon Scott führte auf seiner Expedition 1910, auf der er den Pol erreichen wollte, Motorschlitten mit Raupenketten mit. Einer der Schlitten fiel zwar bereits beim Entladen ins Südpolarmeer, die beiden übrigen hingegen erwiesen sich für Transportarbeiten an der Küste als nützlich. Der Australier Douglas Mawson nahm 1911 ein Vickers-Flugzeug mit in die Antarktis, das zwar auf der Anreise bei einem Demonstrationsflug daheim in Adelaide abgestürzt war, dessen Rumpf er aber zumindest noch als Propellerschlitten nutzen wollte. Das Unternehmen schlug allerdings fehl, da der Motor versagte.[2] Richard Byrd verwendete 1928 in seiner Station *Little America* Raupenfahrzeuge, und als Wegener 1929 in Deutschland begann, seine große Grönlandexpedtion vorzubereiten, erreichte jener mit einem Flugzeug den Südpol.

Wegener war sich durchaus der Tatsache bewußt, daß er den Beginn eines neuen Zeitalters in der Polarforschung erlebte und daß seine Expedition an der Schwelle zwischen den klassischen und modernen Polarreisen stand: «Das war Musik! Wir standen festgebannt und lauschten andächtig, bis der Probelauf beendet war … Die Pferde auf dem Gletscher, die Hunde- und Propellerschlitten auf dem Inlandeis, das ist das Richtige. Wir beginnen eine neue Epoche der Polarforschung. Alles was wir messen wollen und können, muß vom Boden aus gemessen werden. Was wir hier tun, das ist das unmittelbare Programm der künftigen Südpolarforschung. Wie wundervoll, daß wir es sein dürfen, die diesen bahnbrechenden, ja – nach den vielen Flugzeugunfällen im Polargebiet – erlösenden Schritt zu tun.»[3]

Vergessen waren in diesem Moment die Mühen der Vorbereitung, die dem Aufenthalt in Grönland vorausgegangen waren. Nachdem die finanziellen Mittel für die Hauptexpedition von der Notgemeinschaft der Deutschen Wissenschaft nach zähem Ringen endlich freigegeben worden waren, galt es in der kurzen Zeit bis zur Abfahrt des ersten Schiffes im Frühjahr 1930 die gesamte Expedition zu organisieren. Es folgten für Wegener hektische Wochen. Immer wieder bewunderten seine Grazer Kollegen die Gelassenheit, die er dennoch ausstrahlte: «Die Bestellung von Apparaten, Ausrüstungsgegenständen, Proviant für Mensch und Tier, alles mußte bis ins kleinste sorgfältig vorbedacht, berechnet und überlegt werden. Ein kleiner Fehler in der Vorbereitung konnte die ganze Unternehmung, ja das Leben der Teilnehmer gefährden. Wegener fuhr in dieser Zeit wohl ein halbes dutzendmal von Graz nach Berlin, Kopenhagen, München, immer nur auf ein bis zwei Tage, die Nächte im Zug verbringend, dazwischen hielt er noch Vorlesungen ab. Und dabei bewahrte er immer, wenigstens äußerlich, seine unerschütterliche, freundliche Ruhe. Er mußte Nerven aus Stahl haben.»[4] Selbst bei Unstimmigkeiten ließ er sich niemals aus der Ruhe bringen. «In all diesen schwierigen Lagen erinnere ich mich keines Falles, wo Wegener in begreiflichem Ärger die Selbstkontrolle verloren hätte«,[5] berichtete später Johannes Georgi, der selbst in dieser Zeit einmal im Streß zusammengebrochen war. Allerdings zeugt Wegeners Tagebuch schließlich von Erleichterung, die der Expeditionsleiter spürte, als schließlich die *Disko*, das Versorgungsschiff des Königlich Dänischen Handels, in Kopenhagen ablegte: «Abschied, eine Aufnahme für das Buch, Tücherwinken, noch eine Aufnahme von Schloss Kronborg und dann – ja nun ist der Faden abgeschnitten, jetzt beginnt die Expedition. Ich habe so etwa das Gefühl, als sei ich einem Bienenschwarm entronnen.»[6] An Bord des Expeditionsschiffes hatten sich neben Georgi, Loewe und Sorge, die schon an der Vorjahresexpedition teilgenommen hatten, u. a. der Geodät Karl Weiken, der Glaziologe Dr. Kurt Wölcken, der Meteorologe Dr. Rupert Holzapfel und Dipl. Ing. Curt Schif eingefunden. In Island kamen drei weitere Mitglieder der Expedition an Bord, unter ihnen auch wieder Vigfus Sigurdsson, der bereits 1912/13 mit von der Partie gewesen war. Im südgrönländischen Sisimiut (Holsteinsborg) mußte die Ausrüstung, die immerhin 10 Güterwaggons füllte, auf die eisgängige *Gustav Holm* umgeladen werden. Wie geplant, passierte die Expedition Anfang Mai die Insel mit dem Uummannaq-Berg. Der Fjord war jedoch mit Eis verstopft, so daß die *Gustav Holm* die Qaamarujuk-Bucht nicht erreichen konnte. «Nun müssen wir durch Tüchtigkeit gutmachen, was das Glück versäumt hat»,[7] notierte Wegener im Tagebuch, und am 5. Mai begann man das Gepäck an der Eiskante zu entladen und mit Hundeschlitten zur zehn Kilometer entfernten Siedlung Ukkusissat zu fahren. Nur noch den sprichwörtlichen Steinwurf von ihrem Ziel entfernt lag der Qaamarujukgletscher am Ende des gleichnamigen Fjords, jenseits des Perlerfik-(Innerit-)Fjords, dessen

Eis nicht mehr trug, aber auch noch keine Fahrt mit dem Schiff erlaubte. Bis das Eis brach, dauerte die nervenaufreibende Wartezeit fast sechs Wochen, die Wegener für Vorbereitungen nutzte, so charterte er den Motorschoner *Hvidfisken*, der das Gepäck zur Aufstiegsstelle bringen sollte. Freie Zeit nutzte er, um zu fotografieren und sich durch die Weltliteratur zu arbeiten, er las Shaws *Kaiser von Amerika*, über den er im Tagebuch notierte «geistreich, geistreich und wieder geistreich».[8] Thomas Manns *Buddenbrocks* hingegen, die er am 17. Mai las, fand er «etwas weitläufig, aber doch ganz fesselnd»[9] und kam am nächsten Tag nach beendeter Lektüre zu dem Schluß: «Wenig sympathisch, diese alle Persönlichkeit tötende Wirkung eines Familien-Kapitals! Wir Wilden sind doch bessere Menschen!»[10] Die Sorge um seine Expedition wurde jedoch zusehens größer. «Das Wetter ist trübe, und meine Stimmung noch mehr ... Das Programm unserer Expedition wird allmählich ernstlich gefährdet durch die Hartnäckigkeit des Eises.»[11]

In der Nacht vom 16. auf den 17. Juni brach das Eis schließlich auf. Dennoch mußte die Expedition sich mit 65 Dynamitsprengungen eine Fahrrinne durch das Packeis zur Aufstiegstelle bahnen. Dann begannen die nicht weniger mühevollen Transportarbeiten an Land. 2500 Kisten mit einem Gewicht von mehr als 120 t waren zur Station *Scheideck*, etwa 1000 m ü. M., zu bringen. Da der Gletscher unter Einwirkung der Sommersonne brüchig und damit gefährlich wurde, legte man zunächst einen Transportweg über die Seitenmoräne an. Wegener packte selber mit zu und arbeitete gemeinsam mit den grönländischen Helfern am Ausbau und der Befestigung des Transportwegs. Georg Lissey, der an der Expedition als Assistent für die trigonometrischen Arbeiten teilnahm, berichtete später: «Alle wurden wir Transportarbeiter und schufteten vom Abendrot bis zum Morgenrot. Wir arbeiteten nämlich des Nachts. Am Tage ist es zu heiß für Mensch und Tier in der brennenden, gleißenden Sonne auf dem Gletscher. Daß wir in Grönland so schwitzen sollten, hatte uns in Europa auch nicht geschwant. Uns Polarsäuglingen kam alles überhaupt recht wenig expeditionsmäßig vor. Das Ganze ähnelte sehr dem Betrieb einer Baustelle im Hochgebirge. Von wissenschaftlichen Arbeiten war nicht die Rede. Nur Transport, Transport und noch einmal Transport! Packpferde, Träger, Pferde- und Hundeschlitten und Motorboot, alles war dauernd in Bewegung.»[12] Und doch fand Wegener «bei all diesem aufreibenden Treiben immer wieder die innere Ruhe, um mit seinen Mitarbeitern im Zelt, während der Bootsreisen, beim Auf- oder Abstieg vom Gletscher über ihre eigenen Freuden und Sorgen zu sprechen, ihr künftiges Fortkommen nach der Heimkehr zu bedenken, wissenschaftliche oder technische Fragen, aber auch allgemeine literarische, kulturelle und im weitesten Sinne menschliche Probleme zu erörtern.»[13]

Sofort nach Fertigstellung der Basisstation *Scheideck*, die aus einem behaglichen, warmen Winterhaus und den erforderlichen Nebengebäuden bestand, wurde die Errichtung der Station *Eismitte* in Angriff genommen, 400 km landeinwärts auf 71°11' N in 3000 m Meereshöhe. In ihr sollte die erste Überwinterung auf dem grönländischen Kontinentalgletscher erfolgen, eines der Kernprojekte der gesamten Expedition. Damit der Weg zur Station stets problemlos wiedergefunden werden konnte, ließ Wegener auf der 400 km langen Strecke alle 5 km einen etwa 1,5 m hohen Schneemann als Wegmarkierung bauen und dazwischen alle 500 m eine schwarze Flagge in den Schnee pflanzen. Sie flatterte an einem etwa 1 m langen Stock als 15x20 cm^2 großes Tuch.[14]

Doch trotz der gewaltigen Anstrengungen aller Expeditionsmitglieder befürchtete Wegener, daß der Zeitverzug nicht aufzuholen sein würde, in den die Expedition bereits durch das Packeis geraten war. Sein Tagebuch zeugt von Resignation. Und hatte er vorher noch mit der Idee gespielt, seine Frau später nachkommen zu lassen, meinte er jetzt: «Ich glaube doch, Else soll im nächsten Jahr nicht hierherkommen. Selbst wenn sie vorzugsweise auf der *Krabbe* wohnt, so wird es ein schrecklich unbequemes Leben für sie. Wir würden nie oder fast nie allein sein können, so träume ich eigentlich von ganz anderen Dingen, von der Adria, von Ferienreisen ohne Bergbesteigungen und anderen halbpolaren Unternehmungen.»[15] Noch am gleichen Tag, dem 13. August, schrieb er seinem Bruder Kurt: «Das Leben hier hat manche Schattenseiten. Man würde sich überhaupt in das meiste gar nicht finden, wenn man nicht genau wüßte, daß man nach einer abgezählten Anzahl von Monaten wieder zu Hause ist und leben kann, wie man es für richtig hält. Und dann hört ja auch glücklicherweise die Verpflichtung zu Heldentaten auf ... Selbst ein Paradies büßt nach einiger Zeit seine Fähigkeit, glücklich zu machen ein. Ich sehe den Zeitpunkt gekommen, wo es mir mit Grönland so gehen wird.»[16] Doch diese nachdenklichen Phasen waren kurz, zumal es galt, unter Aufwendung aller Energie die logistischen Probleme der Expedition zu lösen.

Dabei bewies Wegener eine ungeheure Willensstärke: «Was es mir leicht macht, über alle die zahllosen kleinen Widerwärtigkeiten des täglichen Lebens hinwegzukommen, das ist doch die große Aufgabe, die vollendet werden soll. Hinge alles von meiner eigenen Arbeitskraft ab, so würde ich diesen Schwierigkeiten gern die Stirn bieten.»[17]

Mit Verspätung gegenüber dem Expeditionsplan brach der Leiter der Station *Eismitte*, Johannes Georgi, am 15. Juli 1930 mit elf schwer beladenen Hundeschlitten auf. Drei der Schlitten wurden von Expeditionsteilnehmern geführt, die übrigen acht von Grönländern. Es war dies das erste Mal, daß Grönländer das von ihnen gefürchtete und daher gemiedene Inlandeis betraten. Nach 16 Tagen, an denen sie bis zu 31 km pro Tag zurückgelegt hatten, erreichten Georgi und seine Helfer ihr Ziel. Bereits zwei Tage nach der Ankunft, am 1. August, begann Georgi mit den meteorologischen Arbeiten, um das Sommerwetter noch erfassen zu können. Wegeners Einschätzung der Situation war dennoch von Besorgnis überschattet: «Wir treiben, wie es scheint, allmählich in eine immer unangenehmere Zwangslage hinein. Der kurze Sommer ist bald vorbei, und der Weg bis zu der Stelle, wo das Winterhaus stehen soll, noch lang. Auch die zentrale Firnstation macht mir ernstlich Sorgen. Die Georgische Schlittenreise kam spät fort und brachte nur 750 Kilogramm hinein. 3500 Kilogramm müssen aber auf jeden Fall hineinkommen, sonst können die drei Mann nicht den Winter über dort bleiben.»[18] Am 18. August traf Loewe mit dem zweiten Schlittentransport in *Eismitte* ein, der etwa 1 t Material und Versorgungsgüter brachte. Trotz Wegeners schwerer Bedenken hatte Georgi in dieser Zeit 45 Tage allein in der Station *Eismitte* verbracht. Am 13. September 1930 erreichte der dritte Transport mit 1,5 t *Eismitte*, doch noch immer fehlten wichtige Teile der Ausrüstung.[19] Allerdings kam mit diesem Transport Ernst Sorge nach *Eismitte*, der fortan bei Georgi blieb.

Eismitte war nichts anderes als eine in den Firn gegrabene Höhle, die immer mehr erweitert und schließlich bis auf 20 m vertieft wurde. «Schlafkojen aus Firn waren beim Ausschachten gleich stehengelassen worden. Der Zugang zur Firnhöhle wurde durch 3 Vorhänge aus Säcken, Gummi- und Rentierfellen abgeschlossen. Unser erster und stärkster Eindruck war der, als ob wir in einer Krypta aufgebahrt lägen. Alles weiß wie Marmor, unsere Lager rechtwinklig wie Marmorsockel von Sarkophagen, zauberhaft blau schimmerte von oben der letzte Rest des Tageslichtes durch die Firndecke. Dazu das matte Licht einer kleinen Lampe, die das Gewölbe geisterhaft unwirklich erhellte»,[20] notierte Ernst Sorge kurz nach dem Einzug in das kalte Domizil.

Für den Transport hatte Wegener auch zum ersten Male auf dem Inlandeis den Einsatz von Luftschrauben getriebener Schlitten vorgesehen. Da er jedoch auf keinerlei Erfahrung mit diesen Fahrzeugen in der Arktis zurückgreifen konnte und nicht sicher war, ob sie sich tatsächlich bewähren würden, hatte er vorsorglich angeordnet: «Niemand darf sich auf die Propellerschlitten verlassen. Die geplante Winterversorgung der Station *Eismitte* wird durch drei Hundeschlittenreisen hineingebracht. Wenn die Propellerschlitten wirklich etwas leisten, kann mehr hineingebracht werden.»[21] Am 29. August, als Hundeschlitten bereits zwei Fahrten nach *Eismitte* absolviert hatten, waren die Motorfahrzeuge fertig montiert.[22]

Allerdings war der Einsatz der zwei Geräte, die die Namen *Schneespatz* und *Eisbär* erhalten hatten, schließlich schwieriger als erwartet. Am 5. September wurden sie nach einigen Erprobungen für eine erste Fahrt zur Errichtung eines Depots eingesetzt. Das Ergebnis war nicht sehr ermutigend. Am 6. September notierte Wegener: «Die Führer verloren auf dem glatten Eis ziemlich die Führung über die Schlitten, die nach rechts und links schleuderten, und zu halten war nicht, denn wir hatten bei Leerlauf eine ‹Affenfahrt›. Die Spalten waren verschneit, der Schnee lag darin tiefer als die Eisoberfläche. Es war unmöglich abzudrehen, dann wären die Schlitten seitwärts hineingerutscht. Also gab es nur eins: Hinüber mit Gas! Es ging gut, aber es war eine gefährliche Sache. Etwa vier solcher gefährlicher Spalten waren zu kreuzen, an der einen sahen wir in der Spur des voranfahrenden Schlittens schwarze Löcher. Wir atmeten auf, als wir wieder auf die weiche Schneefläche kamen. Es hätte leicht schief gehen können. Auf dem Rückweg haben wir für die 80 km nur 2 ½ Dunke [Petroleumkannen] Benzin gebraucht. Ab ½ 10 Uhr war es Nacht. Wegzeichen hätten wir da nicht mehr gesehen, doch glänzte die Schlittenspur gegen den hellen Abendhimmel.»[23] Wegeners Sorgen nahmen zu: «Was nun? Jetzt ist die Katastrophe da. Es ist unmöglich, die zentrale Firnstation in der vorgesehenen Weise auszurüsten.»[24]

Trotzdem wurde pausenlos versucht, die Treibstoffdepots für die Propellerschlitten weiter in Richtung *Eismitte* vorzutreiben und dabei Material für die Zentralstation mitzuführen. Curt Schif, der die Montage der Schlitten geleitet hatte, berichtete später: «Nun begannen wir zu fahren, was das Zeug hielt. Bei jedem annehmbaren Wetter brummten die Motoren, klapperten die Kufen über die Schneewehen, und die Schlitten ächzten unter ihren Lasten, daß sich die Achsen bogen. Buchstäblich zu nehmen! Die Hinterachsen beider Schlitten hatten zuletzt verzweifelte Ähnlichkeit mit einem Flitzbogen. Aber darauf konnten wir keine Rücksicht nehmen. Für uns gab es jetzt nur noch die Parole: Last fahren, hinein nach ‹Eismitte›, so schnell wie möglich, ehe der Winter da ist.»[25] Am 17. September waren die Versorgungsgüter endlich bis Kilometer 200 vorgeschoben, von wo aus der Weitertransport direkt nach *Eismitte* erfolgen sollte. Doch alle Bemühungen waren vergeblich. Hoher Neuschnee und Gegenwind verhinderten jegliches Vorwärtskommen der Schlitten in Richtung Osten, in Richtung *Eismitte*. Schließlich fielen auch die Motoren der Schlitten aus, ihre Besatzungen mußten zu Fuß den Rückmarsch antreten und konnten erst im folgenden Frühjahr die Schlitten wieder betriebsklar machen.

Die Station blieb also äußerst unzureichend versorgt. Eine Überschlagsrechnung ergab schließlich, daß von dem für die Überwinterung notwendigen Bedarf nur zwei Drittel, vom Brennstoff nur ein Drittel in *Eismitte* angekommen war. Um die Aufrechterhaltung des Betriebs von *Eismitte* sicherzustellen und um damit den wichtigsten Teil des Expeditionsprogramms einhalten zu können, entschied Wegener sich, einen vierten Hundeschlittentransport nach *Eismitte* zu schicken; kurz darauf entschloß er sich dazu, diese Fahrt selber zu leiten; Fritz Loewe und 13

Grönländer sollten ihn begleiten. Sie hatten gerade die Randzone des Inlandeises hinter sich gelassen, als sie der heimkehrenden dritten Hundeschlittenkolonne begegneten, die einen am 14. September abgefaßten Brief von Georgi mitbrachte,[26] in dem er um die weitere Versorgung der Station bat. Gleichzeitig erklärte er, daß sie auf das Winterhaus verzichten und in der Firnhöhle wohnen wollten. Sollten sie jedoch keinen weiteren Nachschub – vor allem Petroleum – erhalten, würden sie am 20. Oktober 1930 die Station *Eismitte* verlassen und zu Fuß mit Handschlitten zur Weststation gehen. Wegener wußte, wie gefährlich eine solche Reise für die beiden sein würde; das bekräftigte ihn in seinem Entschluß, sich trotz der fortgeschrittenen Jahreszeit nach *Eismitte* durchzukämpfen, nur noch mehr. Am 23. September traf die ostwärts reisende Gruppe auf die Besatzung der Propellerschlitten, die ihre Schlitten hatten stehen lassen müssen; einer der Wegener begleitenden Grönländer kehrte mit ihnen zur Weststation zurück. Wegener zog mit den übrigen weiter in Richtung *Eismitte*. Doch nur wenige Tage später scheiterte die Reise der 15 Schlitten am schlechten Wetter. Am 28. September erklärten die Grönländer Wegener, daß sie nicht mehr bereit seien weiterzugehen. Vier von ihnen konnte er zum Weitermarsch bewegen, doch die Ausrüstung, die auf diese Weise noch befördert werden konnte, schmolz zusammen. Wegener schrieb einen kurzen Zustandsbericht an Karl Weiken in der Weststation, in dem er keinen Hehl aus der verzweifelten Lage machte: «Meine Befürchtung ist eingetroffen. Nicht nur sind die Propellerschlitten nicht weiter gekommen als bis 200, auch unsere Schlittenreise ist durch die Ungunst des Wetters zusammengebrochen … Wir versuchen jetzt das fehlende Petroleum nach 400 hineinzubringen, sonst nur Kleinigkeiten … wenn es geht, möchte ich ja die Station den Winter über halten, aber auch nur dann! Das Haus können wir nicht hineinbringen, aber darauf wollten sie ja verzichten. Das Ganze ist eine schwere Katastrophe, und es nutzt nichts, es sich zu verheimlichen. Es geht jetzt ums Leben.»[27]

Ferner teilte er Weiken seine Zeitplanung mit, er hoffte, am 14. Oktober in *Eismitte* und am 25. Oktober wieder in der Weststation zu sein

Zwar traf der zusammengeschmolzene Trupp zunächst auf bessere Wetterverhältnisse als erwartet, doch der tiefe Schnee bereitete den Hundegespannen große Schwierigkeiten, so daß sie nur etwa 15 km am Tag vorankamen. Loewe berichtete später, daß Wegener zeitweilig daran dachte, «den Weitermarsch als zwecklos auf[zu]geben, wenn bis zum 6. Oktober keine Besserung der Verhältnisse eingetreten sei».[28]

Am 7. Oktober kehrten schließlich weitere drei der vier Grönländer um, nur Rasmus Villumsen, der bereits zwei Schlittenfahrten nach *Eismitte* mitgemacht hatte, blieb bei Wegener und Loewe. Tags zuvor hatte Wegener Weiken noch einen Brief geschrieben, den er den drei zur Weststation zurückkehrenden Grönländern mitgab: «Der weiche, tiefe Neuschnee hat unsere Marschgeschwindigkeit herabgesetzt: 1. Oktober 15 km, 2. Okt. 0 km, 3. Okt. 6 km, 4. Okt. 14 km, 5. Okt. 11 km. Hierdurch ist unser Programm wieder über den Haufen geworfen worden … Wir reisen von hier mit drei Schlitten weiter, die später auf zwei reduziert werden sollen, und hoffen so, wenn auch praktisch ohne Nutzlast, Georgi und Sorge zu erreichen, sei es bei der Station *Eismitte* oder schon auf dem Rückmarsch.»[29]

Außerdem ließ Wegener Weiken wissen, daß – sollten Georgi und Sorge nicht in *Eismitte* bleiben wollen – Loewe und er den Aufenthalt in *Eismitte* übernehmen würden. Dann ging es für das unermüdliche Trio weiter. Der tiefe Schnee verursachte große Probleme, und die drei Hundeschlittengespanne kamen nur mühsam voran. Am 10. Oktober erreichten sie schließlich Kilometer 170. «Wegener war vom letzten Tage her etwas überanstrengt und, entgegen seiner sonstigen Gewohnheit, für Warten, weil er Erfrierungen im Gesicht durch den lebhaften Gegenwind fürchtete»,[30] berichtete Loewe später. Zu diesem Zeitpunkt glaubten weder er noch Wegener, daß sie Sorge und Georgi noch vor deren Aufbruch von *Eismitte* erreichen würde. «Wegener glaubte darüber hinaus, wir könnten ‹Eismitte› überhaupt nicht mehr erreichen oder uns zum Zusammentreffen mit Sorge und Georgi durcharbeiten.»[31] Doch trotz seiner eigenen Verzweiflung war Wegener stets vor allem um das Wohl seiner beiden Reisegefährten besorgt: «Wegener richtete sich beim ersten Morgengrauen auf; er brauchte von uns dreien bei weitem am wenigsten Schlaf. Wenn er uns weckte, war das Frühstück schon fertig.»[32]

Schließlich besserten sich die Wetterverhältnisse leicht. Von der Ausrüstung, die sie für *Eismitte* auf ihren Schlitten hatten, war nur noch wenig geblieben: 40 l Petroleum, ein Zweimannzelt, ein Segeltucheimer, eine Schaufel sowie eine Laterne. Auch Villumsen wollte schließlich bei Kilometer 300 umkehren, aber dann entschloß er sich weiter mitzukommen. «Wegener war bewunderungswürdig in der Energie, mit der er morgens als erster aufstand, in der Geschicklichkeit, mit der er, obwohl er viel mit bloßen Händen arbeitete, Erfrierungen zu vermeiden wußte. Auch Rasmus hielt sich unter diesen schwierigen Umständen hervoragend. Es wäre für uns ganz unmöglich gewesen, die Hunde, ohne, daß er vorausfuhr, gegen Wind und Kälte vorwärtszubringen.»[33]

Am 27. Oktober bemerkte Loewe, daß seine Zehen empfindungslos waren. «Wegener begann sofort, sie stundenlang zu massieren, und setzte das auch in den nächsten Tagen fort. Aber es war zu spät. Die Blutzirkulation ließ sich nicht wieder herstellen.»[34]

Am 30. Oktober, nach fast 40 Tagen, hatten sie es geschafft, sich mit den Hundeschlitten bei Temperaturen von unter –50° C gegen den

Wind durchkämpfend *Eismitte* zu erreichen. Georgi und Sorge waren dort, um Körperwärme zu sparen, in ihre Schlafsäcke gekrochen: «Wie schon seit einigen Tagen hatten wir zur Petroleum-Ersparnis den Ofen erst nachmittags anzünden wollen und lagen am Donnerstag (30. Oktober) vormittags im Schlafsack. Plötzlich knirscht über uns der Firn, ich rufe: Da sind sie, und stürze im Unterzeug, so wie ich aus dem Schlafsack komme, durch den Gang hinauf ins Freie. Da steht ein Grönländer, dick verpackt bei seinem Hundeschlitten und lacht und zeigt hinter sich: Wegener, Loewe.»[35]

Sorge und Georgi führten ihre Gäste in die Eishöhle. «Nun machten wir es den dreien bequem. Loewe wurde hingelegt, Wegener erzählte von ihrer Leidensfahrt und notierte mit gewisser Befriedigung die Temperaturen der letzten Tage, die er nicht so niedrig geschätzt hatte (–50 bis –54), stellte fest, daß das wohl die schwerste Reise in Grönland gewesen sei, von der er wisse.»[36] – Zwei Nächte schliefen die fünf in der Firnhöhle. Am 1. November feierten sie Wegeners 50. Geburtstag. Mit der Gewißheit, daß die Besatzung der Station trotz des herrschenden Mangels außer Gefahr war und in ihrer Firnhöhle sicher überwintern wollte und konnte, trat Wegener mit Villumsen bereits am 1. November, nach nur anderthalb Tagen Rast, in der Polarnacht den Rückweg zur Weststation an. Loewe, so waren sie übereingekommen, würde bei Sorge und Georgi in *Eismitte* bleiben. Mit zwei Schlitten und 17 Hunden, bei –39° C und leichtem Südsüdostwind, machten sich Wegener und Villumsen nach einem herzlichen Händeschütteln und einem letzten kurzen Winken in die Kamera auf den Heimweg. Noch lange war die Gestalt Alfred Wegeners und die kleinere von Rasmus Villumsen im hellen Schnee zu erkennen, dann verschwanden sie in der Unendlichkeit Grönlands.

Und sie bewegt sich doch!

«Irgendwer reichte mir sein Fernglas. Es sind nun fast 20 Jahre her, daß dieser Ort verlassen wurde. ‹Eismitte› müßte sich wohl so 15 m unter unseren Füßen befinden. Nichts von den wenigen oberirdischen Anlagen konnte sich über so viele Jahre halten. Und doch, als ich das Glas nahm und begann, die Gegend rings herum abzusuchen, kam niemandem, auch mir nicht, der Gedanke, dies lächerlich zu finden, obwohl es gewiß nutzlos war. Wir alle schwiegen, mit pochendem Herzen suchte ich den Horizont ab.

Als ich das Fernglas senkte und unser Schweigen beendete, fragte mich einer:

‹Nun? … Nichts?›

‹Nein›, antwortete ich, ‹Nichts … gar nichts.›»[1]

Bewegt stand der französische Polarforscher Paul-Emile Victor, der 1948 bis 1951 eine französische Expedition auf das grönländsche Inlandeis leitete, an jenem Ort, wo sich 1930/31 die Zentralstation der Alfred-Wegener-Expedition befunden hatte. Längst waren vom Eis die letzten Spuren menschlicher Aktivitäten begraben worden. Nichts erinnerte auch mehr an die dramatischen Ereignisse, die sich hier einst abgespielt hatten.

Nachdem Alfred Wegener und Rasmus Villumsen die Station *Eismitte* am 1. November 1930 verlassen hatten, begann für Sorge, Georgi und Loewe die einsame, harte Zeit der Überwinterung. Johannes Georgi schilderte die Situation in *Eismitte* in einem Brief, den er am 28. November 1930 an eine befreundete Hamburger Familie schrieb: «Ihr Brief wurde mit einigen anderen des Monats von Wegener selbst hierhergebracht, auf einer abenteuerlichen Schlittenreise, die mit 15 beladenen Schlitten im Westen losging, wegen unerwartet schlechten Wetters durch Umkehren der grönländischen Teilnehmer weiter reduziert wurde und mit 3 leeren Schlitten, ohne Proviant und Brennstoff, bei –54° am 30. Oktober hier eintraf – Wegener, Loewe und der Grönländer Rasmus –, eine in der Grönlandforschung unerhörte Leistung bei dieser Witterung und späten Jahreszeit. Wir beide, Sorge und ich, hatten uns schon Anfang Oktober, als die Temperatur im Zelt nachts auf –35° sank, diesen Temperaturen durch die Flucht entzogen und uns 3 m tief in den Firn eingegraben. Diese Eishöhle war als vorübergehender Aufenthalt gedacht. Sie muß unser Aufenthalt bis zum nächsten Sommer bleiben, weil durch den Zusammenbruch der 15-Schlitten-Kolonne neben vielen mehr oder weniger lebenswichtigen Bedürfnissen auch unser Winterhaus, in Hamburg mit so großer Mühe gebaut, ‹auf der Strecke› geblieben ist. So ist die Überwinterung ungleich primitiver, damit körperlich und seelisch aufreibender, als wir dachten und als es sonst bei Überwinterungen Brauch war. Immerhin ist der Mangel an Petroleum, der uns meist bei –10° Raumtemperatur zu arbeiten, beziehungsweise im Schlafsack zu vegetieren zwingt, und so naturgemäß die Arbeit ungemein hemmt, leichter zu ertragen als der Umstand, daß bei der erwähnten Reise mein Kamerad Loewe sich beide Füße erfroren hat, und da die Rückreise mit Wegener und Rasmus eine unmittelbare Lebensgefahr nicht nur für ihn, sondern auch für die beiden anderen bedeutet hätte, in diesem Zustand hier zurückgelassen werde mußte. Keine medizinischen Kenntnisse, kein Buch mit Anweisungen für den Fall, kein Chirurg, Besteck, kein Betäubungsmittel, ein Minimum an Verbandszeug und Desinfiziens. – Das war eine verzweifelte Lage. Das bisherige Ergebnis: Ihm mit dem Taschenmesser sämtliche Zehen (außer 5. und 4. links) zu amputieren, in der Hoffnung, daß die Zersetzung trotz der ungeheuerlichen Wunden und unserer mehr als bescheidenen Hilfsmittel nicht auf die Füße oder gar noch weiter übergreift – so müssen wir hier unter einer sehr erheblichen Vorbelastung überwintern, die wir nicht vorher in Rechnung stellen konnten. Hinzu kommt die quälende Ungewißheit, ob Wegener und Rasmus glücklich zur Küste zurückgelangt oder vielleicht auch auf dem Rückmarsch der unbarmherzigen Kälte zum Opfer gefallen sind, sowie der Mangel eines – ebenfalls irgendwo unterwegs liegengebliebenen Radioapparates.»[2]

Georgi, Sorge und Loewe überlebten die Überwinterung. Auch in den beiden Stationen am Rande des Inlandeises, in der Ost- und der Weststation, begannen die wissenschaftlichen Arbeiten. Auf beiden Stationen war mittlerweile auch der Funkbetrieb aufgenommen worden, und sie standen mit dänischen Stationen in Qeqertarsuaq (Godhavn) beziehungsweise in Ittoqqortoormiit (Scoresbysund) in Verbindung. Nur die Geräte für *Eismitte* waren auf Grund der Transportschwierigkeiten nicht an ihren Bestimmungsort gelangt, und so blieb den Besatzungen der zwei Randstationen das Schicksal von Wegener, Loewe und Villumsen den Winter über unbekannt, allerdings hoffte man in der Weststation, daß die drei Männer die Station *Eismitte* erreicht hatten und dort mit Georgi und Sorge zu fünft überwinterten.[3] Doch als die lange Winternacht zu Ende war und die erste Schlittenexpedition von *Scheideck Eismitte* erreichte, erahnte man das Schicksal von Wegener und Villumsen, die nie an der Weststation angekommen waren. Eine Suchexpedition, zu der Sorge, Weiken und die fünf Grönländer Johann Abrahamsen, Hans Andreassen, Johann Davidsson, Daniel Davidsson und Karl Villumsen, letzterer ein Bruder von Rasmus, gehörten, fand auf halbem Wege zwischen den Stationen ein Paar in den Schnee gepflanzte Skier. Sie bezeichneten Wegeners Schneegrab. Sorge berichtete später darüber: «In zwei Schlafsäcken eingenäht wurde Wegener gefunden. Er lag auf einem Schlafsack und einem Rentierfell, dreiviertel Meter unter der Schneeoberfläche vom November 1930. Wegeners Augen waren offen, der Gesichtsausdruck entspannt, ruhig, fast lächelnd. Das etwas blasse Gesicht sah jugendlicher aus als früher. Nase und Hände zeigten kleine Frostwunden, wie sie auf solchen Reisen üblich sind. Wegener war völlig angekleidet … Der ganze Anzug tadellos in Ordnung und von Treibschnee frei.»[4]

Alles deutete darauf hin, «daß Wegener nicht auf dem Marsche, sondern im Zelt liegend gestorben ist, und zwar nicht durch Erfrieren, sondern wahrscheinlich nach körperlicher Überanstrengung durch Herzschwäche. Es ist wahrscheinlich, daß der Versuch, auf der welligen Oberfläche im November 1930, zumal bei Dämmerlicht, dem Hundeschlitten zu folgen, zu dieser Überanstrengung geführt hat.»[5] Sein Begleiter Rasmus Villumsen hatte ihn mit rührender Sorgfalt bestattet. Von dem Grönländer selbst, der nur 21 Jahre alt geworden war, fehlt bis heute jede Spur. Wahrscheinlich war er in eine Gletscherspalte gestürzt; mit ihm sind auch Wegeners Aufzeichnungen verloren gegangen.

Fritz Loewe hat später den Rückmarsch der beiden Männer zu rekonstruieren versucht. «Da Wegener schon nach 140 km einen Schlitten aufgegeben hat, müssen die Hundeverluste auf der Rückreise erheblich gewesen sein, und höchstens 10 Hunde dürften diese Stelle erreicht haben. Damit mag im Zusammenhang stehen, daß Wegener bereits nach 110 km zur Lastenerleichterung eine volle Pemmikankiste zurückgelassen hat. Andererseits scheint der Verzicht auf Proviant darauf hinzudeuten, daß die Reise bis zu dieser Stelle mindestens planmäßige Fortschritte gemacht hatte. Wegener hatte sich für den Rückmarsch 20 km täglich als Ziel gesetzt.»[6] Ein Vorsatz, den Loewe unter den gegebenen Bedingungen zumindest bedingt für realisierbar hielt. Bis zum 16. November waren sowohl in *Eismitte* als auch in der Weststation östliche Winde registriert worden. So blieben die Augen der Hunde von Treibschnee frei. «Auch müssen wenigstens in den ersten Tagen die Schlittenspuren der Hineinreise noch für die Hunde bemerkbar gewesen sein, was einen wesentlichen Ansporn darstellt, und die auf der Hinreise verbesserte Flaggenmarkierung muß das Verfolgen der Strecke in der Dämmerung erleichtert haben. Die Sicht war im allgemeinen gut; soweit die Beobachtungen von *Eismitte* maßgebend sind, war hochreichendes Schneefegen selten.»[7] Als Schwierigkeit mag sich die schnelle Abnahme des Tageslichtes, eine Viertelstunde pro Tag, erwiesen haben, vor allem aber die extrem niedrigen Temperaturen bis zum 16. November. Aufgrund der Messungen in *Eismitte* errechnete Loewe, daß auf Wegeners Schlittenreise zumindest zeitweise Temperaturen von –57° C geherrscht haben müssen; bei dieser Kälte waren Reisen auf dem Inlandeis niemals zuvor ausgeführt worden, und verschärft durch die dünne Höhenluft und schlechtgleitenden Schnee werden sie zur Erschöpfung Alfred Wegeners beigetragen haben. Loewe kam zu dem Schluß: «Nimmt man eine Marschgeschwindigkeit von 15 km am Tage und 2 Liegetage am 8. und 12. November an, Tage mit stärkerem Wind, Schneefegen und schlechter Sicht in *Eismitte*, so hätte Wegener die Stelle seines Todes, 189 km vom Inlandeisrand, am 16. November erreicht.»[8]

Die Expedition wurde nach Wegeners Tod fortgesetzt,[9] die Leitung übertrug im Juni 1931 die Notgemeinschaft der Deutschen Wissenschaft seinem Bruder Kurt, der später an der Universität in Graz ebenfalls seine Nachfolge antrat. Kurt Wegener hat auch die Herausgabe des Expeditionswerkes übernommen, dessen sieben Bände von 1933 bis 1940 publiziert wurden und an dem eine Reihe von Fachdisziplinen beteiligt waren, darunter Meteorologie, Aerologie, Glaziologie und Geophysik. Die Ergebnisse der Wegenerschen Expedition gaben wichtige Impulse für zukünftige Untersuchungen in der Arktis und formten insbesondere das heutige Bild vom Aufbau Grönlands: Es stellt eine riesige Mulde mit bis zu 4000 m hohen Randgebirgen dar, die mit einer schwach gewölbten Eismasse gefüllt ist. Dieser Inlandgletscher erreicht in der Mitte des Landes eine Höhe von 3000 m bei einer Mächtigkeit von etwa 2000 m. Georgi hatte kontinuierlich die meteorologischen Daten gemessen und aufgezeichnet; aus dieser vollständigen Jahresreihe meteorologischer Daten konnte zum erstenmal ein klimatologischer Querschnitt bis in große Höhen erstellt werden. Auch für die Glaziologie ergaben sich neue Anhaltspunkte aus der Bestimmung von Zuwachs, Verdunstungsrate, Dichte und Temperatur des Eises. Zu den damals überraschenden Ergebnissen gehörte die Berechnung der Masse des grönländischen Inlandeises, die man aufgrund der Messungen mit 3 Millionen km^3 annahm. «Das ist soviel wie die Masse des gesamten europäischen Festlandes mit allen Hoch- und Mittelgebirgen. Grönland enthält vierzigmal soviel Wasser wie Nord- und Ostsee zusammen; würde das hier aufgespeicherte Eis schmelzen, so stiege das Weltmeer um nicht weniger als acht Meter und weite tiefliegende Gebiete in allen Erdteilen würden unter Wasser gesetzt werden.»[10]

Auf der Arbeit Wegeners und seiner Mitarbeiter bauten später weitere Expeditionen auf. Sie bildete inhaltlich wie logistisch einen Anknüpfungspunkt für Folgeunternehmungen weit nach Ende des Zweiten Weltkrieges. Die Deutsche Grönland-Expedition Alfred Wegeners gilt als erstes Expeditionsprogramm, das als konsequent wissenschaftliches Großprojekt geplant und durchgeführt wurde[11] und bei dem Spezialisten der verschiedenen geowissenschaftlichen Disziplinen nach einem koordinierten Plan ein vorher festgelegtes Expeditionsgebiet systematisch bearbeiteten.

Anknüpfend an die Arbeiten Wegeners und die Paul-E. Victors wurde mehr als ein Vierteljahrhundert nach Wegeners Tod 1956 das Langzeitprojekt *Expédition Glaciologique Internationale au Groenland* (EGIG) von Wissenschaftlern der verschiedensten Disziplinen ins Leben gerufen, dessen wesentliche Aufgabe kontinuierliche glaziologische Untersuchungen eines West-Ost-Streifens zwischen dem 68. und 73. Breitengrad waren, die zur Bestimmung des Massenhaushaltes sowie des Verhaltens dieses größten Gletschers auf der Nordhalbkugel dienen sollten. An EGIG beteiligt waren Dänemark, Frankreich, Österreich, die Schweiz und die Bundesrepublik Deutschland.

Die Diskussion über die Drift der Kontinente war nach dem Tod Alfred Wegeners fast verstummt. Nur wenige Wissenschaftler beteiligten sich noch an ihr. Dazu gehörte weiterhin der Südafrikaner Du Toit, der vor allem für die Existenz des Südkontinents Gondwana eine Fülle von Beweisen zusammentrug. Den irischen Physiker und Geologen John Joly beschäftigte die Frage nach den Faktoren, die zur Drift führen, ein Problem, das der Geologe Arthur Holmes aus Edinburgh ebenfalls aufgriff und bearbeitete, der dabei die Vorstellung vertrat, daß die Bewegungen der Erdkruste durch Konvektionsströmungen im Erdmantel verursacht werden. Ähnliche Hypothesen waren als Unterströmungstheorie bereits 1905 von dem österreichischen Alpengeologen Otto Ampferer und 1919 mit der Annahme von thermisch bedingten Strömungen im Erdinnern durch den Österreicher Robert Schwinner aufgestellt worden.

Doch erst nach dem Zweiten Weltkrieg führten verschiedene geowissenschaftliche Forschungsprogramme aus den Bereichen der Geophysik, der Geologie und der Ozeanographie zu neuen Erkenntnissen, die die Schulwissenschaft nunmehr dazu zwangen, das alte Weltbild von der «starren» Erde durch ein dynamisches im Sinne Wegeners zu ersetzen.

Bereits Mitte der dreißiger Jahre hatte der amerikanische Geophysiker Maurice Ewing begonnen, sich intensiv mit der damals jungen Methode seismischer Untersuchungen zu befassen. Seine Messungen der Mächtigkeit der Ozeanböden führten schließlich in den frühen fünfziger Jahren zu dem verblüffenden Ergebnis, daß die Sedimente in der Tiefsee erstaunlich dünn sind. Diese Feststellung überraschte um so mehr, als man seit jeher angenommen hatte, daß die Ozeane Strukturen gleichen Alters wie die Kontinente seien und seit Jahrmilliarden bestehen. Selbst bei einer geringen Sedimentationsrate hätten die Ablagerungen mehrere Kilometer dick sein müssen. Ewings Messungen ergaben jedoch stets nur ein paar hundert Meter Sediment über der ozeanischen Kruste.

Ewing, der 1949 das renommierte Lamont Doherty Geological Observatory als Institut an der Columbia-Universität gegründet hatte, veranlaßte daraufhin seine Mitarbeiter Bruce Heezen und Mary Tharp, die damals vorhandenen seismischen Profile des nordatlantischen Meeresbodens in einer topographischen Karte des Meeresbodens zusammenzufassen. Deutlich trat dabei das Grabensystem des Mittelatlantischen Rückens hervor.

Bruce Heezen beschäftigte sich kurze Zeit später mit Erdbebenschäden an transatlantischen Fernsprechkabeln und stellte im Verlauf seiner Arbeiten fest, daß diese überwiegend im Bereich der Zentralspalte auftraten, die Marie Tharp in ihre Karte eingetragen hatte. 1959 legten Heezen und Ewing ihre Theorie vor, daß die mittelozeanischen Rücken ein weltweites Verbundsystem bilden.

Den Geophysikern war seit längerem bekannt, daß radioaktive Materie im Erdinnern Hitze erzeugt, und sie vermuteten, daß der Wärmefluß in der kontinentalen Kruste stärker sei als in der ozeanischen, da der Granit der Kontinente mehr radioaktive Isotope enthält als der Basalt des Ozeanbodens. Der britische Geophysiker Edward Bullard von der Universität Cambridge und sein amerikanischer Kollege Arthur Maxwell untersuchten den Wärmefluß am Meeresboden und fanden heraus, daß er stärker war, als man angenommen hatte; vor allem aber stellten sie fest, daß die Wärme am intensivsten die Gesteine des Mittelatlantischen Rückens durchfloß.

Schließlich erregten auch die großen Tiefseerinnen die Aufmerksamkeit der Erdwissenschaftler. Amerikanische Geologen untersuchten dabei vor allem die vor ihrer Haustür liegenden Gräben an der Pazifischen Küste. Der Geophysiker Hugo Benioff vom California Institute of Technology rekonstruierte aus seismischen Aufzeichnungen die Orte aller Erdbeben entlang der Westküste Südamerikas aus den Jahren 1906 bis 1942 und entdeckte einen Zusammenhang zwischen Tiefseegräben und Erbeben in den angrenzenden Küstengebieten: Je weiter die Herde der Beben von den Gräben entfernt waren, desto tiefer lagen sie. Benioff, nach dem diese Zonen benannt sind, zog 1954 den Schluß, daß hier Ozeanboden in die Tiefe abtaucht.

Ende des 19. Jahrhunderts war man bei den Untersuchungen des Erdmagnetismus auf die erstaunliche Tatsache gestoßen, daß sich bei der Abkühlung glutflüssigen Gesteins die in ihm enthaltenen ferromagnetischen Partikel (vor allem Eisen) nach den Linien des irdischen Magnetfeldes ausrichten. Das erstarrte Gestein speichert die Polarität des Magnetfelds seiner Abkühlungszeit. 1953 untersuchte Patrick M. S. Blackett von der Universität London Gesteinsschichten aus verschiedenen Perioden der Erdgeschichte in Großbritannien und entdeckte dabei zahlreiche Schichten mit unterschiedlicher Magnetisierungsrichtung. Wenig später führte sein Kollege und Landsmann Keith Runcorn von der Universität Newcastleon-Tyne entsprechende Untersuchungen in Nordamerika durch. Auch dort ergab sich aufgrund der Magnetisierung der Gesteine, daß die Pole ihre Lage im Laufe der Erdgeschichte geändert haben mußten. Seltsamerweise ergab sich für Nordamerika und Europa nicht dieselbe Pollage. Allerdings konnten die Pole der Erde zu einem Zeitpunkt nicht an unterschiedlichen Orten gelegen haben. Eine Übereinstimmung ergab sich jedoch, wenn man annahm, daß Europa und Amerika einst unmittelbar benachbart gelegen haben.

Es war schließlich der Geologe Harry Hess von der Princeton University, der 1960 begann, diese einzelen Mosaiksteinchen zusammenzufügen. In seiner 1962 erschienen Arbeit *Geschichte der Ozeanbecken*, die er als vorsichtigen «Versuch in Geopoesie» betrachtete, entwarf er ein neues Bild der Erde, bei dem der Boden der Tiefsee ständig in Bewegung ist. Er nahm eine zähflüssige Zirkulation im oberen Mantel an, bei der heißes Magma an den ozeanischen Rücken aufsteigt und mit einer Geschwindigkeit von wenigen Millimetern pro Jahr zur Seite wegfließt und dabei neuen Ozeanboden bildet. Hess schätzte, daß sich auf jeder Seite des Rückens pro Jahr etwa anderthalb Zentimeter neuer Meersboden bildet.

Auch dieser Theorie stand die Fachwelt zunächst außerordentlich skeptisch gegenüber. Einer ihrer Anhänger, Robert S. Dietz vom Navy Electronics Laboratory in San Diego, gab ihr den Namen: Sea-floor spreading, Ausbreitung des Meeresbodens.

Einen «Test» für die Richtigkeit dieser These entwarfen die beiden Engländer Frederick Vine und Drummond Matthews. Mit Hilfe eines im Zweiten Weltkrieg entwickelten U-Boot-Ortungsgerätes, das magnetische Anomalien aufzeichnet, war zu Beginn der sechziger Jahre ein besonders markanter Bereich des Mittelatlantischen Rückens südlich von Island, der Reykjanes-Rücken, untersucht worden. Dabei hatte man beiderseits des Scheitelgrabens ein symmetrisches Muster magnetischer Streifen von entgegengesetzter Polarität, die annähernd parallel zum Scheitel verlaufen, gefunden. Besonders auffällig war, daß diese Streifen sich spiegelbildlich zum Scheitelgraben verhielten. Vine und Drummond fanden einen Zusammenhang zwischen der Breite der magnetischen Streifen und der Zeitdauer zwischen den «Umpolungen» des Magnetfeldes: ein schmaler Streifen entsprach einem kurzen Zeitraum, ein breiter Streifen einem langen Zeitraum, der für die jeweilige Magnetisierung der aus dem Mittelatlantischen Rücken aufsteigenden Lava zur Verfügung stand. Durchbohrte man nun an verschiedenen Stellen die auf dem Basalt lagernden Sedimente und bestimmte an Hand der Fossilien das Alter der untersten Schicht, mußte es mit dem anhand der magnetischen Streifen errechneten Alter des Ozeanbodens übereinstimmen, wollte man das Sea-floor spreading beweisen.

Alle diese neuen Ideen und Ansatzpunkte wurden von den Wissenschaftlern zum Teil widersprüchlich diskutiert, denn konkrete Beweise für eine Ausbreitung des Meeresbodens (Sea-floor spreading) gab es nicht. Das änderte sich, als im August 1968 das urspünglich von einer Ölfirma gebaute und genutzte Bohrschiff *Glomar Challenger* seine Fahrten im Dienste der Wissenschaft aufnahm. Dieses Schiff war in der Lage, Bohrkerne aus den zuvor unerreichbaren Sedimenten und aus der ozeanischen Kruste zu ziehen. Die Analyse der in den Bohrkern eingebetteten fossilen Meeresorganismen ergab, daß das Alter des Bohrkerns in direktem Zusammenhang mit der Entfernung des Bohrloches vom mittelozeanischen Rücken stand. Je größer der Abstand, desto älter waren die Fossilien und somit der Meeresboden. Es waren wesentliche, konkrete Indizien, die die Theorie des Sea-floor spreading stützten.

Geologen untersuchten nun auch andernorts den Meeresboden und bauten die Theorie weiter aus; in diesem Zusammenhang sind Namen wie Isacks, Mackenzie, Wilson und Kropotkin zu nennen. Unter der Bezeichnung *Globaltektonik* oder *Plattentektonik* fand die Theorie schließlich nicht nur in Wissenschaftskreisen Verbreitung.

Hatten Alfred Wegener und seine Vorgänger die «ähnliche Form» der Kontinentalumrisse noch nach Augenmaß beurteilt, so versuchen seit den sechziger Jahren Computersimulationen, die auf einer großen Zahl von Daten aus den verschiedenen Disziplinen beruhen, die *beste Paßform* zu ermitteln. Heute geht man davon aus, daß die Lithosphäre, die oberste Erdschicht, in sechs große und etwa 14 kleine Platten zersplittert ist. Vor 200 Millionen Jahren noch hatten die Kontinente einen zusammenhängenden Superkontinent gebildet. Die erste Auflösung führte zu drei Blöcken: Nordamerika-Eurasien, Südamerika-Afrika und Antarktis-Australien-Indien. Die Trennung Südamerikas von Afrika begann vor 140 Millionen Jahren, der Nordatlantik bildete sich vor 70 Millionen Jahren.

Längst zeichnen sich aus den Gedankenspielereien, als die die Idee einer dynamischen Erde von einigen Geologen noch bis weit in die 2. Hälfte des 20. Jahrhunderts betrachtet worden war, praktische Nutzanwendungen ab, denn eng mit plattentektonischen Prozessen ist auch die Bildung von Rohstofflagerstätten verbunden.

Wie Wegener in der 4. Auflage seines Buches *Die Enstehung der Kontinente und Ozeane* vorausgesagt hatte, hat letzlich die Zusammenschau der Ergebnisse zur Anerkennung eines neuen Bildes unserer Erde geführt. Die Theorie der Plattentektonik geht heute weit über Wegeners Vorstellung hinaus, sie hat seine Idee in zahlreichen Punkten modifiziert oder auch korrigiert, aber seine Grundannahme, daß die Erde nicht starr, sondern ein dynamisches System ist, hat sich bewahrheitet. Recht behalten hat er schließlich auch mit seiner 1921 vor der Gesellschaft für Erdkunde in Berlin geäußerten Prognose: «Die Entwicklung wird, davon bin ich fest überzeugt, nicht eher Halt machen, als bis die Theorie der Kontinentalverschiebung die Grundannahme für die vorzeitliche Entwicklung des Erdantlitzes geworden ist.»[12]

Zeittafel

1880	1. November: Alfred Wegener wird in Berlin als dritter Sohn des Theologen und Altphilologen Dr. Richard Wegener (1843–1917) und seiner Frau Anna geb. Schwarz (1847–1919) geboren.
1899	Abitur am Köllnischen Gymnasium, Berlin.
1899–1904	Studium der Naturwissenschaften, besonders der Astronomie und Meteorologie in Heidelberg (1901), Innsbruck (1901) und Berlin.
1902–1903	Während des Studiums Tätigkeit als Assistent an der von Wilhelm Foerster gegründeten Volkssternwarte *Urania.*
1904	24. November: Rigorosum in Berlin. Promotionsthema *Die Alfonsinischen Tafeln für den Gebrauch eines modernen Rechners.*
1905–1906	Assistent am Aeronautischen Observatorium Lindenberg.
1906	5. bis 7. April: Dauerfahrt im Freiballon mit seinem Bruder Kurt. In 52 1/2 Stunden (Weltrekord) fahren sie von Berlin zunächst nach Jütland und landen später in der Nähe von Aschaffenburg.
1906–1908	Teilnahme an der dänischen Grönland-Expedition unter Leitung von Ludvig Mylius-Erichsen.
1906	Am 24. Juni 1906 beginnt die Expedition in Kopenhagen. Im August erreicht sie Danmarkshavn. Am 1. September 1906 beginnt Wegener mit seinen Drachen- und Fesselballonaufstiegen. 7. November bis 6. Dezember 1906 Teilnahme an Hundeschlittenfahrt zur Sabine-Insel.
1907	Am 28. März Aufbruch der Hundeschlittenfahrt zur Erkundung des Küstenverlaufes im Norden. 25. April: Wegener und Gustav Thostrup erreichen 80°42' N. 24. bis 28. Oktober: Aufbau der meteorologischen Station im Pustervigfjord, 60 km westlich vom Hauptlager.
1908	Im März Teilnahme Wegeners an einer Schlittenfahrt zur Erkundung des Inlandeises. Im Juli Ende der Expedition. Im September ist Wegener erstmals zu Gast bei Wladimir Köppen in Hamburg. Vortrag über die Drachen- und Fesselballonaufstiege in Nordostgrönland.
1909–1919	Privatdozent, seit 1917 apl. Professor, in Marburg.
1909	8. März: Habilitation in Meteorologie und Astronomie an der Universität Marburg. Beginn der Arbeit am Buch *Thermodynamik der Atmosphäre* (erscheint 1911, 2. Aufl. 1924, 3. Aufl. 1928).
1911	Im April Treffen mit J. P. Koch in Marburg. 28. Mai Verlobung mit Else Köppen.
1912	6. Januar: Erster Vortrag über die *Herausbildung der Großformen der Erdrinde (Kontinente und Ozeane) auf geophysikalischer Grundlage* vor der Geologischen Vereinigung, Frankfurt am Main. Am 10. Januar Wiederholung des

Vortrages in Marburg unter dem Titel *Horizontalverschiebungen der Kontinente*.

1912–1913 Teilnahme an der dänischen Grönland-Expedition von J. P. Koch, Durchquerung Nordgrönlands. Im Juni: Vorexpedition; Überquerung des isländischen Gletschers Vatnajökull. 21. Juli 1912 Ankunft in Nordostgrönland. 7. bis 10. Oktober 1912 Aufbau der Überwinterungsstation *Borg* am Rand des Inlandeises, anschließend Beginn der wissenschaftlichen Messungen.

1913 18. April: Aufbruch zur Grönlanddurchquerung. 12. Juni: Das Expeditionsteam erreicht auf dem Inlandeis die Höhe von 2 937 m ü. NN.
15. Juli: Ankunft der Expedition in Prøven (Westküste).
15. Oktober: Abfahrt nach Kopenhagen.
16. November: Wegener heiratet Else Köppen, Tochter des Meteorologen Wladimir Köppen, in Hamburg. Rückkehr nach Marburg.

1914–1918 Teilnahme am Weltkrieg. Im September und Oktober 1914 Verwundungen, jeweils Krankenurlaub. September 1914: Geburt der Tochter Hilde.

1915 *Die Entstehung der Kontinente und Ozeane* (2. Auflage 1920, 3. Auflage 1922, 4. Auflage 1929)

1916–1918 Leiter von Feldwetterwarten auf dem Balkan. Aufenthalt in Sofia.

1918 Lehrauftrag an der Universität Dorpat. 2. März: Geburt der Tochter Sophie Käte.

1919 6. Dezember: Rückkehr nach Marburg. Privatdozent ohne feste Anstellung.

1919–1924 Abteilungsleiter bei der Deutschen Seewarte Hamburg, apl. Prof. an der Universität Hamburg.

1920 16. April: Geburt der Tochter Hanna Charlotte.

1921 Vorträge über die *Kontinentalverschiebung* in Berlin und Leipzig.

1922 17. März bis 21. Juni: Schiffsreise nach Kuba und Mexiko zur Erprobung eines Spiegeltheodolithen zur Verfolgung der Bahn von Ballonen.

1924 *Die Klimate der geologischen Vorzeit* (mit W. Köppen)

1924–1930 o. Professor der Geophysik und Meteorologie an der Universität Graz. Österreichische Staatsbürgerschaft.

1926 Symposium *Theory of continental drift* in New York (ohne Teilnahme Wegeners). Wegener wird östereichisches Mitglied der Internationalen Studiengesellschaft zur Erforschung der Arktis mit dem Luftschiff.

1927 Abschluß der Auswertungen der Grönlanddurchquerung 1912/13. Tod von J. P. Koch.

1928 Denkschrift über eine deutsche Grönlandexpedition.

1929 März: Fahrt mit zwei Sachverständigen des deutschen Flugzeugbaus nach Finnland zum Test und zur Bestellung von Motorschlitten. Anschließend Vorexpedition in Westgrönland.

1930–1931 Deutsche Grönland-Expedition Alfred Wegener.
1. April: Aufbruch der Expedition in Kopenhagen.

22. Juni: Beginn der Transportarbeiten am Gletscher.
31. Juli: Errichten von *Eismitte* durch J. Georgi.
Anfang August: Aufbau der Weststation.
21. September: Aufbruch Wegeners nach Eismitte, um fehlende Ausrüstung zu liefern.
30. Oktober: Ankunft von Wegener, Fritz Loewe und Rasmus Villumsen in *Eismitte*.
1. November: Feier des 50. Geburtstages in *Eismitte*. Abreise von Wegener und Villumsen zur Weststation.
Um den 15. November: Tod Alfred Wegeners auf dem grönländischen Inlandeis.

Zeugnisse über Alfred Wegener

Johannes Georgi

Ein mittelgroßer, schlanker und kräftiger Mann, Gesichtszüge mehr zum Ernst als zum Lachen neigend, ausgeprägt die Stirne und der strenge Mund unter einer kräftigen, geraden Nase – so war Alfred Wegener äußerlich nicht auffallend. Er war noch dazu jedem «sich in Szene setzen» abhold, hielt als starker Individualist nicht viel von großen Organisationen, aber um so mehr von der auf ein bestimmtes Ziel gerichteten Leistung des Einzelnen und weniger erprobter Gefährten.[1]

Kurt Wegener

Alfred Wegeners Abenteuerlust stand immer in Verbindung mit ungeklärten Fragen oder diente ihm zur Erholung, wenn er sich in einer Frage festgerannt hatte, ohne eine Lösung zu finden. Verstehen kann man sein Leben nur, wenn man sein revolutionäres Hauptwerk betrachtet.[2]

Hans Benndorf

Er gewann seine Erkenntnisse meist durch instinktartige, innere Anschauung, nie oder ganz selten etwa durch Deduktion aus einer Formel, die dann auch nur ganz einfach sein durfte. Auch wenn es sich um physikalische Fragen handelte, die seinem Arbeitsgebiete ferne lagen, staunte ich oft über sein sicheres Urteil ... Wegener besaß einen selten trügenden Sinn für das Wirkliche.[3]

Richard Assmann

Dr. Wegener ist ein in jeder Beziehung ausgezeichneter Mensch, den für mein Observatorium verloren zu haben ich außerordentlich bedauere. Gründlich vorgebildet, mit scharfem Verstande und reichem Gedanken begabt, fleißig, energisch und zäh, ist er der Prototyp eines strebsamen, den höchsten Zielen zugewandten Gelehrten, der, wenn nicht alles täuscht, einmal recht Bedeutendes leisten wird. Dabei ist er persönlich ein reiner, vornehmer, sympathischer Mensch, der jedem Kollegen zur Zierde gereichen wird. Der Grund seines Abganges vom Observatorium (1906) war allein sein Drang, sich bei Expeditionen zu bestätigen, und er hat das, soweit man bis jetzt wissen kann, bei der Mylius-Erichsen Ostgrönland-Expedition recht erfolgreich getan. Nach meiner Ansicht ist die Periode des jedem strebsamen jungen Manne zu wünschenden expansiven Ehrgeizes bei ihm noch nicht geschlossen, ich erwarte vielmehr, ihn bald wieder an anderen Expeditionen tätig zu sehen, wozu er mit seiner Zähigkeit und

Kaltblütigkeit der rechte Mann ist. Unter allen Umständen glaube ich Ihnen den Genannten mit wärmster Überzeugung als einen Über-Durchschnittssmenschen empfehlen zu können.[4]

Wilhelm Foerster

Meine Erinnerungen und deren Ergänzung und Bestätigung durch Urteile meiner Fachgenossen geben mir das volle Recht, die Habilitation des Dr. Wegener an der Universität Marburg für Astronomie und Meteorologie lebhaft zu befürworten. Nicht nur seine Dissertation über Geschichte und Entwicklung der Alphonsinischen Tafeln, eine durchaus gediegene und wertvolle Arbeit, sondern überhaupt was von Bestrebungen und Leistungen bei ihm vorliegt, berechtigt zu der Hoffnung, daß Alfred Wegener etwas sehr Tüchtiges als Forscher und Lehrer leisten wird.[5]

Hans Cloos

Mich fand der Krieg in Marburg. Eines Tages kam zu mir ein Mann, dessen feine Züge und graublaue, durchdringende Augen ich schon nach der ersten Begegnung nicht wieder vergessen konnte. Er entwickelte einen höchst sonderbaren Gedankengang über den Bau der Erde und fragte, ob ich ihm, dem Physiker, geologische Tatsachen und Vorstellungen beizutragen bereit sei. So sehr mich die Idee befremdete, so sehr befreundete mich der Mensch. Es entstand, solange die soldatischen Verpflichtungen beiden Teilen Zeit ließen, eine lockere Zusammenarbeit … Der Mann hieß Alfred Wegener.[6]

Wilhelm Wundt

Er hatte eine hervorragende Begabung im geistigen Beobachten, im Herausfinden von dem, was zugleich einfach und wichtig ist und was ein Ergebnis erwarten läßt. Dazu gesellte sich eine ungeheure Folgerichtigkeit, die ihm erlaubte, alles zusammenzufinden, was für seine Ideen sprechen konnte. Man kann dies Ehrgeiz nennen; aber es war ein berechtigter und sympathischer Ehrgeiz, der nie jemanden verletzte oder ihm etwas wegzunehmen versuchte. Vornehme Gesinnung und Treue gehörten zu seinen Grundeigenschaften. Und wenn seine Konsequenz in großen Fragen zuweilen etwas Eigensinniges hatte, so teilt er diese Eigenschaft mit allen Menschen, die einmal etwas Bedeutendes geleistet haben. Versöhnlich wirkte bei allen sein, sich selbst am wenigsten verschonender, trockener Humor.[7]

Martin Schwarzbach

Man hat Wegener zuerst als «Märchenerzähler» verspottet und zuletzt mit dem großen Kopernikus verglichen. Der letztere Vergleich ist nicht ganz berechtigt, doch als «Revolutionär» im Bereich der Geowissenschaften steht Wegener gewiß – was bisher wohl nie ausgesprochen wurde – noch über seinem viel berühmteren Berliner Landsmann Alexander v. Humboldt, ohne daß damit dessen legendärer, noch heute lebendiger Ruhm im geringsten geschmälert werden soll.[8]

Volker Jacobshagen

Alfred Wegener war ein genialer Geist und zugleich der universalste deutsche Geowissenschaftler seit Alexander von Humboldt.[9]

Käte Schönharting

Einmal im Winter, vielleicht in den Semesterferien 1928 oder 1929, wollten wir mit Skiern auf die Gleinalm und oben auf der Hütte übernachten. Es war dunkel geworden, der Weg nicht mehr eindeutig. Während meine Mutter mit uns Dreien, die bereits müde, verfroren und den Tränen nahe waren, wartete, ging mein Vater voran um sich zu orientieren. Es dauerte länger, aber dann kam er – und alles war gut! Er nahm uns unsere Rucksäcke ab. Mit der Taschenlampe stapften wir nun beruhigt hinter ihm her. Humor, Geduld – nicht nur mit uns Kindern –- und Hilfsbereitschaft verbinde ich mit dem Bild, das ich von meinem Vater habe.[10]

Einar Mikkelsen

Professor Alfred Wegener, der kannte das Inlandeis und seine selbst im Sommer oft fast unüberwindlichen Schwierigkeiten, aber er besaß genug Forscherdrang und Wagemut, um sich des Gedankens einer Überwinterung zu systematischen wissenschaftlichen Untersuchungen zu unterfangen, eines Planes, der später feste Gestalt annahm und zum Ziel seines Lebens wurde.[11]

Heinrich von Ficker

Er war ein Wikinger der Wissenschaft, immer auf der Fahrt nach unbekannten Gestaden.[12]

Else Wegener

Alfred Wegener trieb es, die Gesetze der Wissenschaft in der Natur selbst zu erforschen, sie unmittelbar selbst zu erleben.[13]

Wladimir Köppen

Alfred Wegener war kein Freund von vielen Worten, eher ausgesprochen wortkarg, obwohl er in Geselligkeit einen feinen Humor entwickeln konnte. Sein privates Leben mit Frau und drei Kindern und mit den Kollegen, besonders in Graz, war sehr glücklich. Seine große Ruhe, opferwillige Hingabe und freundliche Gerechtigkeit machten ihn zum

Expeditionsleiter sehr geeignet. Dennoch dürften manche seiner Freunde bedauert haben, daß dieses so ausgezeichnet gebaute und disziplinierte Gehirn nicht ganz der Schreibtischarbeit gewidmet wurde, sondern so stark dem Drang in die Weite unterlag. Charakteristisch für ihn war es, daß er auf eine Frage nach seiner Meinung oft minutenlang schwieg und dann eine treffende Antwort gab.[14]

Heinrich von Ficker

In der Wissenschaft hatte er Gegner, als Mensch keinen Feind trotz seiner Überlegenheit. Still und wortkarg war dieser Mann voll eisernen Pflichtgefühls, aber nicht verschlossen.[15]

Johannes Georgi

Gerade das ist der Kern unserer Erinnerungen an ihn, daß er uns anderen in jeder Hinsicht nahe genug stand für ein wirkliches gegenseitiges Verständnis; daß er aber zugleich so weit über uns stand, daß wir, trotz seiner stets kameradschaftlichen Haltung uns gegenüber, zu ihm respektvoll emporsehen konnten.[16]

Fritz Loewe

Alfred Wegener zeichnete sich aus durch die Fülle und Vielseitigkeit seiner wissenschaftlichen Ideen; aber er verband sie mit sorgfältiger Prüfung für ihre Gültigkeit. Dabei hatte er einen selten trügenden Blick für das Wirkliche.[17]

Hans Benndorf

Wir dürfen also in Wegener einen Forscher sehen von ungewöhnlicher Beobachtungsgabe und staunenswertem Fleiß, beseelt von einem starken Drang nach Erkenntnis der Wahrheit und in hohem Maße begabt mit schöpferischer Phantasie.
Seit alters her hat man drei Dinge: schöpferische Phantasie, Streben nach Erkenntnis der Wahrheit und eisernen Fleiß als Kennzeichen des genialen Mannes der Wissenschaft angesehen.
Es ist daher, glaube ich, durchaus berechtigt, wenn man Wegener als genialen Forscher bezeichnet.[18]

Hans Cloos

Sein Verdienst war es, in einem großen Wurf Physik und Geologie miteinander zu verbinden und von der Warte des dem Geologen noch so fern liegenden physikalischen Denkens her unserer Wissenschaft eine Hypothese zu schenken, die ihre Grundvorstellungen neu gestaltet, ja in eine ganz neue aussichtsreiche Richtung gelenkt hat.[19]

Hans Benndorf

Wegener gehört ausgesprochen zu den Entdeckernaturen. Sein geistiges Schaffen ging stets von der Beobachtung aus; er war ein ganz hervorragender Beobachter. Sein Auge hat gesehen, was Tausende vor ihm schon betrachtet haben, ohne es zu sehen.[20]

Wilhelm Salomon-Calvi

Wegener wird das Verdienst bleiben, von einer seit dem Beginn des wissenschaftlichen Denkens der Menschheit als selbstverständlich geltenden Annahme gezeigt zu haben, daß sie nicht nur nicht selbstverständlich ist, sondern wahrscheinlich irregeführt hat.[21]

Werkverzeichnis

Verzeichnis der Veröffentlichungen von Alfred Wegener, 1931 von Hans Benndorf zusammengestellt:

1905

1 Die Alphonsinischen Tafeln. Diss. Berlin 1905.

2 Blitzschlag in einen Drachenaufstieg am Königlichen Aeronautischen Observatorium Lindenberg. Das Wetter 22, 165–167, 1905.

3 Bericht über Versuche zur astronomischen Ortsbestimmung im bemannten Freiballon. Ergebnisse der Arbeiten des Königl. Preussischen Aeronautischen Observatoriums bei Lindenberg 1, 120–123, 1906.

4 Über die Entwicklung der kosmischen Vorstellungen in der Philosophie. Mathematisch-Naturwissenschaftliche Blätter 4, 4 u. 5, 1906.

1906

5 Die Erscheinungen der oberen Luftschichten im Januar 1906. Das Wetter 23, 37–39, 1906.

6 Die Erscheinungen der oberen Luftschichten im Februar 1906. Das Wetter 23, 65–66, 1906.

7 Astronomische Ortsbestimmungen des Nachts bei der Ballonfahrt vom 5. bis 7. April 1906. Illustrierte Aeronautische Mitteilungen 10, 205–207, 1906.

8 Über die Flugbahn des am 4. Januar 1906 in Lindenberg aufgestiegenen Registrierballons. Beiträge zur Physik der freien Atmosphäre 2, 30–34, 1906.

9 Studien über Luftwogen. Beiträge zur Physik der freien Atmosphäre 2, 55–72, 1906.

1908

10 Mit Mylius-Erichsen in Grönland. Umschau 12, 1011–1016, 1908.

11 Mylius-Erichsens «Danmark»-Expedition nach Nordost-Grönland, 1906–1908. Mathematisch-Naturwissenschaftliche Blätter 6; 8, 9, 10, 1908.

12 Die Ergebnisse der Danmark-Expedition. Gerl. Beitr. z. Geoph. 10, «Kleine Mitteilungen» 22—27, 1909.

13 Die Drachen- und Fesselballonaufstiege der «Danmark»-Expedition. Illustrierte Aeronautische Mitteilungen 10, 15, 1909.

14 Probleme der Aerologie. Das Wetter 26, 11, 1909.

15 Vorläufiger Bericht über die Drachen- und Ballonaufstiege der «Danmark»-Expedition nach Nordost-Grönland. Met. ZS. 26, 23-–24, 1909.

16 Zur Entstehung des Cumulus mammatus. Met. ZS. 26, 473–474, 1909.

17 Über den v. Bezoldschen Satz von der abkühlenden Wirkung der Erdoberfläche. Met. ZS. 26, 496–500, 1909.

18 Drachen- und Fesselballonaufstiege. Meddelelser om Grønland 42, Danmark-Eksped. til Grønlands Nordost-Kyst 1906–1908, 2, 5–75, 1909.

1910

19 Über die Ableitung von Mittelwerten aus Drachenaufstiegen ungleicher Höhe. Beiträge zur Physik der freien Atmosphäre 3, 13–19, 1910.

20 Zur Schichtung der Atmosphäre. Beiträge zur Physik der freien Atmosphäre 3, 30–39, 1910.
21 Referat über: Henryk Arctowski: L'Enchaînement des Variations Climatiques. Gerl. Beitr. z. Geoph. 10, «Kleine Mitteilungen», 298–299, 1910.
22 Das Profil der Atmosphäre. Umschau 14, 403–408, 1910.
23 Über eine eigentümliche Gesetzmäßigkeit der oberen Inversion. Beiträge zur Physik der freien Atmosphäre 3, 206–214, 1910.
24 Über eine neue fundamentale Schichtgrenze der Erd-Atmosphäre. Beiträge zur Physik der freien Atmosphäre 3, 225–232, 1910.
25 Die Größe der Wolken-Elemente. Met. ZS. 27, 354–361, 1910.
26 Über die Eisphase des Wasserdampfes in der Atmosphäre. Met. ZS. 27, 451–459, 1910.
27 Fortschritte der Aerologie. Medizinische Klinik 1910, 40.
28 Über die Ursache der Zerrbilder bei Sonnenuntergängen. Beiträge zur Physik der freien Atmosphäre 4, 26–34, 1912.
29 Über Temperaturinversionen. Beiträge zur Physik der freien Atmosphäre 4, 55–65, 1912.
30 Nachtrag zu den «Studien über Luftwogen». Beiträge zur Physik der freien Atmosphäre 4, 23–25, 1912.
31 Untersuchungen über die Natur der obersten Atmosphären-Schichten. (Vorläufige Mitteilung.) Sitz.-Ber. d. Ges. z. Beförderung d. gesamten Naturwissenschaften zu Marburg 1911.

1911

32 Referat über: R. Wenger: Untersuchungen über die Mechanik und Thermodynamik der freien Atmosphäre im nordatlantischen Passatgebiet. Petermanns Mitt. 57,1, 41, 1911.
33 Photographie optischer Erscheinungen vom Ballon aus. Jahrbuch des Deutschen Luftschifferverbandes 1911.
34 Untersuchungen über die Natur der obersten Atmosphärenschichten. (Vorläufige Mitteilung). Sitz.-Ber. d. Ges. z. Beförderung d. gesamten Naturwissenschaften 1911, 1, 13–35.
35 Untersuchungen über die Natur der obersten Atmosphärenschichten. Phys. ZS. 12, 170—178 u. 214–222, 1911.
36 Stuchtey, K., und Wegener, A.: Die Albedo der Wolken und der Erde. Nachdr. d. K. Ges. der Wissenschaften zu Göttingen, Math.-phys. Kl. 1911, 209–235.
37 Die obersten Schichten der Atmosphäre. Umschau 15, 403–405, 1911.
38 Über den Ursprung der Tromben. Met. ZS. 28, 201–209, 1911.
39 Die Windverhältnisse in der Stratosphäre. Met. ZS. 28, 271–273, 1911.
40 Neue Studien über die äußersten Schichten der Atmosphäre. Chemiker-Zeitung 35, 561–562, 1911.
41 Untersuchungen über die Natur der obersten Atmosphärenschichten. Met. ZS. 28, 420–422, 1911.
42 Neuere Forschungen auf dem Gebiet der atmosphärischen Physik. Abderhalden, Fortschritte der Naturwissenschaftlichen Forschung 3, 1–70, 1911.
43 Meteorologische Beobachtungen während der Seereise 1906 und 1908. Meddelelser om Grønland 42, Danmark-Eksped. til Grønlands Nordostkyst 1906–1908, 2, 115–123, 1911.
44 Meteorologische Terminbeobachtungen am Danmarks-Havn. Meddelelser om Grønland 42, Danmark-Eksped. til Grønlands Nordostkyst 1906–1908, 2, 129–355, 1911.

45 Koch, J. P., und Wegener, A.: Die Glaciologischen Beobachtungen der Danmark-Expedition. Meddelelser om Grønland 46, Danmark-Eksped. til Grønlands Nordostkyst 1906–1908, 6, 5–77, 1911.

46 Thermodynamik der Atmosphäre. Leipzig 1911.

1912

47 Referat über E. Vincent: Sur la marche des minima baromètriques dans la région polaire arctique du mois de sept. 1882 au mois d'août 1883. Petermanns Mitt. 58/1, 52, 1912.

48 Die Erforschung der obersten Atmosphärenschichten. Gerl. Beitr. z. Geoph. 11, «Kleinere Mitteilungen», 104–124, 1912.

49 Über turbulente Bewegungen in der Atmosphäre. Met. ZS. 29, 49–59, 1912.

50 Die Erforschung der obersten Atmosphärenschichten. ZS. f. anorg. Chemie 75, 107–131, 1912.

51 Die Entstehung der Kontinente. Petermanns Mitt. 58/1, 185–195, 253–256, 305–309, 1912.

52 Barometer. Artikel im Handwörterbuch der Naturw. 1, 828–839, 1912.

53 Luftdruck. Artikel im Handwörterbuch der Naturw. 6, 465–471, 1912.

54 Die Entstehung der Kontinente. Geologische Rundschau 3, 276–292, 1912.

55 Die Erforschung der obersten Schichten der Erd-Atmosphäre. Himmel und Erde 24, 289–310, 1911/12.

56 Die Dänische Expedition nach Königin Louises Land und die Durchquerung Nordgrönlands 1912–1913. Gerl. Beitr. z. Geoph. 12, «Kleine Mitteilungen», 43–45, 1912.

57 Koch, J. P.: Die Dänische Expedition nach Königin-Luise-Land und quer über das nordgrönländische Inlandeis 1912/13, unter Leitung von Hauptmann J. P. Koch. 1. Die Reise durch Island 1912, übersetzt von A. Wegener, Petermanns Mitt. 58/2, 185–189, 1912.

1914

58 Durch Grönlands Eiswüste. Himmel und Erde 26, 453–511, 1913/14.

59 Durch Grönlands Schneewüste. Umschau 18, 203–208, 1914,

60 Vorläufiger Bericht über die wissenschaftlichen Ergebnisse der Expedition. ZS. d. Ges. f. Erdkunde Berlin 1914, 17–21.

61 Beobachtungen über atmosphärische Polarisation auf der Dänischen Grönland-Expedition unter Hauptmann Koch. Sitz.-Ber. d. Ges. z. Beförderung d. gesamten Naturwissenschaften z. Marburg 1914, 7–18.

62 Staubwirbel auf Island. Met. ZS. 31, 199–200, 1914.

63 Brand, W., und Wegener, A.: Meteorologische Beobachtungen der Station Pustervig. Meddelelser om Grønland 42, Danmark-Eksped. til Grønlands Nordostkyst, 1906–1908, 2, 451–562, 1914.

1915

64 Neuere Forschungen auf dem Gebiet der Meteorolgie und Geophysik. Ann. d. Hydrogr. 43, 159–168, 1915.

65 Zur Frage der atmosphärischen Mondgezeiten. Met. ZS. 32, 253–258, 1915.

66 Vervielfältigung des Schalles. Met. ZS. 32, 406, 1915.

67 Verschwisterte und vergesellschaftete Halos. Met. ZS. 32, 550–551, 1915.

68 Über den Farbenwechsel der Meteore. Das Wetter, Sonderheft (Assmann-Festschrift) 1915.

69 Über den Farbenwechsel der Meteore. Sirius 48, 145–149, 1915.

70 Die Entstehung der Kontinente und Ozeane. Sammlung Vieweg, Heft 23, Braunschweig 1915.

1916

71 Windhose im Mürztal vom 11. Mai 1910. Das Wetter 33, 91–92, 1916.

72 Äußere Hörbarkeits-Zone und Wasserstoff-Sphäre. Met. ZS. 33, 523–524, 1916.

1917

73 Referat über E. Neuhaus: Die Wolken in Form, Färbung und Lage als lokale Wetterprognose. Geogr. ZS. 23, 46–47, 1917.

74 Referat über F. M. Exner: Dynamische Meteorologie. Ann. d. Hydrogr. 45, 307–309, 1917.

75 Die Neben-Sonnen unter dem Horizont. Met. ZS. 34, 295–298, 1917.

76 Das detonierende Meteor vom 3. April 1916, 3 1/2 Uhr nachmittags in Kurhessen. Schriften d. Ges. z. Beförderung d. gesamten Naturwissenschaften z. Marburg 14, 1–83, 1917.

77 Wind- und Wasserhosen in Europa. Sammlung Wissenschaft, Bd. 60. Braunschweig 1917.

1918

78 Über die planmäßige Auffindung des Meteoriten von Treysa. Astr. Nachr. 207, 185–190, 1918.

79 Einige Hauptzüge aus der Natur der Tromben. Met. ZS. 35, 245–249, 1918.

80 Haareis auf morschem Holz. Naturwissenschaften 6, 598–601, 1918.

81 Elementare Theorie der atmosphärischen Spiegelungen. Ann. d. Physik (4) 57, 203–230, 1918.

82 Der Farbenwechsel großer Meteore. Nova Acta, Abh. d. Kaiserl. Leop. Carol. Deutschen Akademie d. Naturforscher 104, 1–34, 1918.

1919

83 1. Über Luftwiderstand bei Meteoren. 2. Versuche zur Aufsturz-Theorie der Mondkrater. Sitz.-Ber. d. Ges. d. gesamten Naturwissenschaften zu Marburg 1919, 4–10.

84 Referat über J. P. Koch: Nordgrönlands Trift nach Westen. Astr. Nachr. 208, 270–276, 1919.

85 Klimatische Windkarten. Met. ZS. 36, 53–55, 1919.

86 Kleintromben auf See. Ann. d. Hydrogr. 47, 281–283, 1919.

87 Deutsche Ausgabe von J. P. Koch: Durch die weiße Wüste. Die Dänische Forschungsreise quer durch Nordgrönland 1912/13. Berlin 1919.

1920

88 Frostübersättigung und Cirren. Met. ZS. 37, 8–12, 1920.

89 Turbulenz und Kolloidstruktur der Atmosphäre. Met. ZS. 37, 231–232, 1920.

90 Über Cirruswolken. Met. ZS. 37, 347, 1920.

91 Versuche zur Aufsturz-Theorie der Mondkrater. Nova Acta. Abh. d. Kaiserl. Leop. Carol. Deutschen Akademie der Naturforscher 106, 109–117, 1920.

92 Die Aufsturzhypothese der Mondkrater. Sirius 53, 189–194, 1920.

93 Die Entstehung der Kontinente und Ozeane. 2. Aufl., Sammlung Wissenschaft, Bd. 66, Braunschweig 1920.

94 Die Theorie der Kontinentalverschiebungen. ZS. d. Ges. f. Erdkunde Berlin 1921, 89–103.

95 Die Theorie der Kontinentalverschiebungen. Verh. d. 20. Deutsch. Geographentag 20, 133–137, 1921.
96 Sind die Zyklonen Helmholtzsche Luftwogen? Met. ZS. 38, 300–302, 1921.
97 Die Entstehung der Mondkrater. Naturwissenschaften 9, 592–594, 1921.
98 Das Antlitz des Mondes. Umschau 25, 556–560, 1921.
99 Wandernde Kontinente. Reclams Universum 37, 475–746. 1920/21.
100 Schlußwort in den «Erörterungen zu A. Wegeners Theorie der Kontinentalverschiebungen». ZS. d. Ges. f. Erdkunde Berlin 1921, 125—130.
101 Die Entstehung der Mondkrater. Sammlung Wissenschaft, Bd. 55, Braunschweig 1921.

1922

102 Die Klimate der Vorzeit. Deutsche Revue 47, 34–44, 1922.
103 Het onstaan van de Kraters op de Maan. Wetenschappelijke Bladen 2, 10–17, 1922.
104 Wegener, A. und Kuhlbrodt, E.: Pilotballonaufstiege auf einer Fahrt nach Mexico, März bis Juni 1922. Archiv d. Deutschen Seewarte 30, 4, 1–46, 1922.
105 The Origin of Continents and Oceans. Discovery 3, 114–118, 1922.
106 Über die Rolle der Inversionen in den Zyklonen. Beiträge zur Physik der freien Atmosphäre, Sonderheft 1922, 47–52.
107 Referat über A. Philippson: Grundzüge der allgemeinen Geographie, Bd. 1, Ann. d. Hydrogr. 50, 27–28, 1922.
108 Aerologische Flugzeug-Aufstiege der Deutschen Seewarte im Jahre 1921. Ann. d. Hydrogr. 50, 113–120, 1922.
109 Wegener, A. und Kuhlbrodt, E.: Der Spiegeltheodolit für Pilot- und freie Registrierballon-Aufstiege auf See. Ann. d. Hydrogr. 50, 241–244, 1922.
110 Mond- und Welten-Entstehung. Über Land und Meer 64, 364–365, 388–389, 1921/1922.
111 Die Entstehung der Kontinente und Ozeane. 3. Aufl., Sammlung Wissenschaft, Bd. 66, Braunschweig 1922.

1923

112 Kontinentforskydnings-Theorien og dens Betydning for de sytsematiske og de eksakte Naturvidenskaber. Naturens Verden 7, 193–217, 1923.
113 Het onstaan van de Vastelanden en van de Oceanen. Wetenschappelijke Bladen 2, 278–294. 1923.
114 Tre Foredrag Holdte i Danmarks Naturvidenskabelige Samfund 1922. 1. Kontinenternes Forskydning. 2. Jordskorpens Natur. 3. Fortidens Klimater. Danmarks Naturvidenskabelige Samfund, 1923.
115 Das Wesen der Baumgrenze. Met. ZS. 40, 371–372, 1923.
116 Referat über W. Brand: Der Kugelblitz. Met. ZS. 40, 381–382, 1923.
117 Referat über P. F. Jensen: Ekspeditionen til Vestgrönland Sommeren 1922. Naturwissenschaften 11, 982—983, 1923.

1924

118 Referat über W. R. Eckardt: Grundzüge einer Physioklimatologie der Festländer. Naturwissenschaften 12, 211, 1924.
119 Luftdruck und Mittelwasser am Danmarks-Havn. Ann. d. Hydrogr. 52, 32–38, 1924.
120 Das Stehenbleiben der Registrieruhren in der Kälte. Beiträge zur Physik der freien Atmosphäre 11, 113–116, 1924.

121 Köppen W., und Wegener, A.: Die Klimate der geologischen Vorzeit. Umschau 28, 745–748, 1924.
122 Die Theorie der Kontinentalverschiebung, ihr gegenwärtiger Stand und ihre Bedeutung für die exakten und systematischen Geo-Wissenschaften. Naturwiss. Monatshefte 5 (der ganzen Folge Bd. 22), 142–153, 1924.
123 Köppen, W. und Wegener, A.: Die Klimate der geologischen Vorzeit. Berlin 1924.
124 Thermodynamik der Atmosphäre. 2. Aufl. Leipzig 1924.
125 Die Entstehung der Kontinente und Ozeane. 4. Aufl., Sammlung Wissenschaft, Bd. 66, Braunschweig 1924.

1925

126 Die äußere Hörbarkeitszone und ihre periodische Verlagerung im Jahreslauf. Met. ZS. 42, 261–266, 1925.
127 Die Temperatur der obersten Atmosphären-Schichten. Met. ZS. 42, 402–405, 1925.
128 Alfred Merz †. Met. ZS. 42, 439–440, 1925.
129 Theorie der Haupthalos. Archiv d. Deutschen Seewarte 43, 2, 1–32, 1925.
130 Die äußere Hörbarkeitszone. ZS. f. Geoph. 1, 297–314, 1924/25.

1926

131 Referat über Felix M. Exner: Dynamische Meteorologie. Naturwissenschaften 14, 775–776, 1926.
132 Die prognostische Bedeutung der Luftspiegelung nach oben. Ann. d. Hydrogr., Köppenheft, 93–95, 1926.
133 Referat über F. Nansen: Zur Frage der Klimaänderung in historischer Zeit in Nordeuropa und Grönland. ZS. f. Gletscherkunde 14, 241–245, 1926.
134 Referat über B. Gutenberg: Lehrbuch der Geophysik, Lieferung 1. Geogr. ZS. 32, 489–492, 1926.
135 Zusatz zu F. A. Lindemann und G. M. B. Dobson: Die Temperatur der obersten Atmosphärenschichten. Met. ZS. 43, 103–104, 1926.
136 Messungen der Sonnenstrahlung am Sanatorium Stolzalpe. Met. ZS. 43, 104–106, 1926.
137 Referat über Rudolf Meyer: Halo-Erscheinungen. Met. ZS. 43, 190–194, 1926.
138 Photographien von Luftspiegelungen an der Alpenkette. Met. ZS. 43, 207–209, 1926.
139 Beobachtungen der Dämmerungsbögen und des Zodiakallichtes in Grönland. Sitz.-Ber. d. Akademie d. Wissenschaften in Wien, Abt. IIa, 135, 323–332, 1926.
140 Nansen nochmals über Klimaänderung in historischer und postglazialer Zeit. ZS. f. Gletscherkunde 15, 60–62, 1926/27.
141 Ergebnisse der dynamischen Meteorologie. Ergebn. d. exakten Naturwissenschaften 5, 96–124, 1926.
142 Paläogeographische Darstellung der Theorie der Kontinentalverschiebungen. Enzyklopädie der Erdkunde. Leipzig, Wien 1926, S. 174–189.
143 Thermodynamik der Atmosphäre. H. Geiger u. K. Scheel: Handbuch der Physik 11, 156–189, Berlin 1926.

1927

144 Theorie der Haupthalos. Met. ZS. 44, 66, 1927.
145 Anfangs- und Endhöhen großer Meteore. Met. ZS. 44, 281–284, 1927.
146 Die Geschwindigkeit großer Meteore. Naturwissenschaften 15, 286–288, 1927.
147 Die geophysikalischen Grundlagen der Theorie der Kontinentenverschiebung. Scientia 41, 102–116, 1927.

148 Der Boden des Atlantischen Ozeans. Gerl. Beitr. z. Geoph. 17, 311–321, 1927.
149 Referat über B. Gutenberg: Grundlagen der Erdbebenkunde. Geogr. ZS. 33, 544, 1927.
150 Referat über B. Gutenberg: Lehrbuch der Geophysik, Lieferung 2. Geogr. ZS. 33, 53–54, 1927.
151 Referat über B. Gutenberg: Lehrbuch der Geophysik. Lieferung 3. Geogr. ZS. 33, 345, 1927.
152 Referat über D. Kreichgauer: Die Äquatorfrage in der Geologie. Petermanns Mitteilungen 73, 171, 1927.
153 Optik der Atmopshäre. B. Atmosphärische Strahlenbrechung, optische Erscheinungen in den Wolken. Beitrag in B. Gutenberg: Lehrbuch der Geophysik. Berlin 1929, S. 693–729.

1928

154 Die Windhose in der Oststeiermark vom 23. September 1927. Met. ZS. 45, 41–49, 1928.
155 Beiträge zur Mechanik der Tromben und Tornados. Met. ZS. 45, 201–214, 1928.
156 Kraus, E. Meyer, R. und Wegener, A.: Untersuchungen über den Krater von Sall auf Ösel. Gerl. Beitr. z. Geoph. 20, 312–378, und Nachtrag, 428–429, 1928.
157 Bemerkungen zu H. v. Iherings Kritik der Theorien der Kontinentverschiebungen und der Polwanderungen. ZS. f. Geoph. 4, 46–48, 1928.
158 Two Notes Concerning my Theory of Continental Drift. Beitrag in W. van der Gracht: The Theory of Continental Drift, Tulsa, Oklahoma, The Americ. Assoc. of Petroleum Geologists 1928, 97–103.
159 Referat über P. Gruner und H. Kleinert: Die Dämmerungs-Erscheinungen. Gerl. Beitr. z. Geoph. 19, 335–337, 1928.
160 Referat über R. Straub: Der Bewegungs-Mechanismus der Erde. Naturwissenschaften 16, 497, 1928.
161 Referat über B. Gutenberg: Lehrbuch der Geophysik, Lieferung 4. Geogr. ZS. 34, 112–113, 1928.
162 Akustik der Atmosphäre. Beitrag in Müller-Pouillet: Lehrbuch d. Physik, Bd. V/1, 11. Aufl. Braunschweig 1928, S. 171–198.
163 Optik der Atmosphäre. Beitrag in Müller-Pouillet: Lehrbuch d. Physik, Bd. V/1, 11. Aufl. Braunschweig 1928, S. 199–289.
164 Koch. J. P. und Wegener, A.: Wissenschaftliche Ergebnisse der Dänischen Expedition nach Dronning Louises-Land und quer über das Inlandeis von Nordgrönland 1912/13 unter Leitung von Hauptmann J. P. Koch. Meddelelser om Grønland 75, København 1930.
165 Thermodynamik der Atmosphäre. 3. Aufl. Leipzig 1928.

1929

166 Letzmann, J. und Wegener, A.: Ein Versuch zur Tromben-Erklärung. Gerl. Beitr. z. Geoph. 22, 138–140, 1929.
167 Denkschrift über Inlandeis-Expedition nach Grönland. Deutsche Forschung, 2, 1–24, 1929.[1]
168 Letzmann, J. und Wegener, A.: Die Druckerniedrigung in Tromben. Met. ZS. 47, 165–169, 1930.
169 Deutsche Inlandeis-Expedition nach Grönland, Sommer 1929. ZS. d. Ges. f. Erdkunde Berlin 1930, 81–124.
170 Mit Motorboot und Schlitten in Grönland. Bielefeld und Leipzig 1930.

Bei der Zusammenstellung des Werkverzeichnisses wurde Vollständigkeit angestrebt, jedoch sind die Übersetzungen des Buches *Entstehung der Kontinente und Ozeane* in fremde Sprachen nicht angeführt. Referate Wegeners wurden mitaufgenommen, weil sie häufig interessante Bemerkungen enthalten. Wo es möglich war, wurden die Arbeiten in das Jahr ihrer Fertigstellung, nicht in das ihres Erscheinens eingereiht.

Quelle: H. Benndorf: Alfred Wegener. Gerlands Beiträge zur Geophysik 31, 1931, 369–377.

Anmerkungen

Ein Wort zuvor

1 Zitiert nach: Lausch, Erwin: Der Planet der Meere. Hamburg 1983, S. 44.
2 Hsü, Kenneth J.: Ein Schiff revolutioniert die Wissenschaft. Die Forschungsarbeiten der *Glomar Challenger*. Hamburg 1982, S. 89.
3 Ebd.
4 Köppen, Wladimir: Alfred Wegener. Petermanns Geographische Mitteilungen 1931, 7/8, S. 170.
5 Zitiert nach: Georgi, Johannes: Alfred Wegener zum 80. Geburtstag. Polarforschung 1960, 2. Beiheft, S. 16.
6 Wegener, Alfred: Ergebnisse der dynamischen Meteorologie. Ergebnisse der exakten Naturwissenschaften. Band 5. Berlin 1926, S. 96.
7 Zitiert nach: Schwarzbach, Martin: Alfred Wegener und die Drift der Kontinente. Stuttgart 1989, S. 42.
8 Zitiert nach: Closs, Hans, Peter Giese, Volker Jacobshagen: Alfred Wegeners Kontinentalverschiebung aus heutiger Sicht. In: Ozeane und Kontinente. (Spektrum der Wissenschaft: Verständliche Forschung), Heidelberg 1985, S. 40.
9 Wegener, Alfred: Die Entstehung der Kontinente und Ozeane. Braunschweig 1929, S. X.

Lehr- und Studienjahre (1880–1906)

1 Laforgue, Jules: Der Hof und die Stadt. 1887. Aus dem Französischen und mit einem Nachwort von Anneliese Botond. Frankfurt am Main 1970, S. 70.
2 Zur Stadtentwicklung Berlins vgl.: Gall, Lothar: Das Berlin der Bismarckzeit. In: Glatzer, Ruth (Hrsg.): Berlin wird Kaiserstadt. Berlin 1993, S. 11–24.
3 Vgl.: Wegener, Else: Alfred Wegener. Tagebücher, Briefe, Erinnerungen. Wiesbaden 1960, S. 9.
4 Vgl.: Schwarzbach, Martin: Alfred Wegener und die Drift der Kontinente. Stuttgart 1989, S. 21.
5 Alfred Wegener im Lebenslauf zur Dissertation. Zitiert nach: Schwarzbach, Martin, a. a. O., S. 20.
6 Zitiert nach: ebd., S. 24.
7 Loewe, Fritz: Alfred Wegener 1880–1930. In: Die berühmten Entdecker und Erforscher der Erde. Köln 1965, S. 244.
8 Wegener, Else, a. a. O., S. 174.
9 Zitiert nach: Glatzer, Ruth (Hrsg.), a. a. O., S. 130.
10 Zitiert nach: ebd., S. 145.
11 Meschkowski, Herbert: Von Humboldt bis Einstein. Berlin als Weltzentrum der exakten Wissenschaften. München 1989, S. 129.
12 Vgl.: ebd., S. 132.
13 Vgl.: Glatzer, Ruth (Hrsg.), a. a. O., S. 149.
14 Zitiert nach: Benndorf, Hans: Alfred Wegener. Gerlands Beiträge zur Geophysik 31 (1931), S. 338.
15 Das Observatorium hatte zunächst seinen Standort in Tegel, war aber am 1.4.1905 nach Lindenberg, Kreis Beeskow umgezogen.
16 Ficker, H. v.: Alfred Wegener. Meteorologische Zeitschrift 48 (1931), S. 243.

17 Wegener, Else, a. a. O., S. 13.
18 Vgl.: Körber, Hans-Günther: Vom Wetteraberglauben zur Wetterforschung. Leipzig 1987, S. 144.
19 Assmann, Richard und Arthur Berson: Wissenschaftliche Luftfahrten. Zweiter Band, Braunschweig 1900, S. 706.
20 Zitiert nach: Hohmann, Ulrich: Beiträge zur Geschichte des Ballonsports in Deutschland. Band 1: Die Zeit von 1900 bis 1939. Hrsg. Deutscher Freiballonsport-Verband e.V., 1993, S. 9.
21 Zitiert nach: Franke, Frank: Ballone. Fahrten mit dem Erdwind. Frankfurt am Main 1993, S. 154.
22 Ebd.
23 Vgl.: Wutzke, Ulrich: Der Forscher von der Friedrichsgracht. Leipzig 1988, S. 23.
24 Zitiert nach: Wegener, Else, a. a. O., S. 14.
25 Vgl.: Wutzke, Ulrich, a. a. O., S. 24.
26 Zitiert nach: ebd.
27 Zitiert nach: Wegener, Else, a. a. O., S. 15.
28 Zitiert nach: Benndorf, Hans, a. a. O., S. 339.

Aufbruch nach Grönland (1906/08)

1 Zitiert nach: Wegener, Else: Alfred Wegener. Tagebücher, Briefe, Erinnerungen. Wiesbaden 1960, S. 41.
2 Zweig, Stephan: Sternstunden der Menschheit. Frankfurt am Main 1982, S. 220.
3 Später Universität Freiburg/Breisgau.
4 Zitiert nach: Benndorf, Hans: Alfred Wegener. Gerlands Beiträge zur Geophysik 31 (1931), S. 340.
5 Georgi, Johannes: Alfred Wegener zum 80. Geburtstag. Polarforschung 1960, 2. Beiheft, S. 8.
6 Vgl.: Beck, Hanno: Alfred Wegener – der Grönlandforscher. In: Große Reisende, München 1971, S. 315.
7 Alte Schreibung: Großborstel.
8 Vgl.: Rudloff, W.: Alfred Wegener als Meteorologe. Seewart 41 (1980) 5, S. 233.
9 Friis, Achton: Im Grönlandeis mit Mylius-Erichsen. Die Danmark-Expedition 1906 1908. Leipzig 1910, S. VIII.
10 Ebd., S. 49f.
11 Zitiert nach: Wegener, Else, a. a. O., S. 21.
12 Wegener, Alfred: Mylius-Erichsens «Danmark»-Expedition nach Nordost-Grönland. Mathematisch-Naturwissenschaftliche Blätter 6 (1909) 8, S. 1.
13 Friis, Achton, a. a. O., S. 230.
14 Wegener, Alfred, a. a. O., S. 2.
15 Zitiert nach: Wegener, Else, a. a. O., S. 32.
16 Zitiert nach: Benndorf, Hans, a. a. O., S. 341.
17 Vgl.: Georgi, Johannes, a. a. O., S. 21.
18 Zitiert nach: Wegener, Else, a. a. O., S. 35.
19 Vgl.: Körber, Hans-Günther: Alfred Wegener. Leipzig 1980, S. 17.
20 Wegener, Alfred: Mylius-Erichsens «Danmark»-Expedition nach Nordost-Grönland. Mathematisch-Naturwissenschaftliche Blätter 6 (1909) 9–10, S. 2.
21 Zitiert nach: Wegener, Else, a. a. O., S. 36.
22 Zitiert nach: Reinke-Kunze, Christine: Antarktis. Braunschweig 1992, S. 163.
23 Kohnen, Heinz: Antarktisexpedition. Bergisch Gladbach 1981, S. 105.
24 Zitiert nach: Wegener, Else, a. a. O., S. 57.

25 Vgl.: ebd., S. 41.
26 Zitiert nach: ebd., S. 38.
27 Ebd.
28 Ebd.
29 Zitiert nach: ebd., S. 37.
30 Wegener, Alfred: Mylius-Erichsens «Danmark»-Expedition nach Nordost-Grönland. Mathematisch-Naturwissenschaftliche Blätter 6 (1909) 8, S. 2.
31 Vgl.: Günzel, Hermann: Alfred Wegener und sein meteorologisches Tagebuch der Grönland-Expedition 1906–1908. Marburg 1991, S. 54.
32 Friis, Achton, a. a. O., S. 422.
33 Vgl.: Günzel, Hermann, a. a. O., S. 56.
34 Friis, Achton, a. a. O., S. 422–424.
35 Zitiert nach: Wegener, Else, a. a. O., S. 29.
36 Zitiert nach: ebd., S. 31.
37 Zitiert nach: ebd., S. 39.
38 Zitiert nach: ebd., S. 36.
39 Friis, Achton, a. a. O., S. 352f.
40 Vgl.: Wegener, Else, a. a. O., S. 59.
41 Zitiert nach: ebd., S. 56.
42 Zitiert nach: ebd., S. 41.
43 Zitiert nach: ebd., S. 26.
44 Ebd.
45 Ebd.
46 Zitiert nach: ebd., S. 27.
47 Zitiert nach: ebd., S. 29.
48 Zitiert nach: ebd., S. 27.
49 Zitiert nach: ebd., S. 62.
50 Ebd.
51 Wegener hat Brand in Marburg kennengelernt, er hat nicht an der Expedition teilgenommen.
52 Vgl.: Vogt, Hans-Heinrich: Alfred Wegener – «Galilei der Geographie». Zum 100. Geburtstag und zum 50. Todestag des Forschers. Naturwissenschaftliche Rundschau 33 (1980) 11, S. 473.
53 Zitiert nach: Schmauß, August: Alfred Wegeners Leben und Wirken als Meteorologe. Rede zur Gedenkfeier der Deutschen Geophysikalischen Gesellschaft in Hamburg an Wegeners 70. Geburtstag. Annalen der Meteorologie 4 (1951), S. 3.

Privatdozent in Marburg (1908–1912)

1 Zitiert nach: Wegener, Else. Alfred Wegener. Tagebücher, Briefe, Erinnerungen. Wiesbaden 1960, S. 62.
2 Wegener-Köppen, Else: Wladimir Köppen. Ein Gelehrtenleben für die Meteorologie. Stuttgart 1955, S. 102.
3 Zitiert nach: ebd., S. 102f.
4 Zitiert nach: Wegener, Else, a. a. O., S. 65.
5 Vgl.: Benndorf, Hans: Alfred Wegener. Gerlands Beiträge zur Geophysik 31 (1931), S. 343.
6 Vgl.: Schwarzbach, Martin: Alfred Wegener und die Drift der Kontinente. Stuttgart 1989, S. 32.
7 Benndorf, Hans, a. a. O., S. 343.

8 Georgi, Johannes: Alfred Wegener zum 80. Geburtstag. Polarforschung 1960, 2. Beiheft, S. 8f.
9 Ebd., S. 8.
10 Zitiert nach: Wegener, Else, a.a.O., S. 179. Vgl.: Benndorf, Hans, a. a. O., S. 356.
11 Wegener, Alfred und Kurt Wegener: Vorlesungen über Physik der Atmosphäre. Leipzig 1935, S. III.
12 Ebd.
13 Loewe, Fritz: Alfred Wegener und die moderne Polarforschung. Polarforschung 42 (1972) 1, S. 4.
14 Georgi, Johannes, a. a. O., S. 9.
15 Zitiert nach: ebd.
16 Zitiert nach: Schwarzbach, Martin, a. a. O., S. 64.
17 Vgl.: Radok, U.: Wissenschaft gegen das Schneefegen. Polarforschung 7 (40) 1970, S. 73–76.
18 Hänsel, Christian: Alfred Wegener als Lehrer und Forscher der Meteorologie und Klimatologie. Zeitschrift für Geologische Wissenschaften 10 (1982), S. 308.
19 Wegener, Alfred: Thermodynamik der Atmosphäre. Leipzig 1911. Vorwort, S. V.
20 Vgl.: Wegener-Köppen, Else, a. a. O., S. 103.
21 Wegener, Else, a. a. O., S. 67.
22 Ebd., S. 73.
23 Köppen, Wladimir: Alfred Wegener. Petermanns Geographische Mitteilungen 1931, 7/8, S. 169.
24 Wegener, Else, a. a. O., S. 74.
25 Zitiert nach: ebd.
26 Zitiert nach: ebd., S. 68.
27 Wegener, Alfred: a. a. O., S. 6.
28 Vgl.: Hänsel, Christian, a. a. O., S. 308.
29 Wegener, Alfred: Über turbulente Bewegungen in der Atmosphäre. Meteorologische Zeitschrift 29 (1912) 2, S. 54.
30 Zu Wegeners meteorologischen Arbeiten vgl.: Körber, Hans-Günther: Alfred Wegener. Leipzig 1980, S. 85 und Rudloff, F.: Alfred Wegener als Meteorologe. Seewart 41 (1980) 5, S. 232–241.
31 Zu den Aktivitäten des Marburger Ballonvereins vgl.: Jubiläumsschrift «75 Jahre Kurhessischer Verein für Luftfahrt von 1909 e.V. Marburg», Herausgeber: Kurhessischer Verein für Luftfahrt von 1909 e.V., Marburg 1984, S. 23–29.
32 Vgl.: Hohmann, Ulrich: Beiträge zur Geschichte des Ballonsports in Deutschland. Band 1: Die Zeit von 1900 bis 1939. Hrsg.: Deutscher Freiballonsport-Verband e.V. 1993, S. 99 und Wutzke, Ulrich: Der Forscher von der Friedrichsgracht. Leipzig 1988, S. 89.
33 Wegener, Else, a. a. O., S. 70.
34 Zitiert nach: Hänsel, Christian, a. a. O., S. 310. Bei Wutzke findet sich der Hinweis, daß es sich um eine Tagebucheintragung von Wegeners Schwester Tony handelt. (Wutzke, Ulrich, a. a. O., S. 99.)
35 Es ist auch die letzte Ballonfahrt Wegeners, über die es offiziell Aufzeichnungen gibt. Ob es grundsätzlich sein letzter Ausflug im Freiballon war, läßt sich nicht mehr klären, da für die Zeit nach dem Ersten Weltkrieg nur selten Belege über Fahrten bei den Freiballonsportorganisationen existieren.
36 Wegener-Köppen, Else, a. a. O., S. 103.

Die Entstehung der Kontinente und Ozeane

1 Zitiert nach: Hänsel, Christian: Alfred Wegener als Lehrer und Forscher der Meteorologie und Klimatologie. Zeitschrift für Geologische Wissenschaften 10 (1982), S. 309.
2 Wegener, Else: Alfred Wegener. Tagebücher, Briefe, Erinerungen. Wiesbaden 1960, S. 75.
3 Wegener, Alfred: Die Entstehung der Kontinente und Ozeane. Braunschweig 1929, S. 1. Es läßt sich aus Wegeners Veröffentlichungen nicht entnehmen, um welche Abhandlung es sich gehandelt hat. Es gibt Vermutungen, daß es sich um das Sammelreferat von W. Keilhack: Alte Eiszeiten der Erde – Himmel und Erde 7 (1895), S. 249–261 gehandelt haben soll. (Vgl.: Brouwer, Aart: From Eduard Suess to Alfred Wegener. Geologische Rundschau 70 (1981) 1, S. 36.)
4 Zitiert nach: Closs, Hans, Peter Giese, Volker Jacobshagen: Alfred Wegeners Kontinentalverschiebungstheorie aus heutiger Sicht. In: Ozeane und Kontinente. (Spektrum der Wissenschaft: Verständliche Forschung), Heidelberg 1985, S. 42.
5 Ebd.
6 Köppen, Wladimir: Alfred Wegener. Petermanns Geographische Mitteilungen 1931, 7/8, S. 170.
7 Vgl.: Dorn, Matthias: Von Alfred Wegeners Verschiebungstheorie zur Theorie der Plattentektonik. Die Geowissenschaften 7 (1989) 2, S. 45.
8 Hallam, Anthony: A Revolution in the Earth Sciences. Oxford 1973, S. 1.
9 Zitiert nach: Roßmann, F.: Alfred Wegener. Das Wetter. Zeitschrift für angewandte Meteorologie 48 (1931), S. 260f.
10 Vgl.: Schwarzbach, Martin: Alfred Wegener und die Drift der Kontinente. Stuttgart 1989, S. 68.
11 Wegener, Alfred: Die Entstehung der Kontinente. Petermanns Geographische Mitteilungen 58 (1912), S. 185.
12 Ebd.
13 Ebd.
14 Zitiert nach: Closs, Hans, Peter Giese, Volker Jacobshagen, a. a. O., S. 46.
15 Wegener, Alfred, a. a. O., S. 188: «Die leichteren Kontinentalschollen schwimmen hiernach gewissermaßen in der schweren Masse und sind dabei so eingestellt, daß Gleichgewicht des statischen Druckes herrscht, ähnlich wie bei einem Eisberg, der im Wasser schwimmt.»
16 Ebd., S. 185.
17 Zitiert nach: Hallam, Anthony: Great Geological Controversies. Oxford 1989, S. 145. Vgl. auch: Wegener, Alfred: Die Theorie der Kontinentalverschiebung. Zeitschrift der Gesellschaft für Erdkunde zu Berlin 1921, S. 95.
18 Wegener, Else, a. a. O., S. 162.
19 Zitiert nach: Dorn, Matthias, a. a. O., S. 48.
20 Vgl.: ebd., S. 47.
21 Wegener, Alfred: Die Entstehung der Kontinente und Ozeane. Braunschweig 1915, S. 54.
22 Wegener, Alfred: Die Entstehung der Kontinente und Ozeane. Braunschweig 1929, S. 172.
23 Wegener-Köppen, Else: Wladimir Köppen. Ein Gelehrtenleben für die Meteorologie. Stuttgart 1955, S. 136.
24 Köppen, Wladimir, a. a. O., S. 170.
25 Vgl.: Miller, Russell: Driftende Kontinente. Amsterdam 1983, S. 46.
26 Vgl.: Kertz, Walter: Wegeners «Kontinentalverschiebungen» zu seiner Zeit und heute. Geologische Rundschau 70 (1981) 1, S. 22. Die dritte Auflage der «Entstehung der

Kontinente und Ozeane» wurde unter dem Titel «La genèse des continents et des océans» von M. Reichel ins Französische übertragen. Im selben Jahr erschien eine englische Übersetzung «The origins of continents and oceans» von J. G. A. Skerl und eine spanische Übersetzung «La génesis de los continentes y océanos» von Vicente Inglada Ors. 1925 erschien eine russische Übersetzung von Marija Mirčnik unter der Redaktion von G. F. Mirčnik. Zur Publikationsgeschichte vgl. Wegener, Kurt: Alfred Wegener. In: Forscher und Wissenschaftler im heutigen Europa. Oldenburg, Hamburg o. J., S. 300f.

27 Vgl.: Dorn, Matthias, a. a. O., S. 46.

28 Zitiert nach: Miller, Russell, a. a. O., S. 57, vgl.: Hallam, Anthony: A Revolution, a. a. O., S. 113.

29 Vgl.: Schwarzbach, Martin: Alfred Wegener. Sein Leben und sein Lebenswerk. Geologische Rundschau 70 (1981) 1, S. 10. Vgl. auch: Hallam, Anthony: Great Geological Controversies, a. a. O., S. 142.

30 Vgl.: Carozzi, Albert V.: The Reaction in Continental Europe to Wegener's Theory of Continental Drift. Earth Sciences History. Journal of the History of the Earth Sciences Society 4 (1985) 2, S. 123.

31 Ebd.

32 Zitiert nach: Schwarzbach, Martin: Alfred Wegener und die Drift der Kontinente, a. a. O., S. 95.

33 Ebd.

34 Zitiert nach: Kertz, Walther, a. a. O., S. 24.

35 Wegener, Else, a. a. O., S. 77.

36 Ebd.

37 Ebd., S. 145. Else Wegener schreibt außerdem: «Wir freundeten uns mit ihm und seiner Frau an, und der Umgang mit ihnen ist mir in den weiteren Kriegsjahren sehr wertvoll und tröstlich gewesen.» Hans Cloos hat Wegeners Theorie zwar nie akzepiert, verhehlte jedoch nicht eine gewisse Faszination, die von ihr ausging: «Sie stellte auf ein wissenschaftlich gediegenes Fundament einen leicht faßlichen, sensationell erregenden Gedankenbau. Sie löste die Festländer vom Erdkern und verwandelte sie in Eisberge aus Gneis auf einem Meer aus Basalt. Ließ sie schwimmen und driften, abreißen und anstoßen. Wo sie sich lösten, bleiben Risse, Spalten, Gräben. Wo sie aufliefen Faltengebirge.» (Cloos, Hans: Gespräche mit der Erde. München 1947, S. 364.)

38 Zitiert nach: Wegener, Else, a. a. O., S. 162f.

39 Zitiert nach: ebd., S. 163.

40 Zitiert nach: Stäblein, Gerhard: Polarforschung und Kontinentalverschiebungstheorie Alfred Wegeners. Erde 111 (1980) 1, 2, S. 28.

41 Vgl.: ebd.

42 Zitiert nach: Wegener, Else, a. a. O.

43 Zitiert nach: ebd., S. 164f.

44 Zitiert nach: ebd., S. 162.

45 Zitiert nach: ebd., S. 163.

46 Zitiert nach: Marvin, Ursula B.: The British Reception of Alfred Wegener's Continental Drift Hypothesis. Earth Sciences History. Journal of the History of the Earth Sciences Society 4 (1985) 2, S. 138.

47 Zitiert nach: ebd., S. 142.

48 Ebd., S. 145.

49 Vgl.: Hallam, Anthony, a. a. O., S. 148.

50 Zitiert nach: Marvin, Ursula B., a. a. O.

51 Zitiert nach: Anderson, Alan H.: Die Drift der Kontinente. Alfred Wegeners Theorie im Licht neuer Hoffnungen. Wiesbaden 1974, S. 41.
52 Zitiert nach: ebd., S. 42f.
53 Zitiert nach: ebd., S. 42.
54 Zitiert nach: George, Uwe: Geburt eines Ozeans. Hamburg 1982, S. 98.
55 Chamberlin, R. T.: Some of the Objections to Wegener's Theory In: Waterschoot van der Gracht, W. A. J. M. van (Hrsg.): Theory of Continental Drift. A symposium on the origin and development of land masses both inter-continental and intracontinental, as proposed by Alfred Wegener. Tulsa, Oklahoma 1928. Zitiert nach: Schlee, Susan: Die Erforschung der Weltmeere. Oldenburg, Hamburg 1974, S. 259. Zum Verlauf des Symposiums vgl.: Miller, Russell, a. a. O., S. 51f.
56 Vgl.: Seibold, Eugen: Das Gedächtnis des Meeres. München 1991, S. 169.
57 Dieser von Wegener verfaßte Beitrag hat gelegentlich zu der Annahme geführt, daß er in New York persönlich an der Diskussion teilgenommen habe, was jedoch nicht der Fall war.
58 Wegener, Alfred: Die Entstehung der Kontinente und Ozeane. Braunschweig 1929, S. 2.
59 Die Bezeichnungen Gondwana und Laurasia hatte Du Toit bei Eduard Suess entlehnt. *Laurasia* war eine Verbindung der Wörter *Laurentia* – so hatte Suess Grönland und einen Teil Nordamerikas bezeichnet – und *Asien*. *Gondwana* war der große Südkontinent, den Suess nach einer Landschaft Indiens benannt hatte.
60 Obwohl Wegener und Schwinner beide in Graz lebten und lehrten, gab es allerdings kaum Kontakt.
61 Wegener, Alfred: Die Entstehung der Kontinente. Petermanns Geographische Mitteilungen 58 (1912), S. 305f. Vgl. auch: Jacoby, W.: Alfred Wegener und die Kontinentalverschiebung. Island-Berichte der Gesellschaft der Freunde Islands e.V. 31 (1990) 2/3, S. 119.
62 Wegener, Alfred: Die Entstehung der Kontinente und Ozeane. Braunschweig 1929, S. X.
63 Ebd., S. IXf.
64 Wegener, Alfred: Die Entstehung der Kontinente. Petermanns Geographische Mitteilungen 58 (1912), S. 185.

Grönlanddurchquerung (1912/13)

1 Koch, J. P.: Durch die weiße Wüste. Die dänische Forschungsreise quer durch Nordgrönland 1912–13. Berlin 1919, S. 7.
2 Ebd.
3 Den Expeditionsbericht von J. P. Koch hat Else Wegener ins Deutsche übersetzt. 1961 gab sie außerdem das Tagebuch, das ihr Mann auf dieser Expedition geführt hat, unter dem Titel *Tagebuch eines Abenteurers* heraus. Es wurde ferner in sprachlich leicht überarbeiteter Form Bestandteil der Biographie, die sie 1960 publizierte.
4 Koch, J. P.: Die geplante dänische Expedition nach Königin-Luise-Land und quer über das Inlandeis Nordgrönlands 1912/13. Petermanns Geographische Mitteilungen 58 (1912) 1, S. 265.
5 Schutzbach, Werner: Island. Feuerinsel am Polarkreis. Bonn 1985, S. 141.
6 Wegener, Else: Alfred Wegener. Tagebücher, Briefe, Erinnerungen. Wiesbaden 1960, S. 81.
7 Vgl.: Jacoby, W.: Alfred Wegener und die Kontinentalverschiebung. Island-Berichte der Gesellschaft der Freunde Islands e.V. 31 (1990) 2/3, S. 120.
8 Zitiert nach: Voß, Jutta: Alfred Wegeners Weg als Polarforscher. In: 125 Jahre deutsche Polarforschung. Bremerhaven 1993, S. 83

9 Koch, J.P.: Durch die weiße Wüste, a. a. O., S. VI.
10 Zitiert nach: Wegener, Else, a. a. O., S. 91.
11 Zitiert nach: ebd., S. 98.
12 Koch, J. P., a. a. O., S. 130.
13 Zitiert nach: Voß, Jutta, a. a. O., S. 84.
14 Zitiert nach: ebd.
15 Koch, J. P., a. a. O., S. 131.
16 Zur Expedition von Kurt Wegener vgl.: Reinke-Kunze, Christine: Aufbruch in die weiße Wildnis. Hamburg 1992, S. 89.
17 Wegener, Else, a. a. O., S. 83.
18 Ebd., S. 112.
19 Ebd., S. 113, Kamik (grönl.) «Stiefel».
20 Ebd., S. 114.
21 Ebd., S. 115.
22 Koch, J. P., a. a. O., S. 189.
23 Koch, J. P.: Unsere Durchquerung Grönlands 1912–1913. Zeitschrift der Gesellschaft für Erdkunde zu Berlin 1914, S. 47.
24 Zitiert nach: Wegener, Else, a. a. O., S. 117.
25 Koch, J. P., a. a. O., S. 48.
26 Ebd.
27 Ebd., S. 48f.
28 Zitiert nach: Wegener, Else, a. a. O., S. 118.
29 Das grönländische Wort *Nunatak* ist inzwischen Bestandteil der internationalen geologischen Fachterminologie geworden.
30 Koch, J. P., a. a. O. S. 49.
31 Ebd.
32 Zitiert nach: Wegener, Else, a. a. O., S. 127.
33 Koch, J. P.: Durch die weiße Wüste, a. a. O., S. 241.
34 Zitiert nach: Wegener, Else, a. a. O., S. 130.
35 Koch, J. P., a. a. O., S. 246.
36 Vgl.: Beck, Hanno: Alfred Wegener – der Grönlandforscher. In: Große Reisende. München 1971, S. 319.
37 Vgl.: Hänsel, Christian: Alfred Wegener als Lehrer und Forscher der Meteorologie und Klimatologie. Zeitschrift für Geologische Wissenschaften 10 (1982), S. 308.
38 Vgl.: Roßmann, F.: Alfred Wegener. Das Wetter. Zeitschrift für angewandte Meteorologie 48 (1931), S. 259.

Kriegsjahre

1 Wegener, Else: Alfred Wegener. Tagebücher, Briefe, Erinnerungen. Wiesbaden 1960, S. 134.
2 Ebd., S. 135.
3 Ebd.
4 Ebd., S. 136.
5 Ebd., S. 135.
6 Ebd., S. 137.
7 Vgl.: ebd.
8 Eine Reform des Gregorianischen Kalenders, die nach wie vor wünschenswert bleibt, läßt sich heute wohl nicht mehr durchführen. Allerdings haben die Meteorologen aus den erwähnten Gründen den Beginn der Jahreszeiten auf den 1. März, 1. Juni, 1. Oktober und 1. Dezember vorverlegt.

9 Wegener, Else, a. a. O., S. 139.
10 Zitiert nach: ebd., S. 140.
11 Zitiert nach: ebd.
12 Benndorf, Hans: Alfred Wegener. Gerlands Beiträge zur Geophysik 31 (1931), S. 350.
13 Vgl.: Loewe, Fritz: Alfred Wegener. His Life and Work. Australian Meteorological Magazine 18 (1970) 4, S. 182.
14 Zitiert nach: Wegener, Else, a. a. O., S. 144f.
15 Zitiert nach: ebd., S. 143.
16 Zitiert nach: ebd.
17 Ebd., S. 148.
18 Zitiert nach: ebd., S. 149.
19 Ebd.
20 Ebd., S. 155.
21 Schmauß, August: Alfred Wegeners Leben und Wirken als Meteorologe. Annalen der Meteorologie 4 (1951), S. 6.
22 Vgl.: Benndorf, Hans, a. a. O., S. 351.
23 Ebd.
24 Zitiert nach: Ehmke, G.: Alfred Wegener und die Himmelskunde. Die Sterne 56 (1980) 6, S. 334.
25 Zitiert nach: Schwarzbach, Martin: Alfred Wegener und die Drift der Kontinente. Stuttgart 1989, S. 66.
26 Vgl.: Wegener, Alfred: Die Entstehung der Mondkrater. Braunschweig 1921. (Sammlung Vieweg. Tagesfragen aus den Gebieten der Naturwissenschaften und der Technik, Heft 55), S. 6–26.
27 Ebd., S. 20.
28 Für die Maria (pl. von mare, lat. «Meer»), Großstrukturen der Mondoberfläche, nimmt man dagegen heute vulkanischen Ursprung an.
29 Wegener, Alfred, a. a. O., S. 39.
30 Vgl.: Bühler, Rolf W.: Meteorite. Urmaterie aus dem interplanetaren Raum. Augsburg 1992, S. 94.
31 Vgl.: Ehmke, G., a. a. O., S. 338.
32 «Hessenland». Geschichte, Landschaft, Volkskunde. Folge 48, Februar 1981.

Hamburger Intermezzo (1919–1924)

1 Zitiert nach: Wegener, Else: Alfred Wegener. Tagebücher, Briefe, Erinnerungen. Wiesbaden 1960, S. 158.
2 Zitiert nach: Wegener-Köppen, Else: Wladimir Köppen. Ein Gelehrtenleben für die Meteorologie. Stuttgart 1955, S. 135.
3 Zitiert nach: ebd.
4 Wegener, Else, a. a. O., S. 159f.
5 Zitiert nach: ebd., S. 159.
6 Zitiert nach: ebd., S. 158.
7 Ebd., S. 167.
8 Ebd.
9 Vgl.: Wutzke, Ulrich: Der Forscher von der Friedrichsgracht. Leipzig 1988, S. 164.
10 Wegener, Else, a. a. O., S. 161.
11 Georgi, Johannes: Alfred Wegener zum 80. Geburtstag. Polarforschung 1960, 2. Beiheft, S. 11.
12 Vgl. die Schilderung von Ernst Kuhlbrodt: «Nicht unerwähnt lassen möchte ich auch, wie das Haus Violastr. 7 in Großborstel, das stille, in dichtem Grün gelegene Gelehr-

tenheim von Wegener und seinem Schwiegervater Köppen, Mittelpunkt wurde einer regen Geselligkeit, die beide trotz der Schwere der Zeit nicht missen wollten und konnten.» (Zitiert nach: Benndorf, Hans: Alfred Wegener. Gerlands Beiträge zur Geophysik 31 (1931), S. 353.)

13 Zitiert nach: Schwarzbach, Martin: Alfred Wegener und die Drift der Kontinente. Stuttgart 1989, S. 80.

14 Hermann Flohn schrieb über dieses Buch: «Zweifellos war dieses aus einem Guß geschriebene Buch eine wissenschaftliche Großtat, zu der ein gänzlich unorthodoxer Geophysiker von so umfassendem Weitblick und ein so kritisch-unbestechlicher Klimatologe mit einer in über 50 Jahren gesammelten Erfahrung sich zusammenfinden mußten.» (Flohn, Hermann: A. Wegener und die Paläoklimatologie. Polarforschung 7 (40), 1970, S 55.)

15 Vgl.: Schwarzbach, Martin, a. a. O., S. 84.

16 Vgl.: ebd., S. 88.

17 Wegener, Else, a. a. O., S. 164.

18 Ebd., S. 165.

19 Georgi, Johannes, a. a. O.

20 Ebd., S. 11f.

21 Ebd., S. 11.

22 Ebd.

23 Zitiert nach: Schmauß, August: Alfred Wegeners Leben und Wirken als Meteorologe. Annalen der Meteorologe 4 (1951), S. 6.

24 Georgi, Johannes, a. a. O., S. 10.

25 Ebd., S. 10f.

26 Wegener, Alfred und Erich Kuhlbrodt: Pilotballonaufstiege auf einer Fahrt nach Mexiko, März bis Juni 1922. Archiv der Deutschen Seewarte 40 (1922), S. 5.

27 Wegener, Else, a. a. O., S. 168.

28 Wegener-Köppen, Else, a. a. O., S. 140.

Daheim in Graz

1 Wegener, Else: Alfred Wegener. Tagebücher, Briefe, Erinnerungen. Wiesbaden 1960, S. 173.

2 Zitiert nach: Georgi, Johannes: Alfred Wegener zum 80. Geburtstag. Polarforschung 1960, 2. Beiheft, S. 12. Vgl. auch: Ficker, H. v.: Alfred Wegener. Meteorologische Zeitschrift 48 (1931), S. 244: «Der Plan, ihn als Professor der Geographie an die Universität Frankfurt zu berufen, scheiterte an dem Widerstand der deutschen Geographen, denen Wegener offenbar zu geophysikalisch orientiert war, um einer Geographie-Professur gerecht werden zu können.»

3 Zitiert nach: Flügel, Helmut W.: Alfred Wegeners vertraulicher Bericht über die Grönland-Expedition 1929. Mit einer Einleitung: Zu Alfred Wegeners Leben und Wirken in Graz 1924 bis 1930. Publikationen aus dem Archiv der Universität Graz 10 (1980), S. 9.

4 Vgl.: ebd., S. 11.

5 Vgl.: ebd., S. 12.

6 Vgl.: ebd., S. 8.

7 Ebd.

8 Benndorf, Hans: Alfred Wegener. Gerlands Beiträge zur Geophysik 31 (1931), S. 356.

9 Ebd., S. 357.

10 Loewe, Fritz: Alfred Wegener. His Life and Work. Australian Meteorological Magazine 18 (1970) 4, S. 177.

11 Wegener, Else, a. a. O., S. 175.

12 Benndorf, Hans, a. a. O., S. 355.
13 Zitiert nach: Wegener, Else, a. a. O., S. 178.
14 Ebd., S. 183.
15 Benndorf, Hans, a. a. O., S. 358f.
16 Wegener, Else (Hrsg.): Alfred Wegeners letzte Grönlandfahrt. Leipzig 1932, S. 13.
17 Die Fahrt konnte tatsächlich erst 1931 mit dem Luftschiff *Graf Zeppelin* durchgeführt werden. Vgl. hierzu: Reinke-Kunze, Christine: Aufbruch in die weiße Wildnis. Hamburg 1992, S. 109–129 und Brennecke, Detlef: Fridtjof Nansen. Hamburg 1990, S. 124f.
18 Wegener, Else: Alfred Wegener, a. a. O., S. 184.

Wieder in Grönland: Die Vorexpedition 1929

1 Schmauß, August: Alfred Wegeners Leben und Wirken als Meteorologe. Rede zur Gedenkfeier der Deutschen Geophysikalischen Gesellschaft und der Meteorologischen Gesellschaft in Hamburg an Wegeners 70. Geburtstag. Annalen der Meteorologie 4 (1951), S. 8.
2 Die «Notgemeinschaft der Deutschen Wissenschaft» wurde 1920 auf Anregung des ehemaligen preußischen Kulturministers Friedrich Schmidt-Ott und des Nobelpreisträgers Fritz Haber gegründet, als Koordinationszentrale und Interessenvertretung der Wissenschaft, welche die Forschungsförderung durch Staat und Wirtschaft koordinieren sollte. Sie wurde nach dem Zweiten Weltkrieg 1949 wieder eingerichtet und nahm ihren Sitz in Bonn-Bad Godesberg an. 1951 wurde die «Deutsche Forschungsgemeinschaft» ihre unmittelbare Nachfolgerin.
3 Schmidt-Ott, Friedrich: Erlebtes und Erstrebtes. Wiesbaden 1952, S. 280.
4 Ebd.
5 Wegener, Else (Hrsg.): Alfred Wegeners letzte Grönlandfahrt. Leipzig 1932, S. 18.
6 Wegener, Alfred: Mit Motorboot und Schlitten in Grönland. Bielefeld 1930, S. 128.
7 Koch starb am 13. Januar 1928.
8 Georgi, Johannes: Alfred Wegener zum 80. Geburtstag. Polarforschung 1960, 2. Beiheft, S. 12.
9 Das Erste Internationale Polarjahr war vom 1. August 1881 bis zum 1. September 1882 auf Anregung des Polarforschers Carl Weyprecht durchgeführt worden. An dem Forschungsprojekt, in dem es um magnetische, meteorologische und astronomische Messungen sowie Polarlichtbeobachtungen ging, beteiligten sich neben Deutschland die Vereinigten Staaten, Dänemark, Österreich, Schweden, Norwegen, Finnland, Rußland, die Niederlande und Frankreich. Damals wurden 15 Stationen in den Polargebieten eingerichtet, davon zwei im Süden: eine französische in der Nähe vom Kap Hoorn und eine deutsche auf Südgeorgien.
10 Georgi, Johannes, a. a. O.
11 Zitiert nach: Georgi, Johannes: Im Eis vergraben. Leipzig 1957, S. 308.
12 Zitiert nach: Wegener-Köppen, Else: Wladimir Köppen. Ein Gelehrtenleben für die Meteorologie. Stuttgart 1955, S. 50.
13 Zitiert nach: Wegener, Kurt: Geschichte der Expedition. Leipzig 1933 (Wegener, Kurt (Hrsg.): Deutsche Grönlandexpedition Alfred Wegener. Wissenschaftliche Ergebnisse 1), S. VII.
14 In einigen Publikationen wird angenommen, daß Wegeners letzte Grönlandexpedition u.a. durchgeführt wurde, um mit weiteren Messungen neue Daten für seine Theorie der Kontinentalverschiebung zu erhalten. Diese Annahme wird durch sein Expeditionsprogramm nicht bestätigt. Friedrich Schmidt-Ott schrieb in seinen Memoiren: «Als Professor Meinardus aus Göttingen … bei Alfred Wegener angefragt hatte, nahm dieser den

Plan einer neuen umfassenden Grönland-Expedition auf, die nicht nur seine gletscherkundlichen Studien abschließen und die Mächtigkeit des Inlandeises bestimmen sondern auch Temperatur und Gefüge von Firn und Eis untersuchen und durch trigonometrische und barometrische Höhenmessungen entscheiden sollte, ob die Landfläche durch die Eisbelastung eingedrückt werde und die grönländische Scholle sich im Auftauchen befinde. Auch die Frage der Kontinentalverschiebung, die Wegener vertrat, hing damit zusammen.» (Schmidt-Ott, Friedrich, a. a. O., S. 279.)
Johannes Georgi berichtete später dazu: «Man könnte fragen, weswegen Wegener in seinem Expeditionsplan die Frage einer Westwanderung Grönlands ganz außer acht gelassen habe; nahm doch ein erfahrener Geodät vom Preuß. Geodätischen Institut in Potsdam an der Hauptexpedition teil zur Ausführung von Ortsbestimmungen und eines geodätischen Nivellements ins Innere; es wäre technisch möglich gewesen, recht genaue Längenmessungen mit drahtlosem Zeitvergleich durchzuführen. Aber dieser Verzicht, der ihm gewiß nicht leicht gefallen ist, war für Wegener dadurch vorgeschrieben, daß Dänemark in Qornoq bei Godthaab gerade für dieses Problem seit kurzem Präzisions-Längenbestimmungen mit festem Meridiankreis eingerichtet hatte, deren Genauigkeit mit Expeditionsmitteln nicht hätte erreicht werden können.» (Georgi, Johannes: Alfred Wegener zum 80. Geburtstag, a. a. O., S. 13.)

15 Wegener, Alfred: Denkschrift über Inlandeis-Expedition nach Grönland. Deutsche Forschung 1928, 2, S. 199.

16 Wegener, Else: Alfred Wegener. Tagebücher, Briefe, Erinnerungen. Wiesbaden 1960, S. 190.

17 Vgl.: ebd.

18 Wegener, Alfred: Mit Motorboot und Schlitten, a. a. O., S. 23.

19 Vgl.: Wutzke, Ulrich: Der Forscher von der Friedrichsgracht. Leipzig 1988, S. 189.

20 Zitiert nach: ebd.

21 Wegener, Else (Hrsg): Alfred Wegeners letzte Grönlandfahrt. a. a. O., S. 19.

22 Georgi, Johannes, a. a. O., S. 13.

23 Ebd.

24 In einem Schreiben vom 10. Dezember 1928 an den Geschäftsführer der Internationalen Gesellschaft zur Erforschung der Arktis mit Luftfahrzeugen (Aeroarctic). Abgedruckt bei Georgi, Johannes, a. a. O., S. 40–43.

25 Georgi, Johannes: Im Eis vergraben, a. a. O., S. 96f.

26 Vgl.: Wegener, Else: Alfred Wegener, a. a. O., S. 191. Johannes Georgi hat später den Verzicht auf Traktoren und Raupenschlepper als «verhängnisvolle Lücke im Transportsystem von Alfred Wegeners Grönland-Expedition 1930/31» bezeichnet. (Georgi, Johannes: Alfred Wegener zum 80. Geburtstag, a. a. O., S. 32–44.) Vgl. aber auch Günter Skeib: «Es wäre vermessen, aus der heutigen Sicht die Expeditionskonzeption Wegeners zu kritisieren.» (Skeib, Günter: Das Wirken Alfred Wegeners als Polarforscher. Zeitschrift für Meteorologie 31 (1980) 6, S. 356.)

27 Tobias Gabrielsen kannte die Küsten Grönlands sehr gut. Kurt Wegener berichtete über ihn im Expeditionsbericht, er «genoß als weitgereister Mann großes Ansehen bei den Grönländern und war wertvoll für die Anwerbungen. 1914 war er in Hamburg gewesen, um an einer österreichischen Südpolarexpedition teilzunehmen, als der Krieg ausbrach. Vorrübergehend hatte man ihn hier verhaftet, weil man ihn für einen japanischen Spion hielt.» (Wegener, Kurt, a. a. O., S. 27.)

28 Wegener, Alfred: Mit Motorboot und Schlitten, a. a. O., S. 25

29 Ebd., S. 50.

30 Ebd., S. 57.

31 Ebd., S. 72.

32 Der Nunatak *Scheideck* trennt den Qaamarujuk- vom Kangerluarsuk-Gletscher.
33 Wegener, Alfred, a. a. O., S. 116.
34 Zitiert nach: Wegener, Else: Alfred Wegener, a. a. O., S. 198.
35 Ebd., S. 198f.
36 Wegener, Alfred, a. a. O., S. 152.
37 Georgi, Johannes, a. a. O., S. 18.
38 Georgi, Johannes: Im Eis vergraben, a. a. O., S. 94f.
39 Zitiert nach: ebd., S. 95f.
40 Wegener, Alfred, a. a. O., S. 130.

Die Grönlandexpedition 1930

1 Alfred Wegeners Tagebuch 1930. Abschrift Staatsbibliothek Hamburg. Sign. B/16410, S. 158.
2 Vgl.: Skeib, Günter: Das Wirken Alfred Wegeners als Polarforscher. Zeitschrift für Meteorologie 31 (1980) 6, S. 355.
3 Zitiert nach: Wegener, Else (Hrsg.): Alfred Wegeners letzte Grönlandfahrt. Leipzig 1932, S. 63.
4 Benndorf, Hans: Alfred Wegener. Gerlands Beiträge zur Geophysik 31 (1931), S. 362.
5 Georgi, Johannes: Alfred Wegener zum 80. Geburtstag. Polarforschung 1960, 2. Beiheft, S. 14.
6 Alfred Wegeners Tagebuch, a. a. O., S. 1.
7 Ebd., S. 25.
8 Ebd., S. 8.
9 Ebd., S. 37.
10 Ebd., S. 38.
11 Wegener, Else, a. a. O., S. 32.
12 Ebd., S. 37.
13 Georgi, Johannes, a. a. O., S. 15.
14 Vgl.: Weiken, Karl: Wegener hatte recht. Die Kontinente bewegen sich doch. Der Tod in Grönland. Bild der Wissenschaft 1980, 11, S. 88.
15 Alfred Wegeners Tagebuch, a. a. O., S. 128.
16 Zitiert nach: Schwarzbach, Martin: Alfred Wegener und die Drift der Kontinente. Stuttgart 1980, S. 47.
17 Wegener, Else, a. a. O., S. 56.
18 Ebd., S. 54.
19 Karl Weiken hat 1980 in einem Zeitschriftenartikel auf die falsche Zusammenstellung des Gepäcks auf dieser dritten Schlittenreise hingewiesen: «Wegener wußte, was die beiden ersten Lastreisen nach Eismitte gebracht hatten. Nun wollte er wissen, ob Sorge den auf seine Reise entfallenden Teil auch mitgenommen hatte. Nach meiner Lagerliste mußte ich feststellen: ‹Sorge hat all sein Material mitgenommen, Geräte und Sprengstoff, was er im nächsten Sommer für die Eisdickenmessungen in Eismitte braucht, was aber erst im nächsten Frühjahr hineingebracht werden sollte. Jedoch hat er das Winterhaus für Eismitte und einen Großteil des Petroleums nicht mitgenommen.› Wegener war entsetzt. Wie konnten Georgi und Sorge ohne ihr Winterhaus und mit den kaum ausreichenden Petroleum-Mengen, die schon drinnen waren überwintern? Vielleicht schaffen die Propellerschlitten das Fehlende doch noch hinein.» (Weiken, Karl, a. a. O., S. 90.)
20 Wegener, Else, a. a. O., S. 166.
21 Zitiert nach: Weiken, Karl, a. a. O., S. 90.

22 Ernst Sorge hat die Propellerschlitten später für den über die Expedition gedrehten Film genau beschrieben: «Die Motorschlitten stammen von der finnischen staatlichen Flugzeugfabrik in Helsinki. Sie werden in Finnland auf dem Eis der Ostsee gebraucht und erreichen dabei 100 km in der Stunde. Sie bestehen aus einem Holzstabwerk mit einer Sperrholzbeplankung. Das Fahrwerk besteht aus 4 Hickorykufen und 2 Stahlrohrachsen, an denen der Schlittenkasten in Gummizügen aufgehängt ist. Gelenkt werden die Schlitten wie ein Kraftwagen. Die Gesamtlänge beträgt 5,5 m, die Spurweite 2 m. Als Antrieb dient ein luftgekühlter Siemens-Sternmotor SH 12 von 112 Pferdestärken Leistung. (In Finnland werden 150pferdige Motoren benutzt). In 3000 m Meereshöhe auf dem Inlandeis sinkt die Leistung wegen der dünnen Luft auf 85 PS. Der Motor arbeitet mit Druckschraube; er ist an einem Motorblock am hinteren Ende des Schlittens befestigt. Der Kraftstoffverbrauch beträgt 30–34 l in der Stunde, der Tank faßt 215 l Benzin. Die Schlitten können also 6 1/2 Stunden fahren, bis der Tank leer ist.» (Sorge, Ernst: Deutsche Grönlandexpedition Alfred Wegener 1930/31. Reichsanstalt für Film und Bild in Wissenschaft und Unterricht: Archivfilm B 461/1940, S. 48.)

23 Alfred Wegeners Tagebuch, a. a. O., S. 175f.

24 Ebd., S. 176.

25 Wegener, Else, a. a. O., S. 73.

26 Dieser Brief hat später eine nicht unerhebliche Rolle gespielt, da zunächst angenommen wurde, daß er die Schlittenreise Wegeners ausgelöst hatte. Tatsächlich war Wegener bereits auf dem Weg nach *Eismitte*, als er das Schreiben erhielt. Vgl. hierzu: Kohlschütter, Ernst: Alfred Wegener zum Gedächtnis. Zeitschrift der Gesellschaft für Erdkunde zu Berlin 1932, S. 91.

27 Zitiert nach: Wegener, Else, a. a. O., S. 111.

28 Ebd., S. 107.

29 Zitiert nach: Ebd., S. 115.

30 Ebd., S. 160.

31 Ebd.

32 Ebd., S. 161.

33 Ebd., S. 164.

34 Ebd., S. 165.

35 Georgi, Johannes: Im Eis vergraben. Leipzig 1957, S. 192.

36 Ebd., S. 193.

Und sie bewegt sich doch!

1 Übersetzt nach: Victor, Paul-Emile: Wegener. Polarforschung 7 (40), 1970 (Alfred-Wegener-Gedenkheft zum 90. Geburtstag), S. 3.

2 Zitiert nach: Schwarzbach, Martin: Alfred Wegener und die Drift der Kontinente. Stuttgart 1989, S. 48f.

3 Vgl.: Weiken, Karl: Wegener hatte recht. Die Kontinente bewegen sich doch. Der Tod in Grönland. Bild der Wissenschaft 1980, 11, S. 95.

4 Wegener, Else (Hrsg.): Alfred Wegeners letzte Grönlandfahrt. Leipzig 1932, S. 185.

5 Ebd., S. 186.

6 Loewe, Fritz: Alfred Wegeners letzte Schlittenreise. Zu Alfred Wegeners 75. Geburtstag. Polarforschung 4 (26), 1956, S. 8.

7 Ebd., S. 8f.

8 Ebd., S. 9. Zwar hatte der Präsident der Notgemeinschaft der Deutschen Wissenschaft Friedrich Schmidt-Ott 1932 «mit aller Bestimmtheit erklärt, daß Alfred Wegeners Tod keinem Menschen zur Last fällt», dennoch wurde die Schuldfrage noch einmal aufgerollt. Am 4. November 1934 erschien in der Ausgabe Nr. 258 der Zeitung «Der Deut-

sche» ein Artikel unter dem Titel *Wer ist schuld am Tode Alfred Wegeners*, in dem Kurt Herdemerten Johannes Georgi und Ernst Sorge für den Tod des Expeditionsleiters verantwortlich macht. Sie hätten «trotz Wegeners Warnungen ... anstatt der ausreichenden Petroleummengen wissenschaftliche Meßinstrumente in durchaus überflüssigen Mengen» mitgeführt. (Vgl. die Darstellung bei: Beck, Hanno: Alfred Wegener. In: Große Reisende. München 1971, S. 328f.) Johannes Georgi hat dazu 1960 ausführlich Stellung genommen und die Anschuldigung widerlegt. (Vgl.: Georgi, Johannes: Alfred Wegener zum 80. Geburtstag. Polarforschung 1960, 2. Beiheft, S. 83–102.) Hanno Beck hat 1963 die Frage noch einmal aufgegriffen, Literatur und Unterlagen gesichtet und kam nach umfangreichen Recherchen zu der Ansicht: «Wegener hatte selbst gewußt, daß die Eismittenbesatzung ungenügend ausgerüstet worden war, er war über jedes Kilogramm, das hineingeschafft wurde, unterrichtet, und es hieße in der Tat, ihn, Wegener der unsinnigen Schuld zeihen, die Leitung einer ihm anvertrauten Expedition aus der Hand gegeben zu haben, wollte man unterstellen, ein anderer habe in einer solchen entscheidenden Sache für ihn selbst gedacht. Die letzte Schlittenreise Wegeners bezeugt, daß er selbst eine Lücke schließen wollte, für die keinen Expeditionsteilnehmer ein Verschulden trifft, wohl aber die Wetterlage, die den Beginn der Expedition derart verzögert hatte.» (Beck, Hanno, a. a. O., S. 329; vgl. auch: Beck, Hanno: Alfred Wegener, Grönland und Johannes Georgi. Geographische Rundschau 32 (1980) 11, S. 478–480.)

9 Allerdings entfiel eine zuvor noch geplante Durchquerung Grönlands von West nach Ost.

10 Wegener, Else, a. a. O., S. 228.

11 Vgl.: Stäblein, Gerhard: Traditionen und Aufgaben der Polarforschung. Erde 109 (1978), S. 241f.

12 Wegener, Alfred: Die Theorie der Kontinentalverschiebungen. Zeitschrift der Gesellschaft für Erdkunde zu Berlin 1921, S. 103.

Zeugnisse über Alfred Wegener

1 Georgi, Johannes: Im Eis vergraben. Leipzig 1957, S. 93.

2 Wegener, Kurt: Alfred Wegener. In: Schwerte, Hans und W. Spengler (Hrsg.): Forscher und Wissenschaftler im heutigen Europa. Hamburg o. J., S. 296.

3 Benndorf, Hans: Alfred Wegener. Gerlands Beiträge zur Geophysik 31 (1931), S. 356.

4 Zitiert nach: Wutzke, Ulrich: Der Forscher von der Friedrichsgracht. Leipzig 1988, S. 84.

5 Zitiert nach: ebd.

6 Cloos, Hans: Gespräch mit der Erde. München 1947, S. 364.

7 Zitiert nach: Georgi, Johannes: Alfred Wegener zum 80. Geburtstag. Polarforschung 1960, 2. Beiheft, S. 16.

8 Schwarzbach, Martin: Alfred Wegener und die Drift der Kontinente. Stuttgart 1989, S. 9.

9 Jacobshagen, Volker (Hrsg.): Alfred Wegener 1880–1930 Leben und Werk. Ausstellung anläßlich der 100. Wiederkehr seines Geburtstages. Berlin 1980, S. 5.

10 Persönliche Mitteilung.

11 Zitiert nach: Georgi, Johannes: Im Eis vergraben. München 1933, S. 5.

12 Ficker, H. v.: Alfred Wegener. Meteorologische Zeitschrift 48 (1931), S. 241.

13 Wegener, Else: Alfred Wegener. Tagebücher, Briefe, Erinnerungen. Wiesbaden 1960, S. 132.

14 Köppen, Wladimir: Alfred Wegener. Petermanns Geographische Mitteilungen 1931, 7/8, S. 171.

15 Ficker, H. v., a. a. O.
16 Georgi, Johannes: Alfred Wegener zum 80. Geburtstag, a. a. O.
17 Loewe, Fritz: Alfred Wegener 1880–1930. In: Berühmte Entdecker und Erforscher der Erde. Köln 1965, S. 246.
18 Benndorf, Hans, a. a. O., S. 369.
19 Zitiert nach: ebd., S. 367.
20 Ebd.
21 Zitiert nach: Kohlschütter, Ernst: Alfred Wegener zum Gedächtnis. Zeitschrift der Gesellschaft für Erdkunde zu Berlin 1932, S. 95.

Werkverzeichnis

1 Hier irrte Benndorf mit dem Erscheinungsdatum. Die Denkschrift erschien bereits 1928.

Literaturverzeichnis

Altmann, Uta und Günter Haaf: Späte Ehre für die Drift. Die Geologen feiern Alfred Wegeners 100. Geburtstag. Die Zeit, 22. Februar 1980.

Anderson, Alan H.: Die Drift der Kontinente. Alfred Wegeners Theorie im Licht neuer Forschungen. Wiesbaden 1971.

Bartels, J.: Kontinentalverschiebungstheorie. In: Westermann Lexikon der Geographie, Bd. 2, Hrsg. von Wolfgang Tietze, Braunschweig 1969. S. 852–853.

Baschin, Otto.: Drei neue Grönland-Durchquerungen. Zeitschrift der Gesellschaft für Erdkunde zu Berlin 1913, S. 567–571.

Beck, Hanno.: Alfred Wegener – der Grönlandforscher. In: Große Reisende. München 1971, S. 314–330.

Beck, Hanno: Alfred Wegener, Grönland und Johannes Georgi. Geographische Rundschau 32 (1980) 11, S. 478–480.

Beck, Hanno: War jemand schuld am Tode Alfred Wegeners im Grönlandeis? Frankfurter Allgemeine, 16. April 1980.

Becker, Ludwig: Die Bewegung der Kontinente in der Wegenerschen Theorie. Geologische Rundschau 30 (1939), S. 304–308 (Atlantis).

Behnke, Paul: Deutsche Grönland-Expedition Alfred Wegener. Gedächtnisfeier für Alfred Wegener und Begrüßung der heimgekehrten Grönland-Expedition, sowie vorläufige Einzelberichte. Zeitschrift der Gesellschaft für Erdkunde zu Berlin 1932, 3/4, S. 83–145.

Behrmann, Walter: Einwände der Geographie gegen die Wegenersche Theorie der Kontinentalverschiebung. Geologische Rundschau 30 (1939), S. 112–120 (Atlantis).

Benndorf, Hans: Alfred Wegener. Gerlands Beiträge zur Geophysik 31 (1931), S. 337–377.

Bernhardt, K.: Die Beiträge Alfred Wegeners zur Physik der Atmosphäre. Zeitschrift für Meteorologie 31 (1981) 6, S. 342–352.

Brouwer, Aart: From Suess to Alfred Wegener. Geologische Rundschau 70 (1981) 1, S. 33–39.

Büdel, Julius: Alfred Wegener. In: Die Großen der Weltgeschichte. Bd. 2, Zürich 1978, S. 460–467.

Bullen, K. E.: Wegener, Alfred Lothar. In: Dictionary of Scientific Biography. Ed. Ch. C. Gillispie. Bd. 14, New York 1976, S. 214–217.

Carozzi, Albert V.: The Reaction in Continental Europe to Wegener's Theory of Continental Drift. Earth Science History. Journal of the History of the Earth Sciences Society 4 (1985) 2, S. 122–137

Closs, Hans, Peter Giese, Volker Jacobshagen: Alfred Wegeners Kontinentalverschiebung aus heutiger Sicht. In: Ozeane und Kontinente. Heidelberg 1985. (Spektrum der Wissenschaft: Verständliche Forschung), S. 40–53.

Dörflinger, J.: Alfred Wegener. In: Neue Österr. Biographie 18 (1972), S. 139–150.

Dohrn, Matthias: Von Alfred Wegeners Verschiebungstheorie zur Theorie der Plattentektonik. Die Struktur einer wissenschaftlichen Revolution in den Geowissenschaften. Die Geowissenschaften 7 (1989) 2, S. 44–49 und 3, S. 61–70.

Dornsiepen, U. und V. Haak (Hrsg.): Internationales Alfred-Wegener-Symposium, Kurzfassung der Beiträge. Berlin 1980 (Berliner Geowiss. Abh. A 19).

Drygalski, Erich v.: Alfred Wegener. Nachruf gehalten auf dem Deutschen Geographentag zu Danzig. Verhandlungen und wissenschaftliche Abhandlungen des 24. Deutschen Geographentags, Breslau 1931.

Ehmke, G.: Alfred Wegener: Initiator einer modernen geowissenschaftlichen Theorie. Wissenschaft und Fortschritt 30 (1980) 7, S. 252–257.
Ehmke, G.: Alfred Wegener und die Himmelskunde. Die Sterne 56 (1980) 6, S. 331–340.
Ehmke, G.: Alfred Wegeners Beitrag zur Meteoriten- und Mondforschung. In: Leben und Werk Alfred Wegeners 1880–1930. Berlin 1980 (Urania-Schriftenreihe für den Referenten 1980, 6), S. 49–55.
Ehmke, G.: Die Auffindung des Meteoriten von Treysa – eine wissenschaftliche Pioniertat Alfred Wegeners. Astronomie und Raumfahrt 1980, 3, S. 70—74.
Ficker, H. v.: Alfred Wegener. Meteorologische Zeitschrift 48, 1931, S. 241–245.
Flohn, Hermann: A. Wegener und die Paläoklimatologie. Polarforschung 7 (40), 1970 (Alfred-Wegener-Gedenkheft zum 90. Geburtstag), S. 54–56.
Flohn, Hermann: Ein geophysikalisches Eiszeitmodell. – Eiszeitalter und Gegenwart 20 (1969), S. 204–231.
Flügel, H. W.: Alfred Wegeners vertraulicher Bericht über die Grönland-Expedition 1929. Mit einer Einleitung: Zu Alfred Wegeners Leben und Wirken in Graz 1924–1930. Publikationen aus dem Archiv der Universität Graz 10 (1980).
Friis, Achton: Im Grönlandeis mit Mylius-Erichsen. Die Danmark-Expedition 1906–1908. Leipzig 1910.
Frisch, Wolfgang und Jörg Loeschke: Plattentektonik. (Erträge der Forschung, Band 236), Darmstadt 1986.
Gellert, J. F.: Alfred Wegener und seine Bedeutung als Polarforscher. In: Leben und Werk Alfred Wegeners 1880–1930. Berlin 1980 (Urania-Schriftenreihe für den Referenten 1980, 6), S. 24–34.
Gellert, J. F.: Alfred Wegener und seine Bedeutung für die Geowissenschaften. Geogr. Ber. 25 (1980) 96, S. 153–164.
Georgi, Johannes: Alfred Wegener zum 80. Geburtstag. Polarforschung 1960, 2. Beiheft.
Georgi, Johannes: Im Eis vergraben. Erlebnisse auf Station Eismitte der letzten Grönland-Expedition Alfred Wegeners. München 1933 (Erweiterte Auflage Leipzig 1955, 1957).
Georgi, Johannes: Memories of Alfred Wegener. In: S. K. Runcorn (Ed.), Continental Drift. New York und London 1962, S. 309–24.
Georgi, Johannes: Zur 25. Wiederkehr von Alfred Wegeners Grönland-Expedition 1930/31. Zusammenfassung einer Vortragsreihe «Arktis in Vergangenheit und Gegenwart». Polarforschung 4 (26), 1956, S. 10–14.
Georgi, Johannes: Zu Alfred Wegeners 75. Geburtstag. Polarforschung 4 (26) 1956, S. 2–6.
Goerlich, Franz: Alfred Wegener, die Geowissenschaften und Senckenberg. Natur und Museum 110 (1980) 11, S. 325–331.
Günzel, Hermann: Alfred Wegener und sein Meteorologisches Tagebuch der Grönland-Expedition 1906–1908. Marburg 1991.
Günzel, Hermann: Polarlicht, Halo, Luftspiegelungen. Alfred Wegeners Tagebücher in der Universitätsbibliothek Marburg. Alma Mater Philippina, Sommersemester 1990, S. 13–17.
Haaf, Günter: Ein Wikinger der Wissenschaft. Die Zeit, 31. Oktober 1980.
Hallam, Anthony: A Revolution in the Earth Sciences. From Continental Drift to Plate Tectonics. London 1973.
Hallam, Anthony: Alfred Wegener. Scientific American 232 (1975) 2, S. 88–97.
Hallam, Anthony: Great Geological Controversies. Oxford 1989.
Hänsel, Christian.: Alfred Wegener als Lehrer und Forscher der Meteorologie und Klimatologie. Zeitschrift für Geologische Wissenschaften 10 (1982), S. 307–311.
Haushofer, A.: Die Deutsche Inlandeis-Expedition nach Grönland 1930/31. Zeitschrift der Gesellschaft für Erdkunde zu Berlin 1930, S. 375–377.

Haushofer, A.: Die Deutsche Inlandeis-Expedition nach Grönland 1930/31. Zeitschrift der Gesellschaft für Erdkunde zu Berlin 1931, S. 219–220.

Herdemerten, Kurt: Die weiße Wüste – Mit Alfred Wegener in Grönland. Wiesbaden 1951.

Hoffmann, U. und S. Kutschmar: Wegener-Gedenkstätte Zechliner Hütte. Spectrum 1980, 8, S. 18–21.

Hohl, R.: Alfred Wegener. Urania 18 (1955) 11, S. 409–417.

Hörz, Herbert: Alfred Wegener als Wissenschaftler seiner Zeit. Zeitschrift für Geologische Wissenschaften 8 (1980), S. 297–305.

Jacobshagen, Volker (Hrsg.): Alfred Wegener 1880–1930 Leben und Werk. Ausstellung anläßlich der 100. Wiederkehr seines Geburtstages. Berlin 1980.

Jacoby, W.: Alfred Wegener und die Kontinentalverschiebung. Island-Berichte der Gesellschaft der Freunde Islands e.V. 31 (1990) 2/3, S. 119–124.

Jacoby, W. R.: «Wegener» und die «Kontinentalverschiebung» sind fast Synonyme. Umschau in Wiss. und Technik 80 (1980) 4, S. 125–126.

Jubitz, Karl-Bernhard: Zur methodischen Vertiefung und Weiterentwicklung der Grundidee Alfred Wegeners – sea-floor-spreading und Neue Globaltektonik. Zeitschrift für Geologische Wissenschaften 10 (1982), S. 383–396.

Kautzleben, Heinz: Alfred Wegener und sein Beitrag zur Geodynamik (Mitt. des Zentralinstituts fur Physik der Erde der Akademie der Wissenschaften der DDR, N. 897). Abgedruckt in: Vermessungstechnik 28 (1980) 11, S. 377–378; und in: Gerlands Beitr. Geophysik 89 (1980) 5, S. 353–356.

Kautzleben, Heinz: Moderne Möglichkeiten der Geodäsie zum Nachweis von Plattenbewegungen. Zeitschrift für Geologische Wissenschaften 10 (1982), S. 341–348.

Kertz, Walter: Alfred Wegener, ein Vorbild für Geowissenschaftler. Geowiss. Zeit. 1 (1983) 1, S. 29–30.

Kertz, Walter: Alfred Wegener – Reformator der Geowissenschaften. Phys. Bl. 36 (1980), S. 347–353.

Kertz, Walter: Wegener hatte recht. Die Kontinente bewegen sich doch. Vom falschen Ansatz zur richtigen Theorie. Bild der Wissenschaft 1980, 11, S. 78–86.

Kertz, Walter: Wegeners «Kontinentalverschiebungen» zu seiner Zeit und heute. Geologische Rundschau 70 (1981) 1, S. 15–32.

Kessler, Wilhelm: Alfred Wegener und Marburg an der Lahn. Hrsg. von der Sparkasse der Stadt Marburg, Marburg o. J. (1981).

Kessler, Wilhelm: Die Trift in Marburg erdacht. Alfred Wegener – das universalste Genie seit Alexander von Humboldt. I–V. Oberhessische Presse 20.12.1980, 27.12.1980, 31.12.1980, 3.1.1981, 9.1.1981.

King, Lester C.: Wandering Continents and Spreading Sea Floors on an Expanding Earth. Chichester, New York, Brisbane, Toronto, Singapore 1983.

Koch, J. P. Die geplante dänische Expedition nach Königin-Luise-Land und quer über das Inlandeis Nordgrönlands 1912/13. In: Petermanns Geographische Mitteilungen 58 (1912) 1, S. 265–266

Koch, J. P.: Durch die weiße Wüste. Berlin 1919.

Koch, J. P.: Unsere Durchquerung Grönlands 1912–1913. Zeitschrift der Gesellschaft für Erdkunde zu Berlin 1914, S. 34–50.

Kohlschütter, E.: Alfred Wegener zum Gedächtnis. Zeitschrift der Gesellschaft für Erdkunde zu Berlin 1932, S. 84–95.

Köppen, Wladimir: Alfred Wegener. Petermanns Geographische Mitteilungen 1931, 7/8, S. 169–171.

Körber, Hans-Günther: Alfred Wegener. Leipzig 1980 (Biographien hervorragender Naturwissenschaftler, Techniker und Mediziner, Bd. 46).

Körber, Hans-Günther: Alfred Wegener (1880–1930). Zum 100. Geburtstag und 50. Todestag des Gelehrten. Zeitschrift für Meteorologie 31 (1981) 6, S. 327–341.

Körber, Hans-Günther: Das Leben Alfred Wegeners (1880–1930) und sein Beitrag zur Meteorologie. In: Leben und Werk Alfred Wegeners 1880–1930. Berlin 1980. (Urania-Schriftenreihe für den Referenten 1980, 6), S. 5–23.

Körber, Hans-Günther: Die Beiträge von Alfred Wegener zur Entwicklung der neueren Meteorologie. Vortrag auf dem XVI. Internationalen Kongreß für Geschichte und Philosophie der Wissenschaften, August 1981, Bukarest.

Kossmat, F.: Erörterungen zu A. Wegeners Theorie der Kontinentalverschiebungen. Zeitschrift der Gesellschaft für Erdkunde zu Berlin 1921, S. 103–110.

Kroog, Claus: Alfred Wegener – ein kurzer Abriß seines Lebens und Wirkens. Seewart 41 (1980) 5, S. 209–231.

Kühn,P., J. Schön, J.W. Hubbe: Alfred Wegener. Urania (1980) 10, S. 58–59 und S. 62–66.

Kühn, P., J. W. Hubbe, J. Schön: Alfred Wegeners Argumente für Kontinentalverschiebungen aus heutiger Sicht. In: Leben und Werk Alfred Wegeners 1880–1930. Berlin 1980 (Urania-Schriftenreihe für den Referenten 1980, 6), S. 35–48.

Kuznecova, Ljubov': Kuda plyvut materiki. Moskva 1962.

Löschke, J.: Der Stand der Diskussion über die Kontinentalverschiebung. Geographische Rundschau 22 (1970), S. 217–228.

Loewe, Fritz: Alfred Wegener 1880–1930. In: Berühmte Entdecker und Erforscher der Erde. Köln 1965, S. 244–246.

Loewe, Fritz: Alfred Wegener – his Life and Work. Australian Meteor. Magazine 18 (1970) 4, S. 177–190.

Loewe, Fritz: Alfred Wegener und die moderne Polarforschung. Polarforschung 42 (1972) 1, S. 1–10.

Loewe, Fritz: Alfred Wegeners letzte Schlittenreise. Zu Alfred Wegeners 75. Geburtstag. Polarforschung 4 (26), 1956, S. 6–10.

Maack, R.: Fünfzig Jahre Kontinental-Verschiebungs-Theorie: Alfred Wegener zum Gedächtnis. Geographische Rundschau 16 (1964), S. 343–356.

Martin, H.: Geologische Aspekte der Kontinental-Verschiebungs-Hypothese. Polarforschung 7 (40), 1970 (Alfred-Wegener-Gedenkheft zum 90. Geburtstag), S. 28–32.

Marvin, Ursula B.: The British Reception of Alfred Wegener's Continental Drift Hypothesis. Earth Science History. Journal of the History of the Earth Sciences Society 4 (1985) 2, S. 138–159.

Mecking, L.: Der Film der Deutschen Grönlandexpedition Alfred Wegener 1930/31. Zeitschrift der Gesellschaft für Erdkunde zu Berlin 1942, S. 159–160.

Meier, S.: Terrestrische und extraterrestrische Eiszeithypothesen – Synthese oder Widerspruch? Zeitschrift für Meteorologie 31 (1980) 6, S. 357–360.

Meinardus, Wilhelm: Die Ergebnisse der Eisdickenmessungen auf der Deutschen Grönland-Expedition Alfred Wegener. Zeitschrift der Gesellschaft für Erdkunde zu Berlin 1934, S. 343–351.

Miller, Russell: Driftende Kontinente. Amsterdam 1983.

Olszak, Gerd: Von der Kontinentaldrift zur Plattentektonik (1930–1960). Zeitschrift für Geologische Wissenschaften 10 (1982), S. 333–340.

Penck, Albrecht: Wegeners Hypothese der kontinentalen Verschiebungen. Zeitschrift der Gesellschaft für Erdkunde zu Berlin 1921, S. 110–120.

Penck, W.: Zur Hypothese der Kontinentalverschiebung. Zeitschrift der Gesellschaft für Erdkunde zu Berlin 1921, S. 130–143.

Radok, U.: Wissenschaft gegen das eisige Schneefegen! Polarforschung 7 (40), 1970 (Alfred-Wegener-Gedenkheft zum 90. Geburtstag), S. 73–88.

Reinke-Kunze, Christine: Aufbruch in die weiße Wildnis. Die Geschichte der deutschen Polarforschung. Hamburg 1992, Bergisch Gladbach 1994.

Rohrbach, Klaus: Alfred Wegener. Erforscher der wandernden Kontinente. Stuttgart 1993.

Rossbach, A.: Geocoronium – Geokorona. Polarforschung 7 (40), 1970, (Alfred-Wegener-Gedenkheft zum 90. Geburtstag), S. 4–9.

Roßmann, F.: Alfred Wegener. Das Wetter. Zeitschrift für angewandte Meteorologie 48 (1931), S. 257–264.

Rudloff, F.: Alfred Wegener als Meteorologe. Seewart 41 (1980) 5, S. 232–241.

Saunders, R. S., E. L. Haines und J. E. Conel: Morphology and origin of lunar craters. Polarforschung 7 (40), 1970 (Alfred-Wegener-Gedenkheft zum 90. Geburtstag), S. 33–53.

Schmauß, August: Alfred Wegeners Leben und Wirken als Meteorologe. Rede zur Gedenkfeier der Deutschen Geophysikalischen Gesellschaft und der Meteorologischen Gesellschaft in Hamburg an Wegeners 70. Geburtstag. Annalen der Meteorologie 4 (1951), S. 1–13.

Schmidt-Ott; Friedrich: Die Grönland-Expedition. In: A. Haushofer (Hrsg.): Verh. 24. Dt. Geogr. Tag Danzig 1931. (26.–28.5.) Breslau 1932, S. 199–202.

Schmidt-Ott, Friedrich: Erlebtes und Erstrebtes 1860–1950. Wiesbaden 1952.

Schneider, Otto: Kontinentalverschiebung und Erdmagnetismus. Polarforschung 7 (40), 1970 (Alfred-Wegener-Gedenkheft zum 90. Geburtstag), S. 19–27.

Schön, J., J.W. Hubbe, P. Kühn: Seismische Eisdickenmessung der Grönland-Expedition Alfred Wegeners. Wissenschaft und Fortschritt 31 (1981).

Schröder, W.: Alfred Wegener und die Physik der Hochatmosphäre. Astron. Nachrichten 302 (1981), S. 197–201.

Schwarzbach, Martin: Alfred Wegener und die Drift der Kontinente. Stuttgart 1980 (Große Naturforscher, Bd. 42), Neuauflage 1989.

Schwarzbach, Martin: Alfred Wegener und sein Lebenswerk. Geologische Rundschau 70 (1981) 1, S. 1–14.

Schweydar, W.: Bemerkungen zu Wegeners Hypothese der Verschiebung der Kontinente. Zeitschrift der Gesellschaft für Erdkunde zu Berlin 1921, S. 120–125.

Seibold, Eugen: Das Gedächtnis des Meeres. München 1991.

Skeib, Günter: Das Wirken Alfred Wegeners als Polarforscher. Zeitschrift für Meteorologie 31 (1980) 6, S. 353–356.

Sorge, Ernst: Deutsche Grönlandexpedition Alfred Wegener 1930/31. Reichsanstalt für Film und Bild in Wissenschaft und Unterricht: Archivfilm B 461/1940.

Stäblein, Gerhard: Alfred Wegener. In: Marburger Gelehrte in der ersten Hälfte des 20. Jahrhunderts. Marburg 1977, S. 600–609 (Lebensbilder aus Hessen 1).

Stäblein, Gerhard: Polarforschung und Kontinentalverschiebungstheorie Alfred Wegeners. Erde 111 (1980) 1, 2, S. 21–36.

Steinert, Harald: Und doch driften die Kontinente. Frankfurter Allgemeine, 27. Januar 1980.

Strobach, Klaus: Zur Geschichte der Geophysik. Alfred Wegener zum 100. Geburtstag. Naturwiss. 67 (1980) 7, S. 321–331.

Strobach, Klaus und Hans Dieter Heck: Wegener hatte recht: Die Kontinente bewegen sich doch. Von Wegeners Kontinentalverschiebung zur modernen Plattentektonik. Bild der Wissenschaft 1980, 11, S. 99–109.

Szillinsky, Albrecht: Tromben – Derzeitiger Stand der Kentnisse. Polarforschung 7 (40), 1970 (Alfred-Wegener-Gedenkheft zum 90. Geburtstag), S. 10–18.

Vogel, Andreas: Alfred Wegener. In: A. Wegener: Die Entstehung der Kontinente und Ozeane. Nachdruck der 1. und 4. Auflage. Braunschweig, Wiesbaden 1980, S. 1–7.

Vogel, Andreas: Alfred Wegeners Theorie der Kontinentalverschiebung aus heutiger Sicht. In: A. Wegener: Die Entstehung der Kontinente und Ozeane. Nachdruck der 1. und 4. Auflage. Braunschweig, Wiesbaden 1980, S. 352–370.

Vogt, Hans-Heinrich: Alfred Wegener – «Galilei der Geographie». Zum 100. Geburtstag und 50. Todestag des Forschers. Naturwiss. Rdsch. 33 (1980) 11, S. 472–475.

Voppel, Dietrich: Alfred Wegener als Geowissenschaftler. Seewart 41 (1980) 5, S. 242–253.

Voß, Jutta: Alfred Wegeners Weg als Polarforscher. In: 125 Jahre deutsche Polarforschung. Bremerhaven 1993. S. 81–94.

Wagenbreth, Otfried: Die Wurzeln mobilistischer Vorstellungen in der älteren Geschichte der tektonischen Forschung. Zeitschrift für Geologische Wissenschaften 10 (1982), S. 313--332.

Waterschoot van der Gracht, W. A. J. M van (Hrsg.): Theory of Continental Drift. A symposium on the origin and development of land masses both inter-continental and intracontinental, as proposed by Alfred Wegener. Tulsa, Oklahoma 1928.

Wegener, Else: Alfred Wegener. Tagebücher, Briefe, Erinnerungen. Wiesbaden 1960.

Wegener, Else (Hrsg.): Alfred Wegeners letzte Grönlandfahrt. Unter Mitwirkung von Fritz Loewe mit Beiträgen der Expeditionsmitglieder. Leipzig 1932.

Wegener, Kurt: Alfred Wegener. In: Schwerte, Hans, W. Spengler (Hrsg.): Forscher und Wissenschaftler im heutigen Europa. Hamburg o. J.

Wegener, Kurt: Die geophysikalischen Grundlagen der Verschiebungstheorie. Geologische Rundschau 30 (1939), S. 3–5 (Atlantis).

Wegener, Kurt: (Hrsg.): Wissenschaftliche Ergebnisse der Deutschen Grönland-Expedition Alfred Wegeners in den Jahren 1929 und 1930/31. 7 Bände, Leipzig 1933–40.

Wegener-Köppen, Else: Wladimir Köppen. Ein Gelehrtenleben für die Meteorologie. Große Naturforscher. Stuttgart 1955.

Weickmann, Helmut: Die Entwicklung unserer Anschauungen über atmosphärische Eisbildung seit Wegener. Polarforschung 7 (40), 1970 (Alfred-Wegener-Gedenkheft zum 90. Geburtstag), S. 57–72.

Weidick, Anker: Final Destination of «Schneespatz» and «Eisbär»-the Propeller Sledges of Wegener's Last Greenland Expedition. Polarforschung 44 (1974), S. 89–91.

Weiken, Karl: Wegener hatte recht. Die Kontinente bewegen sich doch. Der Tod in Grönland. Bild der Wissenschaft 1980, 11, S. 87–96.

Wunderlich, H. G.: 50 Jahre Kontinentalverschiebungstheorie – von Wegener bis Runcorn. Geologische Rundschau 52 (1962), S. 504–513.

Wutzke, Ulrich: Der Forscher von der Friedrichsgracht. Leben und Leistung Alfred Wegeners. Leipzig 1988.

Ziegler, Willi: Alfred Wegener zum 100. Geburtstag am 1. November 1980. Natur und Museum 110 (1980) 11, S. 321–324.

Zimmermann, B: Alfred Wegener (1880–1930) – Meteorologe, Polarforscher, Geophysiker. Vermessungstechnik 28 (1980) 10, S. 343–346.

Abbildungsnachweis

Frontispiz, Abb. 1:
Wegener, Else (Hrsg.): Alfred Wegeners letzte Grönlandfahrt. Unter Mitwirkung von Fritz Loewe mit Beiträgen der Expeditionsmitglieder. Leipzig 1932.

Abb. 2, 4, 5:
Wegener, Else: Alfred Wegener. Tagebücher, Briefe, Erinnerungen. Wiesbaden 1960.

Abb. 3:
Friis, Achton: Im Grönlandeis mit Mylius-Erichsen. Die Danmark-Expedition 1906–1908. Leipzig 1910.

Abb. 6, 8:
Georgi, Johannes: Im Eis vergraben. Erlebnisse auf Station Eismitte der letzten Grönland-Expedition Alfred Wegeners 1930–1931. Leipzig 1957.

Abb. 7:
Jacobshagen, Volker (Hrsg.): Alfred Wegener 1880–1930 Leben und Werk. Ausstellung anläßlich der 100. Wiederkehr seines Geburtstages. Berlin 1980.

Der Mann, der den Urknall entdeckte
Edwin Hubble
Alexander Sharov · Igor Novikov
Birkhäuser